전자기학 쓰임말을 알면
물리가 보인다

물리가 보인다 시리즈

전기 + 자기 = 전자기학

전자기학
쓰임말을 알면
물리가 보인다

이주열 지음

성균관대학교
출판부

머리말

말이란 무엇인가?

아마도 이 책을 읽으려는 독자는, 물리학을 소개하려는 이 책을 시작하는 처음에 왜 '말'의 문제부터 끄집어내는지, 어리둥절할 수도 있다. 더욱이 "물리학 실력이 국어 실력에 비례한다"라고 말하면, 학교에서 배운 국어 과목과 물리 과목 사이의 거리를 가늠해 보면서, 지구에서 안드로메다 성운 정도로 떨어져 있는 두 과목 사이에 무슨 연관이 있는지 의아할 것이다.

말이란 내 생각을 풀어내 다른 사람에게 알리는 수단이기도 하지만, 실제로 그 '생각'이라는 것을 할 때도 말은 매우 중요한 수단으로 쓰인다. 그래서 심지어 이렇게까지 말한다.

"생각이 말을 지배한다고 하지만, 사실은 말이 생각을 지배한다."

물리학을 이해하는 데도 '생각'이 매우 중요한 역할을 담당하고 있으니 말하기, 듣기, 쓰기, 읽기와 같은 '말을 쓰는 능력'이 물리학에서도 요긴하게 쓰이기 마련이다.

우리 일상생활의 말글살이에서 어떤 말을 하느냐가 중요한 이유이다. 하물며 전문 분야에서 특별하게 쓰이는 쓰임말은 그 뜻과 용도가 정확해야만 된다는 것을 누구이 강조할 필요는 없다고 본다.

물리학 쓰임말에 익숙하지 않은 사람과 이야기하면서 물리학 쓰임말을 마구 섞어 쓰다 보면, 이내 멀뚱멀뚱하게 눈을 뜨고는 멍하니 필자를 바라보거나 마치 외계인을 대하듯 한다. 물리학 쓰임말에 어느 정도 익숙한 분들에게도 어떤 내용을 알아듣기 쉽게 설명하기 위해 일상생활에서 쉽게 접할 수 있는 예를 들거나 비유를 들어 설명하게 된다. 그런데 대개는 이런 설명에 등장하는 예 또는 비유는 실제로 그런 일이 벌어질 수 없지만, 실제로 벌어졌다고 가정하는 때도 있다. 예를 들어, 바닥으로 떨어지는 물체를 설명하면서 공기의 저항을 무시한다고 말하면, 실제로 공기의 저항을 완전히 없애는 진공이 가능하다고 생각한다. 하지만, 완벽한 진공을 만들 수는 없다. 특히 비유로 설명한 것을 실제처럼 착각하는 경우도 있다. 예를 들어, 가장 잘못 쓰인 대표적인 예인데, 원자를 설명하면서 많이 쓰는 비유가 태양계 모형이다. 모형이라는 말에도 그 뜻이 이미 숨어 있지만, 원자핵 주위의 전자들이 태양계의 떠돌이별처럼 궤도 운동을 하지 않는다. 더욱이 이 모형은 실제 원자 안에서 전자들이 벌이는 일을 설명하는 데 쓰이는 모형도 아닌 비유일 뿐이다. 비유가 실제일 리는 없지 않은가? 그저 이 모형을 떠올리면 원자를 이해하는 데 도움을 받기 때문에 쓰이는 것이다. 비유라고 설명하였음에도 불구하고 비유에서 일어나는 일이 실제로 벌어진다고 '착각'한다. 이 책에서도 이런 비유를 가끔 쓰지만, 독자께서는 "비유는 비유일 뿐 실제로 그런 일이 벌어지지 않는다"는 것을 꼭 알아두시기를 바란다.

쓰임말을 설명하다 보면 학술적 쓰임말뿐 아니라 기술적 쓰임말조차, 우리 낱말에 한자어가 많이 들어와 있어서, 어떤 쓰임말의 정확한 뜻을 알려면 어쩔 수 없이 한자를 써서 설명해야 하는 큰 어려움이 생긴다. 또한 대부분의 물리학 쓰임말의 근원은 유럽 언어이므로 어쩔 수 없이 유럽 언어를 어느 정도 이해해야 그 뜻이 더욱 확실해진다. 이런 이유로 본문에서 때때로 영어와 한자가 나오는 것이니 독자 여러분의 너른 헤아림을 바란다.

여기서, '뱀 다리' 하나를 달려 한다. 이렇게 우리말에 한자로 된 낱말이 많이 쓰이니 한자를 학교에서 공식 과목으로 가르쳐야 한다는 주장이 있다. 어느 정도 맞기는 하지만, 필자는 한자를 가르치기보다는 아름다운 우리말 낱말로 바꾸는 노력이 먼저라고 생각한다. 이 문단의 첫머리에 '뱀 다리를 하나' 단다고 하였다. 한자말을 쓰면 '사족을 하나' 다는 것이다. 사족(蛇足)은 뱀의 다리이다. 실제로 있을 수 없으니 쓸데없는 것을 뜻한다.

어떤 상황을 물리적으로 설명하다 보면 다른 경우와 비교하여 설명하면 이해를 더 쉽게 할 수 있다. 이때는 '보충 설명'이라는 항목으로 따로 표시하여 제시하였다. 그리고 꼭 필요하다면 수학이나 물리학에 조예가 있는 독자들을 위해 조금 더 깊이 있는 설명이 필요한 내용 역시 '보충 설명'이라 하여 따로 구분하였다. 대부분 수학적인 내용을 다루었으므로 보충 설명의 수학적 부분은 건너뛰어도 이 책을 읽는 데 아무 지장이 없다. 다만 다음 논의를 이어가는 데 꼭 필요한 것이 있으면 '보충 설명'이라고 표시한 부분의 끄트머리에 이것만은 꼭 알고 있으라고 그 내용을 나타내었다. 그러니 비록 이런 보충 설명의 내용을 잘 이해하지 못할 것 같더라도 한 번은 쓱 읽어 보기 바란다.

많은 사람이 흔히 가지는 잘못된 개념은 따로 '오개념'이라고 표시하여 나타내었고 잘못을 바로잡으려 하였다. 독자께서는 특별히 '오개념'이라고 표시된 부분에서 자신이 가지고 있던 생각과 잘 비교해 보기를 바란다.

이 책이 필자에게는 우리말로 쓴 두 번째 책이다. 또다시 느끼는 것이지만, 내 생각을 우리말로 풀어내는 것이 무척 어렵다는 것을 뼈저리게 느낀다. 내 생각을 정확하게 풀어내려 하다 보면 어느새 말이 늘어지고 앞뒤가 맞지 않게 되어, 내가 쓴 글을 내가 다시 읽어 봐도 도대체 무슨 말인지 모를 때가 많다. 심지어 문장 구성이 안 된 비문을 버젓이 써놓기도 한다. 하지만 내가 알 수 있도록 글을 바꾸다 보면, 어느새 말은 더 늘어지고 앞뒤

전자기학 쓰임말을 알면 물리가 보인다

가 맞지 않게 되어 버린다. 매우 복잡한 생각을 때로는 하나의 낱말로 모아서 기가 막히게 나타내는 시인의 능력이 새삼 부러워진다. 독자께서 이런 부분을 만나면 그저 '다시 읽기'와 '또 읽기'를 적극 권한다.

필자에게는 즐거움이었던 물리학이 어떤 이에게는 막연히 두려운 대상이라는 것을 잘 알고 있다. 그러나 물리학을 즐기는 사람이 나 혼자는 아니라는 무모한 자신감이 이 책을 쓰게 한 원동력이었다. 물리학에 대한 막연한 두려움을 조금이라도 해소해 보려 했으나, 오히려 더 깊은 두려움을 안겨드리는 것은 아닌지 걱정이 앞선다. 이 책을 읽고 물리학이 그저 두려운 대상이 아니라 즐길 수도 있는 분야라고 느끼게 되는 분이 한 분이라도 나타난다면 이 책을 쓴 목적을 크게 이루었다고 생각한다. 부디 '즐기는 물리'가 되기를 간절히 원한다.

01

들어가는 말

"물리학은 어렵다."

이 말에 고개를 격하게 끄덕이며, "그래. 맞아! 물리학은 어려워. 어려워도 너~무 어려워" 하시는 분이 많다. 정말 물리학은 어려운 학문일까? 하긴 물리학자인 필자도 간혹 "이놈의 물리학은 왜 이리도 어려운 거야?" 하고 푸념을 내뱉을 때도 있으니 무슨 말이 더 필요할까?

"도대체, 물리학은 왜 어려운 거야?"

아마도 어떤 분은 "물리학만 어려운 게 아니니, 어떤 분야이든 그 분야가 어렵게 느껴지는 이유는 무엇일까?" 하시는 분도 있고, "유독 물리학만 어렵게 느껴지는 이유가 따로 있나?" 하시는 분도 있을 것이다.

"물리학만 어려운가?"

아마도 어떤 분은 "그래, 물리학만 어려운 게 아니지" 하시는 분도 있지만, "맞아. 나한테 유독 물리학만 어렵게 느껴져" 하시는 분도 있다.

그러다 보니 물리학을 잘 아는 사람 또는 물리학을 업으로 삼는 필자와 같은 사람을 만나면 '공연히 의문의 일 패를 당한 것 같다'는 분도 있다. 필자는 물리학을 두려워하는 분에게 '의문의 일 패'를 '공연히' 안겨드릴 생각은 추호도 없다. 오히려 그 두려움이 사실은 별로 실체가 없다고 알려 드리고 싶을 뿐이다.

두려움은 어려움에서 나오고, 어려움은 익숙하지 않음에서 나온다. 곧, 익숙하지 않으면 어려움을 느끼고, 어려움 때문에 두려워한다. 어떤 분야든 새로 시작하는 사람에게는 익숙하지 않아서 어렵게 느껴지고, 그러면 두려워진다. 그런데 시작하는 사람이 제일 먼저 익혀야 하는 것은 기술이나 복잡한 이론이 아니라 그 분야의 쓰임말이다. 더 구체적으로 말하면, 어떤 쓰임말이 그 분야에서 어떤 뜻을 가지며, 어떤 상황에서 써야 하고, 어느 때 써야 하는지를 알아야 한다. 그런데 이런 쓰임말을 잘 알려면 그 쓰임말의 쓰임새에 익숙해져야 한다. '익숙해지는' 것은 무엇일까? 쓰임말은 외워야 익숙해진다. 외우되 '제대로 외워야' 익숙해진다. 그럼 제대로 외운다는 것은 무엇인가?

아마 여러분은 이차 방정식 근의 공식을 알고 있을 것이다. 수포자에게 이 방정식은 아마도 수학을 포기하게 만든 장본인 중 하나일 것이다. 그런데 이 근의 공식을 '외우고' 있다고 생각하고 있더라도 다음의 조건을 모두 충족하지 않으면 필자가 말하는 '제대로 외운 것'이 아니다.

❶ $ax^2 + bx + c = 0$의 풀이는 $x = \dfrac{-b \pm \sqrt{b^2 - 4ac}}{2a}$ 이라고 곧바로 답할 수 있어야 한다.

❷ 근의 공식을 이용하여 주어진 이차 방정식의 풀이를 손쉽게 구할 수 있다.

❸ 조금만 생각하면, 근의 공식을 유도할 수 있다.

❹ 이차 방정식이나 근의 공식과는 전혀 닿는 점이 없어 보이는 어떤 수

전자기학 쓰임말을 알면 물리가 보인다

학이나 물리 문제를 풀어나가는 과정에서, 문제가 이차 방정식과 관련이 있어서, 그 이차 방정식을 풀어야만 하고, 이때 근의 공식을 이용하여 자유자재로 풀이를 구해 다음 단계로 넘어갈 수 있다.

아마도 1번만 충족하면 근의 공식을 외우고 있다고 생각하지만, 필자가 말하는 '제대로 외운' 것은 아니다. 여기에 덧붙여, 근의 공식을 다른 사람이 알아듣도록 설명하고, 어떻게 문제 풀이에 응용하는 것인지 설명할 수 있다면 *완벽하게 외운* 것이다.

그런데, 외국어를 처음 배우는 사람이 외국어 낱말 외우듯, 무조건 머릿속에 집어넣듯이 외우는 방법도 있지만, 소위 '몸으로 부딪쳐야' 제대로 그리고 빨리 외울 수 있다. 외우려는 그것에 익숙해져야 외우기가 가능하다. 익숙해지려면 반복해야 한다. 조금 지루하기는 하지만, 여기서 말하는 반복이 무엇인지 알아보자.

문제: $3x^2 - 4x - 5 = 0$의 풀이를 구하시오.

- x의 가장 높은 차수 항이 $3x^2$임을 알고 이차 방정식이라는 것을 알아낸다.
- 이차 방정식의 근의 공식 $x = \dfrac{-b \pm \sqrt{b^2 - 4ac}}{2a}$ 을 이용해야 한다는 것을 알아챈다.
- $ax^2 + bx + c = 0$의 꼴이 되려면 $a = 3$, $b = -4$, $b = -5$임을 알아챈다.
- 근의 공식 $\dfrac{-b \pm \sqrt{b^2 - 4ac}}{2a}$ 에 $\dfrac{-(-4) \pm \sqrt{(-4)^2 - 4 \times 3 \times (-5)}}{2 \times 3}$ 라고 대입한다.
- $x = \dfrac{-(-4) \pm \sqrt{(-4)^2 - 4 \times 3 \times (-5)}}{2 \times 3} = \dfrac{4 \pm \sqrt{16 + 60}}{6} = \dfrac{2 \pm \sqrt{19}}{3}$ 임을 알아낸다.
- 이 값을 $3x^2 - 4x - 5$ 에 대입하여 $3\left(\dfrac{2 \pm \sqrt{19}}{3}\right)^2 - 4\left(\dfrac{2 \pm \sqrt{19}}{3}\right) - 5 = 0$임

을 알아내어 맞는 답이라는 것을 확인한다.

이 과정을 $2x^2 + 6x + c = 0$에도 적용하고, $\frac{1}{4}x^2 - 0.8x - 5\sqrt{2} = 0$에도 적용하여 풀어본다. 이차 방정식만 보면 근의 공식 $x = \frac{-b \pm \sqrt{b^2 - 4ac}}{2a}$라고 바로 떠오를 때까지 다른 이차 방정식의 풀이 과정이 익숙해질 때까지 되풀이한다면, 위의 외우기 1번 단계를 겨우 마무리한 셈이다. 대체로 수학에 어려움을 느끼게 되는 단계가 바로 이 되풀이하는 과정 없이 무작정 외우려 하니까 생긴다. 똑같은 과정을 되풀이하는 것은 지루하고 힘들지만, 외워질 때까지 끈기 있게 반복해야 한다.

흔히 수학은 '외우는 과목'이 아니라고 생각하여 외우기를 싫어하거나, 외우기를 잘하지 못하는 사람이 수학을 좋아한다고 착각한다. 천만의 말씀이다. 대개의 수포자는 지루하게 반복하는 바로 이 과정을 견디지 못한다. 그래서 반복하는 과정을 생략하고 무작정 외우려 한다. 무작정 외우려 해서 외워진다면 다행이지만, 대체로 실패하기 마련이다. 만일 여러분이 이 되풀이 과정을 즐길 수 있다면 위대한 수학자가 되는 첫걸음은 떼놓은 셈이다. 조금 과장하여 말하면 어떤 과목도 외우지 않고서는 높은 수준에 이르지 못하고, 외우지 않고는 시험에서 좋은 성적을 거둘 수 없다. 수학이나 물리학도 외워야 잘할 수 있는 과목이다.

다만 수학이나 물리학의 외우는 과정에서 앞에 말한 3번 단계의 역할이 소위 '외우는 과목'보다 더 필요하고, 그 작용이 훨씬 더 효과적이라는 차이밖에 없다. 이 단계는 논리적 사고를 가장 필요로 하는데, 근의 공식을 이해하는 데 중요할뿐더러, 반복하는 과정을 획기적으로 줄여서 빨리 외우는 데 큰 도움을 준다. 익숙해지려면 외워야 하고, 외우려면 되풀이해야 하는데, 근의 공식을 유도할 수 있다면, 근의 공식이 그런 꼴을 갖는 이유를 아는 것이므로, 3번 단계를 잘 활용하면 되풀이하는 횟수를 현저히 줄이고도

전자기학 쓰임말을 알면 물리가 보인다

익숙해질 수 있다. 대개 수학이나 물리학에 약한 사람은 바로 이 단계에서 논리적 사고보다는 무작정 외우려 하면서도 되풀이하는 것은 싫어한다. 그리고 외우는 과목을 좋아하고 잘하는 사람은 바로 이 3번 단계가 자신이 좋아하고 잘하는 과목에서는 별로 중요하지 않고, 심지어는 전혀 필요 없다고 착각하기도 한다.

필자가 고3 시절에 대학 입시를 준비하는 과정에서 대표적인 '외우는 과목'이라는 생물을 집중적으로 공부해야 했다. 주변의 동무들 대부분 생물은 외우는 과목이니 그 내용을 이해하려 하기보다는 영어 단어 외우듯 암기하려고만 했다. 그런데 필자는 무슨 이유에서인지 몰랐지만, 무작정 내용을 외우려 하지 않았다. 예를 들어, 식물이 엽록체에서 광합성을 하려면 물이 필요한데, 이 물을 뿌리에서 흡수하여 잎까지 끌어올려야 한다. 이 과정에서 삼투압 현상과 모세관 현상이 물을 높은 나무 꼭대기까지 끌어올리는 데 중요한 역할을 한다. 그런데 대부분 사람은 무작정 삼투압과 모세관 현상을 영어 낱말 외우듯이 외우려 한다. 그래서 이렇게 한다. "광합성을 하려면 어떤 현상이 필요하지?" 하고 혼자 묻고는, "삼투압 현상과 모세관 현상이지"라고 혼자 답한다. 이 과정이 원활하게 이루어지면 '다 외웠다'고 생각한다. 물론 시험에서 묻는 것이 이 수준을 크게 벗어나지 않으니 시험 성적은 잘 나온다. 그러나 '광합성이 일어나려면 삼투압 현상과 모세관 현상이 왜 필요한지' 알지도 못할 뿐만 아니라 관심도 없다. 그리고 광합성이 무엇인지 깊이 알려고도 하지 않는다. 필자가 고3 때 생물을 공부하며 거쳤던 과정을 여기 간략하게 단계적으로 소개한다.

- 광합성이 무엇인지 어렴풋이라도 알게 된다.
- 광합성이 무엇인지 알면, 당연히 광합성에 왜 물이 필요한지 안다.
- 그러면 자연스레 그 물을 식물은 어떤 방식으로 몸안에 들이는지 궁금

해진다.

- 공기 중에서 잎이나 줄기로 물을 흡수하기도 하지만 식물이 증산 작용으로 내뿜는 수증기의 양을 생각하면 턱없이 부족하다.
- 그렇다면 뿌리가 물을 흡수하는 것이 매우 중요하다. 그런데 뿌리는 어떻게 물을 흡수할까?
- 바로 삼투압 현상을 이용한다. 용매(물) 안에서 어떤 용질(설탕)의 농도가 부분적으로 높으면 모든 공간에서 농도가 같아지도록 용질이 균일하게 전체로 퍼지는 현상이 삼투압 현상의 원인이다. 뿌리의 세포막 안쪽의 설탕 농도가 뿌리 밖의 흙에 있는 물의 설탕 농도보다 높으면, 세포 안의 설탕 농도가 세포 밖의 그것과 같아지도록, 흙에서 물이 세포막을 뚫고 세포 안으로 들어간다.
- 뿌리가 빨아들인 물을 어떻게 높은 가지에 있는 잎으로 끌어올릴 수 있나? 바로 모세관 현상이다.
- 이렇게 빨아올린 물이 광합성의 어느 단계에서 쓰이는지 알아낸다.

여러분은 아마도 "아니, 겨우 광합성 하나 외우자고 이 복잡한 단계를 거쳐야 하나? 그냥 외우는 게 훨씬 효율적이지 않나?" 하시는 분도 있을 것이다. 물론 어떤 분에게는 그냥 외우는 것이 효율적으로 보일 수 있다. 그러나 필자는 이 과정을 '외우는' 데 별로 시간이 들지 않았다. 교과서와 참고서를 두어 번 읽고는 '논리적'으로 이해한 것이 전부였다. 그런데도 50년이 넘게 지난 지금도 이렇게 광합성에 대해 자세히 설명할 수 있다. 논리적 사고가 그만큼 중요하다. 아마도 필자가 암기력이 좋아 잘 외운 것이라고 하시는 분들도 있다. 필자의 암기력이 몹시 나쁜 것은 아니지만, 그렇다고 썩 좋은 편도 아니다. 그런데, 이렇게 논리적 과정을 거쳐 외운 것은 오랫동안 머릿속에 남아있고 절대 떠나지 않는다. 물론 이 논리적 단계가 원활하게 이루어지려면, 단계 단계에 나오는 여러 쓰임말은 정확히 그 뜻을 알고 있어야 한다. 광합성, 증산 작용, 삼투압, 모세관, 용매, 용질 등 여러 쓰임말이 있는데 이들을 모두 알고 있어야 하고 또 익숙하게 쓸 수 있어야 한다. 그래야만 잘 외워지고, 외운 것이 오래 간다.

유독 물리학을 어렵게 느끼는 분들은 유독 물리학 쓰임말만 익숙하지 않아서 그런 경우가 많다. 물리학이 왜 어려운지 이해가 안 되면, 물리학 쓰임말이 무엇인지 다시 생각해 보기 바란다. 물리학뿐만 아니라 어떤 분야이든 똑같다. 그것이 학문 분야이든, 기술 분야이든, 새로운 직업이든, 우선 쓰임말에 익숙해져야 어려움이 사라지고, 어려움이 사라져야 두려움도 사라진다.

필자는 수업 중에 맨 앞에 앉은 학생이 책상 위에 놓아둔 지우개를 손에 들고,

"여러분, 내가 이 지우개를 손에서 놓으면 어떤 일이 일어나죠?"

라고 묻는다. 학생들은 답을 하려 애쓰고, 여러 답이 나온다. 물론 학생 대부분은 중력 때문에 아래로 떨어지는 것을 알고 있다. 그런데, 에너지를 가르치는 수업에서는 학생들의 답을 듣고는

"중력이 일을 해서 이런 **일**이 벌어졌어요."

라고 말한다. 여러분에게 일과 **일**이 같은 낱말로 보이는가? 일과 **일**은 같은 낱말이 아니다. 일은 물리학 쓰임말이지만 **일**은 일상에서 '어떤 상황이나 사실'을 나타내는 낱말이다. 이같이 겉으로는 같은 낱말로 보이지만 서로 다른 뜻을 갖는 낱말이 물리학 수업 중에, 그것도 한 문장에 거듭 나타나는 **일**이 자주 일어난다.[1] 독자 여러분은 이 문장을 들었을 때 두 '일'의 차이를 바로 알아채고 이 문장이 전하려는 뜻을 올바로 알아들을 수 있나? 물리학 쓰임말 일에 익숙하지 않다면 이 문장을 알아듣는 데 어려움을 겪는 일이 벌어진다.

지난 저서 『물리요?』[2]에서 이미 말하였지만, 이 책에도 적용되고, 무엇보다 매우 중요한 것이기에 물리학 쓰임말의 뜻을 강조하는 이유를 여기에 반복한다. 우리가 일상생활에서 쓰는 낱말 중 특정한 물리학 쓰임말에 적절한 것을 찾을 수 없으면 새로이 만들어야 하는 일도 있지만, 대부분 일상생활에서 쓰는 낱말을 그대로 가져다 빌려 쓰는 경우가 많다. 대표적인 예가 '힘'이다. 영어로는 'force'이다. 그런데 일상생활에서는 'power'도 힘으로 번역한다. 물리학에서 power는 힘과 거리가 아주 멀지는 않지만, 에너지와 관련 있는 '일률'이다. 물리학 쓰임말로 '힘'은 일상생활에서 쓰이는 뜻 중에 매우 한정된 뜻만을 가져다 쓴다. 그러다 보니 혼동을 일으키기 쉽다. 왜 그런가? '힘'이란 낱말뿐만 아니라 어떤 낱말이든 일상생활에 쓰이는 낱말은 단 하나의 뜻만 갖는 것이 아니라 여러 가지 뜻을 갖는다. 그러면 말하는 사람이 여러 가지 뜻 중에서 어떤 뜻으로 썼는지 어떻게 알아내는가? 우리는 흔히 글에서는 '문맥을 통해 알아내야 한다'고 한다. 그리고 우리 속담에 "'아' 다르고 '어' 다르다'라는 말이 있다. 더욱이 말하는 사람의 어투와 표정도 중요하다고 한다. 우리는 '잘한다'와 '자-알한다'의 차이를 안다. 하지만 우리는 말한 이나 글쓴이가 정확히 어떤 뜻으로 그 낱말을 썼는지, 말하는 사람이나 글쓴이가 밝히기 전에는, 정확히 알 길은 없다. 그래서 우리는 이러한 모호함이 없도록 글을 쓰고 말해야 한다.

　이러한 모호함을 가장 잘 이용하는 사람이 정치인이다. 정치인 대부분이 하는 말은 극단적으로 말해 모호함과 거짓말의 경계에 있다. 하지만 이러한 모호함이 매우 중요한 분야가 있으니 바로 외교 분야이다. 외교를 할 때는 세심하게 모호함을 유지해야 한다. 국가 정상끼리 정상회담을 할 때, 비록 상대 나라의 언어에 익숙해도, 부러 통역관을 대동하는 이유는 바로 이러한 모호함을 유지하기 위함일뿐더러, 갈등이 생겼을 경우 "통역 과정의 오류로 진의가 잘못 전달되었다"는 식으로 벗어나기 위함이다. 그러나 물

전자기학 쓰임말을 알면 물리가 보인다

리학 쓰임말은 이러한 모호함을 허락하지 않는다. 다른 여러 가지 이유가 있지만, 무엇보다도 중요한 객관성을 유지하려면 이러한 모호함은 허락되지 않는다. 물리학 쓰임말의 뜻은 단 하나여야 하고 문맥에 따라 달라지거나, 말하는 사람의 표정으로부터 그 뜻을 헤아려서도 안 된다.

이런 모호성에도 불구하고 일상생활에서 쓰는 낱말을 물리학 쓰임말로 빌려 쓰는 이유는 무엇일까? 비록 모호함은 지니고 있어도 물리학에서 쓰려는 뜻이 들어 있는 낱말을 물리학 쓰임말로 쓰면, 말하는 사람이나 듣는 사람 모두 그 뜻을 비교적 빨리 알아챌 수 있기 때문이다. 그러나 심지어 새로운 물리학 쓰임말을 만들어 쓰더라도, 이러한 모호함을 피할 수는 없다. 그것이 처음에는 물리학 쓰임말로만 쓰이도록 만들었으나 일상의 쓰임말이 될 수밖에 없는데, 그리되면 비록 새로 만든 물리학 쓰임말이라도 일상생활에서 쓰는 낱말을 빌려 쓴 것과 마찬가지가 되어 버린다.

'레이저'를 예로 들어보면, 레이저는 영어 낱말 'laser'를 소리 나는 대로 적은 것인데, 'Light Amplification of Stimulated Emission of Radiation'의 머리글자로 만든 신조어이다. 굳이 번역하자면 '유도 방출 복사에 의한 빛 증폭기' 정도 된다. 그러나 이 낱말이 일상생활에 쓰이면 전혀 다른 뜻이 되기도 한다. '레이저 광선', '레이저 눈총' 등 다양한 변신도 한다. 레이저가 일상생활에서 활용도가 높아지면 높아질수록 이러한 모호함은 점점 늘어간다. 그러다 보니 영화 〈스타워즈〉에는 '광선검'이란 기적의 무기가 나오기도 한다. 물론 이 영화에 나오는 광선검처럼 레이저를 이용한 고성능 무기가 불가능하다고 잘라 말하기는 어렵지만,[3] 현재 기술로는 어림도 없다.

이 책은 필자의 『물리요?』라는 다른 저술의 연장선에 있다. 『물리요?』에서는 물리학의 여러 분야 중 '역학' 분야만을 다루었다. 이 책에서는 물리학의 또 다른 분야인 '전기학(電氣學)'과 '자기학(磁氣學)'—이 둘을 묶어서 전자기학(電磁氣學)이라고 함— 분야를 다루어 보려 한다.

왜 전기 현상과 자기 현상은 한데 묶어서 전자기 현상이라고 해야 하나? 결론부터 말하면, 우주에 전하가 딱 한 개 있다면, 그 전하가 일으키는 현상이 전기 현상이다. 그러나 전하가 두 개 이상만 되면 전기 현상과 자기 현상이 따로따로 일어나지 않고, 전자기 현상으로 한데 어울려 동시에 일어난다. 10장에서 다루는 맥스웰 방정식이 이를 증명한다.

『물리요?』에서와 마찬가지로 특별한 경우를 제외하고는 각 장과 절의 제목은 그 장과 절을 대표하는 물리학 쓰임말로 잡았다. 물리학 쓰임말로 제목이 정해지면, 그 낱말이 일상생활에서 쓰이는 사전적 뜻은 국립국어원에서 만든 '표준국어대사전'[4](이하 한글사전)을 이용하여 제시하고, 이에 대응하는 영어 낱말 또는 구는 메리엄-웹스터(Merriam-Webster) 사전[5](이하 영어사전)을 사용하였으며, 일반에게 잘 알려지지 않았거나 익숙하지 않은 물리학 쓰임말은 한국물리학회에서 발행한 『물리학용어집』[6](이하 용어집)을 참고하였다. 물리학 쓰임말로 빌려 쓴 낱말들의 사전적 정의를 보면 그 낱말이 일상생활에서 어떻게 쓰이는지 알아내고, 나아가서는 물리학 쓰임말로 쓰일 때는 그 뜻이 얼마나 좁은 범위로만 쓰이는지 여러분이 구분하기를 바란다.

1. 물질의 분류

우리의 일상생활에서 냉장고, 세탁기, 전기밥솥, 컴퓨터, 스마트폰 등 전기·전자제품은 이제 없어서는 안 될 필수품이 되었다. 필자는 어린 시절 서울로 이사 와서, 동네 어느 한 집에 있던 흑백 텔레비전을 처음 보았을 때 느꼈던 충격을 아직도 잊지 못한다. 가정용 전자오븐 크기의 상자에서 나오는 화면은 경이로움 그 자체였다. 당시 유행했던 역도산이 나오는 일본 프로 레슬링 시합이나 장영철, 천규덕 등이 나오는 국내 시합을 보기 위해 그 집 안방 문 앞에 옹기종기 모여 구경하였던 기억은 잊히지 않는다. 텔레비전 구경이 끝나고 집으로 돌아갈 때면 언제나 동무들과 방금 보았던 레슬링 장면을 흉내 내며, 팔로 목을 휘감기도 하고, 맨손으로 당수 흉내를 내곤 하였다.

전기 현상과 자기 현상, 또는 묶어서 전자기 현상이 없다면 현재 우리가 누리는 전기·전자제품의 편리함은 불가능하다. 그런데 물질이 가지고 있는 기본 성질이 이런 전자기 현상을 결정하는 데 매우 중요한 역할을 한다. 물리학자들이 연구하는 물질은 당연히 우주에 있는 모든 물질이다. 그런데 이 물질을 한 사람이 모두 연구한다는 것은 불가능하다. 그래서 물리학자들은 이 물질들을 다양한 기준을 가지고 분류하여 그중에 자신이 관심을 가지는 한 분야를 선택하여 연구한다.

물질의 분류 방법은 여러 가지가 있다. 예를 들면, 물질을 구성하는 분자 또는 원자들의 평균 거리와 그들의 배열 방법에 따라 고체, 액체, 기체로 분류하는데, 같은 물질이라도 얼음, 물, 그리고 수증기가 있다는 것을 알면 쉽게 이해할 수 있다. 또는 '전하가 그 안에서 얼마나 자유롭게 움직일 수 있는가'를 기준으로 분류하는 방법이 있다. 이 방법에 따르면 물질은 도체, 부도체, 반도체로 나뉜다. 이 쓰임말들은 이 책에 자주 나오므로 미리 설명하려 한다. 그리고 전하가 얼마나 자유롭게 움직이는지를 판가름하는 방법은 여러 가지가 있지만 여기서는 다음의 경우를 가정하면 편리하다. 우선 물체를 같은 모양과 같은 크기로 만들되, 모양을 원통형 긴 막대로 만들어, 양 끄트머리에 건전지의 전극을 연결하고 전류를 재어서 비교한다고 생각하자. 이 전룻값이 크면 전하의 움직임이 매우 자유로운 것이고, 작다면 그 반대이다.

⚡ 도체(導體)

『물리』 열 또는 전기의 전도율이 비교적 큰 물체를 통틀어 이르는 말. 열에는 금속, 전기에는 금속이나 전해 용액 따위가 이에 속한다. ≒도전체.

⚡ conductor

one that conducts: such as

a: GUIDE

b: a collector of fares in a public conveyance

c: the leader of a musical ensemble

d (1): a material or object that permits an electric current to flow easily

　(2): a material capable of transmitting another form of energy (such as heat or sound)

영어 낱말 'conductor'는 안내원, 차장, 지휘자를 나타내는 다양한 뜻을 가지지만 맨 마지막 설명이 물리학에서 쓰는 것이다. 이 영어 낱말을 우리말로 번역할 때는 전문 쓰임말로 번역했기 때문에 다양한 뜻을 지니는 것은 아니다. 한글사전에서는 '열 또는 전기의 전도율이 비교적 큰 물체'라 하였는데 앞에서 말한 전류가 크다는 것이다. 여기서는 그 크기가 얼마냐를 따질 필요는 없다. 그것은 '전도율'이라는 쓰임말을 먼저 알아야 하는데 나중에 자세히 다룬다. 응집물질물리학이라는 분야를 연구하는 물리학자들은 때로 '도체'와 '금속(metal)'을 거의 같은 뜻으로 쓰기도 한다. 여기서 '거의' 같은 뜻으로 쓰인다는 말은 도체는 전하가 얼마나 자유롭게 움직이느냐로 결정하지만, 금속은 여기에 몇 가지 특성이 추가되어야 하기 때문이다. 귀금속으로 불리는 금, 은, 구리가 매우 좋은 도체이고, 알루미늄이나 철 등은 그리 좋은 도체가 아니다. 소금물 같은 전해액은 금속이 아니지만 도체이다. 우리가 일상생활에서 쓰는 물은 불순물이 어느 정도 섞인 전해액이기 때문에 도체이다. 그러나 순수한 물은 부도체이다. 한글사전의 부연

설명에 나오는 '열에는 금속, 전기에는 금속이나 전해 용액 따위가 이에 속한다'는 말은 잘못된 것이다. 금속이 대체로 좋은 열전도체이지만, 보석류인 사파이어는 금속이 아니면서도 구리에 맞먹는 열전도율을 지닌다. 반도체에 불순물을 적절히 골라 주입하면 도체가 되기도 한다. 그리고 열 또는 전기의 전도체를 구분하기 위해 전기전도체(電氣傳導體, electric conductor, 줄여서 전도체-電導體)와 열전도체(熱傳導體, thermal conductor)라고 따로 부른다.

 보충 설명

한글사전에서는 도체를 '열 또는 전기의 전도율이 비교적 큰 물체를 통틀어 이르는 말'이라 하여 전기나 열이 마치 흐를 수 있는 물질처럼 말하였는데, 옳지 않은 말이다. 물리학 쓰임말 중에서 가장 잘못 쓰이고 있는 쓰임말이 '열'이기 때문에 또 하나의 책으로 다뤄야 하는 문제이지만, 여기서는 간단히 다루겠다. 일상생활에서는 말할 것도 없고, 심지어는 전문가들도 '열'이라는 쓰임말을 잘못 알고 있다. 심지어 대학의 교과목 중에는 '열전달'이라는 교과목도 있고, 같은 제목을 가지고 있는 교과서도 있고 열역학(thermodynamics)이라는 과목도 있다. 열전달 또는 열역학이라는 혼란을 일으키는 쓰임말이 아직도 쓰이는 이유는, 과거 이 학문 분야가 처음 시작할 때 잘못 썼던 틀린 개념으로 생긴 혼돈을 극복하는 과정에서, 용어를 새롭게 알아낸 개념에 맞게 고치지 못하고 그대로 쓰고 있기 때문이다. 이러한 혼란은 열에너지(thermal energy)와 열(heat)을 구분하지 못해서 생기는 일이다. 열에너지는 열이 아니다. 무슨 똥딴지같은 말이냐고?

물리학 쓰임말인 '열'이란 역시 물리학 쓰임말인 '일'과 마찬가지로 에너지의 꼴을 바꾸는 과정이다. 물체에 힘을 주어 움직였다면 그 '힘이 일을 했다'고 한다. 일의 결과는 운동에너지의 변화로 나타난다. 열이란 물체 또는 계의 내부에너지가 바뀌는 과정이다. 내부에너지의 변화는 엔트로피라는 물리량의 변화를 수반한다. 열에 관해 여기서 두 가지 문제만 더 다루려 한다.

첫째, 열은 계를 이루는 알갱이 수가 이론적으로는 무한히 많을 때 나타나는 개념이다. 따라서 계를 구성하는 알갱이가 충분한 숫자가 아니라면 열이라는 개념을 쓸 수 없다. 예를 들어 길거리에서 흔히 보는 돌멩이의 운동을 관찰하려면 이 돌멩이에 작용하는 힘이 무엇인지 알아야 하고, 마찰력이나 공기의 저항을 무시할 수 있는지 등을 따져야 한다.

그런데 이 경우에 우리는 계를 구성하는 알갱이가 하나라고 한다. 그러나 만일 이 돌멩이의 온도에 관심이 있다면, 우리가 다루는 계는 돌멩이 한 개가 아니라 돌멩이를 구성하는 모든 원자와 분자를 따로따로 하나의 알갱이로 보아야 하고, 이때 계를 구성하는 알갱이의 수는 무한대라고 보아도 무방하다. 온도, 열 등 열물리학에서 다루는 물리량은 계의 구성 알갱이 수가 무척 많아야 가능하다. 따라서 '양성자 하나의 온도' 같은 것은 정의할 수 없다. 따라서 양성자 하나와 전자 하나는 서로 에너지를 주고받을 수는 있으나, '열을 주고받을' 수는 없다. 더욱이 열은 주고받을 수 있는 것이 아니다. 열은 물질이 아니므로 흐를 수도 없고, 전달되는 것이 아니라, 에너지의 '변환 과정'이다. 둘째, 열이라는 과정도 미시세계에서 보면 실제로는 일이라는 과정이다. 세상에는 운동에너지와 퍼텐셜에너지, 딱 두 종류의 에너지만 있는데, 이 두 에너지는 일이라는 과정을 통해 서로 꼴을 바꾸고 있으니, 에너지 변환 과정은 엄밀하게 말해 일밖에 없다. 다만, 거칠게 말하면, 거시세계에서는, 계 전체로 보았을 때, 마치 열이라는 과정이 있는 것처럼 관찰될 뿐이다.

둘째, 우리가 일상생활에서 쓰는 열이라는 쓰임말은 사실 영어로는 두 가지가 있는데, heat와 thermal이 그것이다. 예를 들어 '열전달'이라는 쓰임말은 heat transfer라는 영어 쓰임말을 번역한 것이지만, 영어가 잘못된 것이다. 열(heat)이 이미 열에너지의 변환(thermal-energy transfer)인데, 'heat transfer'라고 하면 'thermal-energy transfer transfer'가 되는 셈이니 동어반복이다. 그냥 thermal-energy transfer라고 하는 것이 더 적절하다. 열적 현상이라는 우리말 쓰임말은 영어의 'thermal phenomenon'을 번역한 것으로, 'heat phenomenon'이 아니다. 영어의 heat와 thermal, 또는 thermo- 를 모두 '열'이라는 같은 낱말로 번역하다 보니 혼란이 가중되는 것이다. 물론 영어의 사용권에서도 일상생활에서는 물론 이 둘을 선명하게 구분하지 않지만, 물리학 쓰임말이 되면 명확히 구분해야 한다. heat는 에너지의 변환 과정이고, 이러한 변환 과정이 수반되어 나타나는 현상, 곧 열(heat)이 관여하는 현상을 열적 현상 또는 열현상(thermal phenomenon)이라고 한다. 열에너지는 'thermal energy'이지 'heat energy'가 아니다. 이를 구분하는 좋은 방법이 있다. 영어 낱말 'heat'는 동사가 아니면 명사이다. 그런데 heat가 물리학 쓰임말이 되면 반드시 명사이다. 물론 영어에서도 명사 두 개가 연이어 나오면 앞의 명사는 형용사-우리말 문법으로는 관형어-로 생각해야 하지만, 물리학 쓰임말에서는 heat를 형용사로 쓰면 안 되고, 대신에 형용사로는 thermal을 써야 한다. 예를 들어 열물리학은 heat physics가 아니라 thermal physics이다. 물리학에서 heat(열)은 물질도 아니고, 에너지도 아니며, '전달'할 수 있는 것이 아니다. 열은 에너지 변환 과정, 곧 현상을 일컫는 쓰임말이다. 따라서 thermal

　전자기학 쓰임말을 알면 물리가 보인다

process(열적과정)가 heat(열)이다. 영어로 말하면 이렇게 쓸 수 있다.

Heat is a process in which a thermal energy is involved.

우리말로 번역하면, 열이란 열에너지가 관여하는 한 과정이다.

● **부도체(不導體)**

『전기·전자』 전도체나 소자로부터 전기적으로 분리되어 있어 열이나 전기를 잘 전달하지 아니하는 물체. 전기의 절연체는 유리·에보나이트·고무 따위이고, 열의 절연체는 솜·석면·회(灰) 따위이다. =절연체.

● **insulator**

: one that insulates: such as

a: a material that is a poor conductor (as of electricity or heat)

b: a device made of an electrical insulating material and used for separating or supporting conductors

---

한글사전에 부도체는 '전도체나 소자로부터 전기적으로 분리되어 있다'고 하였는데, 도체라도 전기적으로 분리되어 있으면 '전기를 잘 전달하지' 못한다. 도체와 달리 부도체 안에서는 전하가 평균적으로[7] '거의' 움직이지 못한다. 그래서 우리가 일상적으로 대하는 상황에서는 부도체 안에서 전하의 움직임을 재기 어렵다. 다만, 매우 높은 전압을 걸어주면 전하가 움직일 수는 있다. 한글사전의 부연 설명에 '전기의 절연체'라는 말이 나오는데, 그냥 절연체라고 해도 된다. 아마도 일상생활에서는 '열절연체'라는 말이 있다 보니 그리된 것으로 생각한다. 영어로는 insulator이지만, 이 낱말을 우리말로 번역하는 과정에서, 전기가 흐르지 않는 물질은 절연체(絶緣體)라 하고, 열에너지(thermal energy)가 잘 흐르지 않는 물질은 단열체(斷熱體)라 하여 구분하였다. 그리고 응집물질 물리학자들은 부도체와 거의 같은 뜻으로 유

전체[8]라는 쓰임말을 쓰기도 한다. 유전체에 대해서는 나중에 설명한다.

⚡ 반도체(半導體)

『물리』 상온에서 전기 전도율이 도체와 절연체의 중간 정도인 물질. 낮은 온도에서는 거의 전기가 통하지 않으나 높은 온도에서는 전기가 잘 통한다. 실리콘, 저마늄, 산화 이구리 따위가 있으며 정류기(整流器), 다이오드, 집적 회로, 트랜지스터 따위의 전자 소자에 널리 쓴다.

⚡ semiconductor

any of a class of solids (such as germanium or silicon) whose electrical conductivity is between that of a conductor and that of an insulator in being nearly as great as that of a metal at high temperatures and nearly absent at low temperatures

---

반도체는 글자 그대로 도체와 부도체의 중간에 있는 물질을 뜻한다. 반도체의 '반'은 한자로 半, 다시 말하면 $\frac{1}{2}$ 이다. 영어의 semiconductor의 semi 역시 $\frac{1}{2}$ 이다. 전하가 움직일 가능성이 도체보다는 못하지만, 부도체보다는 나은 물질이다. 우리가 속된 말로 '반쯤 죽었다'라는 표현을 쓰는데, 비슷한 것으로 생각하면 된다. 이 반도체가 20세기 후반부터 시작된 전자혁명의 기본이 되는 물질이다. 일반인들은 이 반도체가 마치 무슨 마법의 물질, 또는 도깨비방망이쯤 되는 것으로 착각하는데, 그렇지 않다. 여기서는 그런 오해를 일으킨 이유를 두 가지로 간단히 설명하려 한다.

첫째로, 도체는 그 온도를 높이면 전기저항이 늘어나는데, 반도체는 오히려 줄어든다. 또한 도체와 비교해 온도에 매우 민감하다. 둘째로, 도체에 불순물을 첨가하면 전기저항이 늘어나는데, 반도체는 오히려 불순물을 적절하게 골라 넣어 전기저항을 줄일 수 있다. 반도체에 넣는 불순물은 ppm 수준의 미량만으로도 전기저항을 수천, 심지어는 수백만 배 바꿀 수 있다. 이렇게 반도체에 불순물을 넣는 과정을 도핑(doping)이라고 한다. 또한 불순물의 종류를 적절하게 선택하여 주입하면, 같은 반도체 물질인데도 전혀 다른 성질을 갖는 반도체로 바꾸어 줄 수 있다. 반도체에 불순물을 적절하게 주입하여 우리가 원하는 성질을 갖는 반도체로 탈바꿈시킬 수 있으니, 일반인들은 마치 마법과 같이 느낄 수 있다. 부도체는 물론이고 도체 역시 이러한 조작이 거의 불가능하므로 반도체의 이 두 성질이 현대의 다양한 전기·전자제품을 가능하게 했다고 해도 지나친 말이 아니다. 특히 소자를 나노미터 수준으로 작게 만들 수 있게 된 것은 거의 전적으로 반도체 때문이라고 해도 지나친 말이 아니다.

✖ 오개념

반도체가 우리 생활에 제공한 편리함은 이루 말할 수 없이 크지만 그만큼 잘못 쓰이고 있는 쓰임말이기도 하다. 그런데 일상생활에서 '반도체'를 말할 때, 물질로서의 '반도체'와 '반도체로 만든 소자'를 구분하지 않고 쓰고 있어 많은 혼란이 일어난다. 예를 들어 '컴퓨터가 반도체로 만들어졌다'고 말하면, 아주 많이 틀렸다고 할 수는 없지만, 사실 잘못된 표현이다. 우선 컴퓨터가 통째로 반도체로 만들어졌다는 말인가? 그럴 리는 없다. 엄밀히 말해, 컴퓨터가 반도체로 만들어진 것이 아니라, 컴퓨터라는 전자기기 안에는 반도체 소자가 여럿 들어 있다. 따라서, 흔히 '반도체 산업'이라고 불리는 분야는 반도체가 섞여있는 광물에서 반도체만 추출해내는 분야와 '반도체 소자 제작 산업' 분야로 나뉜다. 오늘날의 거의 모든 전자·전기기구에는 크고 작은 반도체 소자가 들어간다. 그런데, 전자·전기기구를 만들 때는 반도체 소자뿐만 아니라 플라스틱이나 금속도 많이 쓰인다. 예를 들어 반도체 소자에 전기를 공급하려면 그 소자들은 전선으로 전원에 연결해야 하는데 전선은 도체로 만든다. 심지어 반도체 소자 하나 안에서도 전류가 많이 흐르는 부분에는 금속을 쓰기도 한다.

02

전하와 전기력

● **전기**(電氣)

1. 『물리』 물질 안에 있는 전자 또는 공간에 있는 자유전자나 이온들의 움직임 때문에 생기는 에너지의 한 형태. 음전기와 양전기 두 가지가 있는데, 같은 종류의 전기는 밀어내고 다른 전기는 끌어당기는 힘이 있다.

2. 저리거나 무엇에 부딪혔을 때 몸에 짜릿하게 오는 느낌을 비유적으로 이르는 말.

● **electricity**

1. a: a fundamental form of energy observable in positive and negative forms that occurs naturally (as in lightning) or is produced (as in a generator) and that is expressed in terms of the movement and interaction of electrons

   b: electric current or power

2. a science that deals with the phenomena and laws of electricity

3. keen contagious excitement

한글사전이나 영어사전 모두 전기를 에너지의 한 형태라고 하였는데, 이는 전기를 매우 잘못 설명한 것이다. 물리학에서 말하는 전기란 *전하가 관여*

하는 모든 현상을 통틀어 일컫는 말이다. 따라서 단순하게 전기라고 하는 것보다는 전기 현상(electric phenomena)이라고 하면 더 이해하기 쉬울 것이다. 전기 현상에는 에너지가 다양한 방식으로 관여하지만, 에너지 자체를 전기라고 할 수 없다. 일상생활에서 '전기'라고 하면, 물리학적으로는 전류를 뜻하기도 하고, 전하를 뜻하기도 하고, 그 외의 다양한 뜻으로 쓰인다.

인류 최초의 전기 현상에 대한 기록은 기원전 2750년경에 이집트에서 이루어졌는데, 전기뱀장어에 대한 기록이다. 고대 그리스 사람들은 호박[9]을 모피에 문지르면 먼지나 머리카락을 끌어당긴다는 사실을 알아냈는데, 바로 이 호박의 고대 그리스어 ἤλεκτρον(엘렉트론)이 영어 낱말 'electricity'의 어원이 되었다.

1. 전하

⚡ **전하(電荷)**

『물리』 물체가 띠고 있는 정전기의 양. 같은 부호의 전하 사이에는 미는 힘이, 다른 부호의 전하 사이에는 끄는 힘이 작용한다. 한 점에 집중되어 있는 것을 점전하라고 하며, 이것이 이동하는 현상이 전류이다. ≒차지, 하전.

⚡ **charge**

1. a: the price demanded for something no admission charge

   b: a debit to an account

   c: EXPENSE, COST

   d: the record of a loan (as of a book from a library)

   e (British): an interest in property granted as security for a loan

2. a: a definite quantity of electricity especially : an excess or deficiency of electrons in a body

---

b: the quantity of explosive used in a single discharge

c: the quantity that an apparatus is intended to receive and fitted to hold the charge of chemicals in a fire extinguisher

d: THRILL, KICK

e: a store or accumulation of impelling force the deeply emotional charge of the drama

3. a: MANAGEMENT, SUPERVISION

b: a person or thing committed into the care of another played with her young charges at the day-care center

c: OBLIGATION, REQUIREMENT

d: the ecclesiastical jurisdiction (such as a parish) committed to a clergyman

4. a: a formal assertion of illegality

b: a statement of complaint or hostile criticism denied the charges of nepotism that were leveled against him

5. a (1): a violent rush forward (as to attack)

(2): the signal for attack

b: a usually illegal rush into an opponent in various sports (such as basketball)

6. a: INSTRUCTION, COMMAND

b: instruction in points of law given by a court to a jury

7. a: a figure borne on a heraldic field

b obsolete: a material load or weight

우리말 전하[10]에 해당하는 영어 낱말은 charge이다. 영어사전을 보면 charge에 대한 설명 항목이 많지만, 우리말 '전하'에 대해서는 물리 분야 하나밖에 없다. 그 이유는 영어의 경우 물리학에서 쓰는 전하의 뜻을 가지는 영어 낱말 'charge'는 일상생활에서 쓰는 낱말을 빌려 썼기 때문에 여러 뜻으로 쓰이지만, 이 charge가 물리학 쓰임말로 쓰이면 '전하'라고 번역하여 한글사전의 '전하' 항목은 하나밖에 없다. 한글사전이 전하를 '물체가 띠고 있는 정전기의 양'이라 하였는데, 전기는 전하가 아니다. 또한 '이것이 이동하

는 현상이 전류'라고 하였는데, '이것'이 가리키는 것이 점전하인지 전하인지 불분명하다. 그리고 '음전기와 양전기 두 가지가 있다'고 하였는데 정확하게는 '음전하와 양전하 두 가지가 있다'고 해야 맞는 것일뿐더러 이 문장은 빼는 것이 더 옳다.

전하가 무엇인지 알려면 질량과 중력의 관계에서처럼 전하와 전기력의 관계를 생각하면 빠르게 이해할 수 있다. 우리는 중력을 다음과 같이 이해한다.

중력이란 질량을 가진 물체 사이의 서로작용이다.
그런데 질량이란 무엇인가?
질량이란 물질이 갖는 특성의 하나인데, 물체 사이에 중력을 일으키는 특성이다.

이를 전기력과 전하에 적용해보자.

전기력이란 전하를 가진 물체 사이의 서로작용이다.
그럼 전하란 무엇인가?
전하란 물질이 갖는 특성의 하나인데, 물체 사이에 전기력을 일으키는 특성이다.

중력 대신에 전기력, 질량 대신에 전하를 대입하면 된다. 질량과 중력을 제대로 이해하려면 질량과 중력을 따로따로 떼어서 이해하려 하면 안 되듯이, 전기력과 전하 역시 따로따로 떼어서 이해하려 하지 말고 함께 묶어서 이해해야 한다.

이를 조금 더 풀어서 알아보자. 우주에 있는 물질은 여러 가지 특성을 가지는데, 그 특성을 발현하는 방법이 서로작용인 경우를 생각해 보자. 서로

전자기학 쓰임말을 알면 물리가 보인다

다른 물체끼리 힘을 주고받을 수 있다. 우리는 뉴턴의 제3운동법칙에 따라, 이 주고받는 힘을 작용과 반작용이라 부른다. 이 작용과 반작용을 한데 묶어 서로작용[11]이라고 한다. 물리학에서는 이런 서로작용 중 가장 기본적인 것이 모두 네 개 있다고 한다.

기본 서로작용(fundamental interactions)
❶ 중력(gravitational interaction): 질량을 가진 알갱이들 사이의 서로작용
❷ 전자기력(electromagnetic interaction): 전하를 띤 알갱이들 사이의 서로작용
❸ 약력(weak interaction): 원자핵의 분열 과정에서 나타나는 서로작용
❹ 강력(strong interaction): 원자핵을 구성하는 핵자들 사이의 서로작용

이들 중 중력과 전자기력[12]은 그것을 발현하는 특성에 이름을 붙였는데 각각 질량과 전하이다. 나머지 둘은 전문가들만 알고 있으며 물리학자인 필자도 전공 분야가 아니라 잘 알지 못한다. 질량이 중력을 만들듯이 전하가 전기력을 만든다. 전기력을 일으키는 것이 전하이므로 영어로 'electric charge'라고 한다. 중력을 일으키는 것이 질량이므로 영어로 'gravitational charge'라고도 한다. 굳이 한자로 번역하자면 질량은 중하(重荷)라고 할 수 있다. 자기력에도 비슷하게 적용하면, 자기력을 일으키는 특성을 자하[13](磁荷, magnetic charge)라고 한다. 표로 나타내면 다음과 같다.

힘	마당	특성(~하)	
중력	중력마당	중하(질량)	*gravitational* charge
전기력	전기마당	전하	electric charge
자기력	**자기마당**	**자하**	**magnetic** charge

일반적으로 물리학에서 다루는 알갱이는 기본적으로 중하(질량)를 가지고 있다. 그러나 전하와 자하는 선택적으로 갖는다. 예를 들어, 중성원자는 전하를 띠지 않지만, 중하는 반드시 가지고 있고 간혹 자하를 띠기도 한다. 전자와 양성자는 중하, 전하, 자하를 모두 가지고 있고, 중성자는 중하와 자하만 가지고 있다. 따라서 중성원자끼리는 중력 또는 자기력만 작용하고, 전자와 양성자 사이에는 중력, 전기력, 자기력 모두 작용하고, 중성자끼리는 중력과 자기력만 작용한다.

비유를 대보자면, 사람이 갖는 다양한 역할을 생각하면 이런 여러 '~하'의 차이를 알아챌 수 있다. 우리는 보통 여러 가지 다양한 역할을 가지고 있다. 필자만 해도 남편, 아버지, 가르치는 사람의 역할을 모두 가지고 있다. 아내를 대할 때 아내는 나를 남편으로 보겠지만, 내 아들은 나를 아빠라고 부른다. 내가 강의실에서 일반 물리학 강의를 할 때 학생들은 나를 가르치는 사람으로 본다. 모두 똑같은 '나'이지만 누구를 만나느냐에 따라 내 모습은 다르게 보인다. 이처럼 내가 누구와 서로작용하느냐에 따라 내 역할이 달라지듯이 물질이 가지고 있는 성질 역시 어떤 서로작용을 하느냐에 따라 다르게 드러난다. 전자가 중성자를 만나 중력이 작용했다면 중성자는 전자가 질량, 곧 중하를 가지고 있다고 알아챈다. 그런데 전자와 중성자 사이에는 자기적인 서로작용을 할 수도 있다. 이때 중성자는 전자에 자하가 있다고 알아챈다.

또한 전자와 양성자와 서로작용하여 전기력이 생기면 양성자는 전자가 전하를 띠고 있다고 알아챈다. 이처럼 서로작용이 달라지면 물질의 성질을 다르게 파악하듯이 전하가 드러나기도 하고 질량 또는 중하가 드러나기도 하고 자하가 드러나기도 한다.

전기력과 중력 사이, 그리고 전하와 질량 사이의 비슷한 점을 알아보았으니 이제 서로 다른 점은 무엇인지 살펴보자. 첫째 중력은 끌림만 있으나,

전자기학 쓰임말을 알면 물리가 보인다

전기력은 끌힘과 밀힘이 모두 있다. 둘째 질량은 한 종류만 있지만, 전하는 두 종류가 있다. 전하에는 두 종류가 있다는 사실과 전기력에는 끌힘과 밀힘 두 가지가 있다는 사실은 서로 밀접하게 연결되어 있다. 질량을 가진 물체들 사이에는 끌힘만 있으므로 질량은 양의 값을 가지는 한 종류밖에 없다고 생각하는 것이 자연스럽다. 그러나 전기력에는 끌힘과 밀힘이 모두 가능하니 전하의 종류가 하나라고 할 수 없고, 힘의 종류가 둘이니 전하의 종류도 둘이라고 생각하는 것이 논리적이다. 같은 종류의 전하끼리는 밀힘이 작용하고, 다른 종류의 전하끼리는 끌힘이 작용한다.

전하의 종류에는 양전하와 음전하가 있다는데, 양전하는 무엇이고 음전하는 무엇인가? 여러분은 아마 모든 물질은 원자로 이루어져 있고, 원자는 다시 양성자와 중성자로 이루어진 원자핵과 전자들로 이루어져 있다는 것을 알고 있을 것이다. 여기서 양성자가 띤 전하가 양전하, 전자가 가지고 있는 전하가 음전하라고 임의로 정한 것이다. 간혹 왜 전자의 전하가 음이냐고 묻는 분이 계시는데, 필자도 왜 그렇게 정했는지는 모른다. 특별한 이유 없이 그리 정해졌다. 양성자와 전자는 서로 부호는 다르지만 같은 크기의 전하를 가지고 있다. 중성자는 전하를 가지고 있지 않다. 따라서 중성자는 전기력을 발현하지 못한다.

전기력의 크기를 결정하는 요소 중에 전하의 크기가 있다. 크기는 당연히 양의 숫자로 나타내지만, 밀힘과 끌힘은 어떻게 구분해야 할까? 이를 위해 두 종류의 전하의 크기에 +와 −를 붙여 각각 양전하와 음전하라 부른다. 부호는 수학적 편의를 위해 붙였을 뿐 특별한 뜻이 없다. 여기서 한 가지 주의할 점이 있다. 비록 수학적 편의를 위해 부호를 붙였지만, 말 그대로 수학적 편의 때문에 전하량에 대해서는 단순히 대수적으로 계산하면 된다는 것이다. 한 물체 안에 양전하도 있고 음전하도 있다면, 양전하의 양과 음전하의 양을 산술적으로 더해서 남는 것이 그 물체의 알짜전하[14]라고 한다.

바로 이 알짜전하가 물체끼리의 전기력을 결정하는 양이다. 예를 들어 수소 원자를 생각해 보자. 수소 원자는 양성자 하나로 이루어진 원자핵과 전자 하나로 이루어져 있으니 알짜전하는 0이다. 왜냐하면 양성자와 전자는 크기는 같으나 부호가 반대인 전하를 가지고 있으므로 이 둘을 더해주면 0이 된다. 모든 원자는 원자핵에 들어 있는 양성자의 개수와 전자의 개수가 같으므로 알짜전하는 0이다. 이처럼 이온화되어 있지 않고 알짜전하가 0인 원자를 가리켜 중성원자(neutral atom)라 한다.

전하가 가지고 있는 특이한 점이 하나 더 있다. 어느 물체이든 전하를 띠고 있다면 그 전하량은 반드시 전자, 또는 양성자 전하량의 정수배이어야 한다는 것이다. 어떤 전하량이든 전자 전하량의 1.5배 또는 3분의 1배인 전하량은 있을 수 없다는 뜻이다. 전자 전하량의 −10배는 가능하지만 −3.7배는 불가능하다. 이것을 가리켜 전하의 양자화[16]라 부른다. 그래서 우주에 존재하

❌ 오개념

전하에는 양전하와 음전하 두 종류가 있다. 양수가 음수보다 큰 숫자이니, 양전하가 음전하보다 더 크다고 생각하는 분이 계시는데, 그렇지 않다. 같은 종류의 전하끼리는 어느 것의 양이 더 많은지 따질 수 있으나, 양수가 음수보다 크니, 무조건 양전하가 음전하보다 더 크고 많다고 생각해서는 안 된다. 바다와 산이 같이 보이는 지도에서 산의 높이는 양의 수로 나타내고 바다의 깊이는 음수로 나타내기도 하지만, 양전하가 음전하보다 더 높다고 할 수 없다.

또한 양전하는 무엇인가가 남는 것인데, 음전하는 무엇인가 모자란 것도 아니다. 그러니 음전하는 덜 위험하지만, 양전하는 더 위험한 것도 아니다. 양이 많으면 위험도는 양전하나 음전하나 모두 똑같이 위험하다. 더욱이 나중에 나오는 전류의 경우, 양전하의 움직이는 방향을 전류의 방향으로 잡는데, 가정에서 많이 쓰는 구리 도선[15]에서 실제로 움직이는 전하는 자유전자, 곧 음전하이다. 수학적 편의를 위해 전하에 부호를 붙여 사용하지만, 부호가 아주 중요한 뜻을 가지는 것이 아니다.

전자기학 쓰임말을 알면 물리가 보인다

는 모든 전하는 양자화되어 있다고 한다. 어떤 분은 소립자의 하나인 쿼크는 전자 전하량의 1/3 또는 2/3가 가능하다고 할 것이다. 그러나 쿼크는 알갱이 하나가 단독으로 있을 수 없고 여러 개가 조합을 이루는데, 그 조합은 총전하량이 반드시 전자 전하량의 정수배가 되도록 이루어진다.

2. 전기력

전기력에 대한 법칙은 프랑스의 물리학자 샤를 드 쿨롱(C.-A. Coulomb)이 발견하였는데, 그 이름을 따서 쿨롱의 법칙이라고도 부른다. 중력을 잘 알고 있으면 전기력을 이해하기 쉽다.[17] 그러니 먼저 중력에 대해 알아보자. 뉴턴이 완성한 중력모형을 설명하면 다음과 같다.

질량을 가진 두 알갱이 사이에는 중력이라 불리는 끌힘이 작용하는데
❶ 이 끌힘의 크기는 두 알갱이 질량의 곱에 비례한다.
❷ 이 끌힘의 크기는 두 알갱이 사이 거리의 제곱에 반비례한다.
❸ 이 끌힘의 방향은 두 알갱이를 잇는 직선 방향이다.
여기서 질량 ➡ 전하, 끌힘 ➡ 힘으로 바꾸면 완벽하지는 않지만, 전기력을 설명하는 것이다.

전하를 가진 두 알갱이 사이에는 전기력이라 불리는 힘이 작용하는데
❶ 이 힘의 크기는 두 알갱이 전하량의 곱에 비례한다.
❷ 이 힘의 크기는 두 알갱이 사이 거리의 제곱에 반비례한다.
❸ 이 힘의 방향은 두 알갱이를 잇는 직선 방향이다.

전기력에는 끌힘은 물론 밀힘도 있어서 이 설명이 완벽하지 않은 것이다. 여기에 다음과 같은 줄 하나를 더해야 한다.

❹ 전하에는 양전하와 음전하 두 종류가 있는데, 같은 종류의 전하들 사이에서는 밀힘이, 다른 종류의 전하들 사이에서는 끌힘이 작용한다.

물리학자들은 중력모형을 위와 같이 말로 풀어 써놓으면 약간 불안해하면서 다음과 같이 수식으로 표현해 놓고는 안심한다.

$$\mathbf{F}_{12} = -G\,\frac{m_1 m_2}{r_{12}^2}\,\hat{\mathbf{r}}_{12}$$

여기서 왼쪽 $\mathbf{F}$의 아래 첨자 '12'는 1번 물체가 2번 물체에 힘을 준다는 것을 뜻하고, 오른쪽 분자의 m_1과 m_2는 두 물체 각각의 질량을, 오른쪽 분모의 r_{12}는 두 물체 사이의 거리를, 그리고 맨 오른쪽의 $\mathbf{r}_{12}$에 고깔 같은 것을 씌운 기호 $\hat{\mathbf{r}}_{12}$는 1번 물체에서 2번 물체로 향하는 방향을 가리킨다. 비슷한 방법으로 전기력을 나타내면,

$$\mathbf{F}_{12} = k\,\frac{q_1 q_2}{r_{12}^2}\,\hat{\mathbf{r}}_{12}$$

이 된다. 여기서 오른쪽 분자의 q_1과 q_2는 두 물체 각각의 전하량을 나타낸다. 국제단위계에서 질량의 단위가 kg인데, 전하량의 단위는 이 법칙의 발견자 이름을 따서 '쿨롱'이라 하고 영문대문자 'C'로 나타낸다. 국제단위계가 아닌 단위도 있으나 매우 복잡하므로 전문가가 아니라면 알 필요가 없다.

중력과 전기력을 수학적으로 나타낸 두 식을 외우려 하지 말기를 바란다. 두 식이 수학적으로 얼마나 닮은 꼴인지만 알면 충분하다. 다만, 이 두

전자기학 쓰임말을 알면 물리가 보인다

식의 차이점을 알아보자. 첫째, 중력의 경우 등호 오른쪽의 맨 앞에 −부호가 있는데, 전기력에는 이 부호가 없다. 질량의 경우 모두 양수인데 끌힘만 있으므로, 이 끌힘을 나타내기 위해 −부호가 필요하지만, 전기력의 경우는 전하량이 부호를 포함하므로 두 전하량의 곱의 부호가 끌힘과 밀힘을 결정해 준다. 두 전하량의 곱의 부호가 −이면 끌힘, +이면 밀힘이 작용한다. 둘째로 등호 오른쪽 맨 처음에 붙는 상수인데, 중력상수는

$$G = 6.6743 \times 10^{-11} \mathrm{Nm}^2/\mathrm{kg}^2$$

이고, 쿨롱상수는

$$k = 8.98755 \times 10^9 \mathrm{Nm}^2/\mathrm{C}^2$$

이다. 이 두 상수의 차이를 가늠하는 방법은 두 전자 사이의 중력과 전기력을 비교해 보면 알 수 있다. 전자는 전하와 질량을 모두 가지고 있으므로 두 개의 전자 사이에는 중력에 의한 끌힘과 전기력에 의한 밀힘이 모두 나타난다. 이 둘의 크기를 비교해 보면 전기력이 중력보다 대략 10^{43}배 크다. 이처럼 전기력은 중력과 비교해 그 크기가 엄청나게 크다.

여기서 한 가지 의문이 생긴다. 만일 1C의 전하량을 갖는 두 물체가 1m 떨어져 있다면 이 둘 사이에는 약 90억 뉴턴의 힘이 작용한다. 여러분은 아마도 이 힘의 크기를 가늠하기 어려울 것이다. 그렇다면 여러분의 (몸)무게[18]를 생각해 보자. 여러분의 (몸)무게는 자신의 몸무게값 x kg에 10을 곱하여 10x 뉴턴이 된다. 필자의 (몸)무게는 대략 780뉴턴 정도이다. 성인의 (몸)무게는 대략 수백 뉴턴이다. 이 (몸)무게와 위의 두 전하 사이의 힘 90억 뉴턴을 비교하면 그 크기를 가늠할 수 있을 것이다. 그런데 성인

몸에는 대략 10^{28}개 정도의 전자를 가지고 있으므로, 몸에 있는 모든 전자의 전하량을 합하면 -10^{10} C이 넘는다. 또한 같은 양의 양전하도 있다. 그렇다면 비록 수백 킬로미터 떨어진 두 사람 사이에 작용하는 전기력일지라도 그 크기는 우리가 상상하기 어려울 정도로 어마어마할 것이다.

그러나 우리는 이러한 힘을 느끼지 못하고 산다. 왜 그럴까? 그 이유는 이미 앞에서 말했듯이 전기력을 결정하는 것은 물체가 가지고 있는 각각의 전하량이 아니라 그들의 합, 바꾸어 말하면 알짜전하가 결정하는데, 일반적으로 우리 몸의 알짜전하는 0에 가까워서 전기력을 느끼지 못한다. 이러한 이유로 모든 거시적인 크기의 물체 사이에서 전기력은 거의 느끼지 못할 정도로 매우 작다. 그러나 원자나 분자 수준의 미시세계에서는 원자를 구성하는 원자핵과 전자를 구분해서 다루어야 하므로 전기력이 매우 중요해

 보충 설명

필자는 물리학 강의, 그것도 대학에 갓 들어온 신입생들을 대상으로 일반물리학 강의 첫 시간에 꼭 이렇게 물으며 시작한다.

"여러분, 물리학을 잘하고 싶죠? 물리학을 잘하려면 무엇을 잘해야 할까요?"

그러면 학생들은 '수학을 잘해야 한다'거나, '논리적 사고를 잘해야 한다'거나, 다양한 대답을 내놓는다. 필자는 이내 칠판에 '국어'라고 쓰면, 학생들은

"도대체 국어와는 가장 거리가 먼 것 같은 물리학을 잘하려면 왜 국어를 잘해야 하지?"

라는 의문이 생기게 마련이다. 사실 물리학뿐 아니라 어느 분야에서든 소통이 매우 중요하므로 국어 실력은 늘 중요하다.

그렇다면 물리학에서 말하는 국어 실력이 무엇인지 콕 집어 말할 수 있나? 앞에서 설명한 쿨롱의 법칙을 예로 들어보자. 쿨롱의 법칙을 말로 풀어 설명하려다 보니, 문장 4개가 필요하였다. 이렇게 문장 4개를 써서 말로 풀어 설명한 쿨롱의 법칙을 듣고, 쿨롱의 법칙은 $\mathbf{F}_{12} = k \frac{q_1 q_2}{r_{12}^2} \hat{r}_{12}$라고 간단히 수식화할 수 있다면, 물리학에서 말하는 국어 실력이 좋은 것이다. 역으로, 이 수식을 보고는 문장 4개로 쿨롱의 법칙을 풀어 설명할 수 있어도 국어 실력이 좋은 것이다.

전자기학 쓰임말을 알면 물리가 보인다

진다. 물질을 구성하는 데 꼭 필요한 화학 결합은 그 물질을 구성하는 원자핵과 전자, 그리고 전자와 전자 사이의 전기력에 의해 결정된다. 바꾸어 말하면 물성, 곧 물질의 성질은 그 물질을 구성하는 데 쓰인 화학 결합의 종류와 특성에 의해 결정되므로, 물질의 물리·화학적 성질은 전기력에 의해 결정된다고 해도 지나친 말이 아니다. 하지만, 비록 전기력이 중력보다 매우 크지만, 우주의 별들이 움직이는 데에는 전기력이 거의 쓸모없고 중력이 거의 모든 것을 결정한다. 알짜전하가 거의 0이기 때문이다.

대학의 물리학 교재를 보면 이 전기력을 쿨롱힘, 정전기력[19] 등으로 달리 부르기도 한다. 전기를 연구했던 물리학자 쿨롱의 이름을 따서 붙인 쿨롱힘은 쉽게 이해할 수 있으므로 여기서는 정전기력이라는 쓰임말에 대해 알아보자. 독자 여러분은 아마도 '정전기'라는 말을 들어보셨을 것이다. 정확히 말하면 '정전하'이다. '전하' 앞에 붙인 접두사 '정'을 한자로 쓰면 '靜'이다. 정전하란 움직이지 않고 한곳에 가만히 머물러 있는 전하를 뜻한다.

엄밀하게 말하면 전하가 움직이지 않는 것이 아니라 전하를 띤 알갱이가 움직이지 않는 것이다. 바로 이 정전하들 사이의 전기력을 가리켜 정전기력이라 한다. 그런데 전기력을 정전기력이라 달리 부르기도 한다니, 정전기력이 전기력과 같은 뜻을 지닌다는 것이다. 그냥 전기력이라 하여도 이해할 수 있는데, 굳이 정전기력이라는 쓰임말을 무슨 이유로 또 만들었을까?

만일 전기력이라는 보다 일반적인 쓰임말 대신에 정전기력이라 하면, 독자들은 아마도 이 전기력이란 것은 정지해 있는 전하, 곧 정전하에만 작용하고 움직이고 있는 전하에는 작용하지 않는다고 생각할 수도 있다. 그러나 전기력 또는 쿨롱힘은 전하의 움직임과 상관없이 전하들 사이에는 늘 작동하고 있다. 그렇다면 왜 정전기력이라고 하는가? 전하가 움직인다면 전기력은 계속 작용하고 있지만 시시각각 변하고 있다. 그렇다면 이 전기력을 어떻게 알아낼 수 있을까? 어느 순간에 두 전하 사이의 전기력을 계산하려면 두 전하가 그 순간의 위치에 모두 정지해 있다고 생각하고 전기력을 계산해야 한다. 그런데 실제로 움직이는 두 전하 사이의 힘을 재어보면 이렇게 계산한 전기력과는 약간 차이가 있다. 이 차이가 바로 자기력이다. 이처럼 전기력을 구할 때는 전하들이 언제나 정지해 있다고 생각하고 다루어야 한다는 것을 강조하기 위해 군이 정전기력이라는 새로운 쓰임말을 만들어 쓰는 것이다.

전하가 움직이면 우리는 그것을 가리켜 '전류가 흐른다'고 한다. 이 현상은 나중에 다루므로 여기서는 우리의 일상생활과 밀접한 관련이 있는 정전기, 정확하게는 정전하에 대해 알아보자. 특히 겨울철에 문 손잡이를 잡으려다가 '정전기가 튀어서' 깜짝 놀란 경험이 누구나 한 번쯤은 있을 것이다. 그리고 털실이나 화학섬유로 짠 스웨터를 벗으면 머리카락과 비비대면서 타다닥 소리가 나는 것도 경험하였을 것이다. 밤에 불 꺼진 방에서 이렇게 스웨터를 벗으면 다른 사람에게 자그마한 불꽃놀이 구경을 시켜주는 셈이다. 여름철 갑작스레 소나기가 세차게 내리면 십중팔구 천둥과 번개가 치고 벼락이 떨어지기도 한다. 이런 현상들은 모두 정전하와 관련이 있다고 한다.

그러나 엄밀하게 말하면 정전하는 이런 현상을 일으키지 않는다. 움직이지 않고 가만히 있는 전하는 아무 일도 일으킬 수 없다. 산에 비가 오면 땅에 떨어진 빗물은 자연스레 계곡으로 모여 아래로 흐른다. 빗물이 중력의 영향을 받아 아래로 흐르듯이, 전하 역시 전기력의 영향을 받아 특정한 방향으로 움직일 수 있다. 두 물체가 '전기적으로 서로 다른 상태'[20]에 있다면, 전하가 한 물체에서 다른 물체로 흘러갈 수 있다. 바로 이렇게 전하가 흐르기 전 상태의 전하가 정전하이다. 그리고 바로 이 전하가 어느 순간 전기력의 영향으로 '흐르는 현상'을 우리는 '불꽃이 튀는 현상'으로 관찰한다. 그러므로 엄밀하게 말하면 '정전기가 튀었다'는 말은 틀린 말이다. 군이 수정한다면, '정전하가 유전 깨짐 현상으로 한 물체에서 다른 물체로 전선도 없이 흘러갔다'고 해야 한다. 그러나 물리학자인 필자도 굳이 이렇게까지 '정확하게' 말하지 않는다.

'불꽃이 튀는 현상'에 대해 조금 더 알아보자. 우선 이렇게 두 물체 사이에 불꽃이 튀려면 두 물체 사이의 전압이 낮게는 수천에서 수만 볼트(V)는 되어야 하고, 천둥 번개가 치려면 수억 또는 수십억 볼트도 되어야 한다. 그런데 가정용 전기의 전압이 220V인데도 매우 위험하다. 더욱이 미국 에너지부가 정한 전기 안전 규칙에 따르면 50V 이상의 전압은 '치명적(lethal)'이라고 한다. 그렇다면 수천 볼트가 넘는 문고리와의 불꽃에도 우리 생명이 온전한 이유는 무엇인가? 그것은 이 전하가 흐르는 시간이 매우 짧고, 그리 많은 전하량이 흐르는 것도 아니기 때문이라는 정도만 알아도 지금은 충분하다. 그러나 번개나 구름과 땅 사이에 일어나는 번개인 벼락은 사람의 목숨을 위협하는 정도로 강력하므로 조심해야 한다. 뒤에 전력[2]을 설명하면서 다시 이 문제를 다루겠다.

한여름 갑자기 소나기가 내리는데 아무것도 없는 허허벌판에 있다고 상상해 보자. 벼락이 칠지도 모른다는 불안감에 안전한 곳을 찾아가려 한다. 커다란 나무 아래와 자동차 안 중 어디가 더 안전할까? 자동차는 바깥 틀이 대체로 금속이다. 금속은 전기를 잘 흐르게 하므로, 벼락이 칠 때 전류가 바깥 틀을 타고 흘러 땅으로 스며든다. 자동차의 바깥 틀은 내부와 전기적으로 절연되어 있어서, 자동차 안에 있으면 벼락으로부터 안전하다. 큰 나무 아래는 오히려 벼락이 더 잘 떨어질 수 있으므로 피하는 것이 좋다. 그리고 주변이 아무것도 없는 평지라면 우산은 되도록 쓰지 않는 것이 좋다. 피할 곳이 없다면 바닥에 엎드리는 것이 가장 안전하다.

생활의 꿀조언 하나. 겨울이면 문고리와의 불꽃으로 고생하는 사람이 의외로 많다. 필자는 한때 그 정도가 심해서 심지어 여름에 불꽃놀이를 하기도 했다. 이런 사람들은 대체로 건성 피부를 가지고 있어 몸에 정전하가 쌓이면 그대로 품고 있는 사람들이다. 전기는 물에서는 잘 흐르므로, 피부가 촉촉하면 정전하가 몸 전체로 퍼지게 만들어 불꽃놀이가 일어날 정도로 높은 전압을 만들지 않는다. 따라서 건성 피부를 가진 사람은 목욕 후에 바셀린을 함유한 로션을 전신에 바르면 정전하가 몸에 쌓이는 것을 어느 정도 방지할 수 있다.

3. 정전유도

⚡ **유도(誘導)**

1. 사람이나 물건을 목적한 장소나 방향으로 이끎. ≒도유.
2. 『물리』 전기장이나 자기장 속에 있는 물체가 그 전기장이나 자기장, 즉 전기·방사선·빛·열 따위의 영향을 받아 전기나 자기를 띠는 것. 또는 그 작용. =감응.
3. 『수의』 동물의 발생 과정에서 배(胚)의 어떤 부분의 발생이 그에 접하는 다른 배역(胚域)의 영향을 받아 어떤 기관이나 조직으로 분화·결정되는 현상.
4. 『생명』 세포 내에서 효소 합성이 촉진되는 일.

⚡ **induction**

1. a: the act or process of inducting (as into office)

   b: the formality by which a civilian is inducted into military service

   c: an initial experience : INITIATION

2. a (1): inference of a generalized conclusion from particular instances

   (2): a conclusion arrived at by induction

   b: mathematical demonstration of the validity of a law concerning all the positive integers by proving that it holds for the integer 1 and that if it holds for an arbitrarily chosen positive integer k, it must hold for the integer k + 1

3. a: the process by which an electrical conductor becomes electrified when near a charged body, by which a magnetizable body becomes magnetized when in a magnetic field or in the magnetic flux set up by a magnetomotive force,

---

or by which an electromotive force is produced in a circuit by varying the magnetic field linked with the circuit

b: the inspiration of the fuel-air charge from the carburetor into the combustion chamber of an internal combustion engine

c: the process by which the fate of embryonic cells is determined (as by the action of adjacent cells) and morphogenetic differentiation brought about

4. a: the act of bringing forward or adducing something (such as facts or particulars)

b: the act of causing or bringing on or about

5. a preface, prologue, or introductory scene especially of an early English play

한글사전의 '유도' 항목은 서로 다른 한자어로 모두 9개의 항목이 있다. 그 중에서 물리학과 관련이 있는 항목만 여기에 옮겨 적었다. 정확하게는 『물리』 분야라고 드러낸 설명 항목 「2」번이 그것이다. 그런데, '전기·방사선·빛·열 따위의 영향을 받아'라고 하였는데, 물리학자인 나로서도 잘 이해가 되지 않는 문장이다. 물리학에서 다루는 유도현상은 그냥 물체를 전기마당 또는 자기마당 안에 놓으면 나타나는 현상이다.[22] 특히 '감응'이라는 낱말이 유도와 같은 뜻을 갖는다고 하였는데, 내 생각에 이는 매우 잘못된 것이다. 감응은 한자로 '感應'인데, 이는 자극에 대한 반응이라는 뜻이 강하다. 특히 한글사전의 '감응' 항목의 설명을 보면 여기에 있는 '유도'의 설명을 그대로 베껴놓았다. 다만 같은 뜻의 낱말로 '유도'와 함께 '꾐'이라는 낱말을 제시하였는데, 이 '꾐'이라는 낱말이 물리학에서 말하는 '유도'와 비슷하다. 영어사전이나 한글사전 모두 어떤 물체를 전기마당 또는 자기마당 안에 놓으면 일어나는 현상을 말하고 있다. 이를 통틀어 '전자기 유도(電磁氣誘導, electromagnetic induction)'라 하는데, 여기서는 우선 전기만 다루고 자기는 나중에 다루겠다.

모든 거시적 물체는 대체로 음전하와 양전하가 균형을 이루고 있다. 여

〈그림 1〉 정전유도

기에서 말하는 균형이란 중성 상태의 거시적 크기의 물체에는, 아주 정교한 측정을 하지 않는다면, 마치 전하가 전혀 없는 것처럼 보인다는 것을 뜻한다. 그러나 이미 원자가 양의 전하를 띤 원자핵과 그 주위를 움직이는 전자로 이루어져 있으니, 실제로 물체를 미시적으로 들여다보면 전하가 모든 공간에 균일하게 퍼져있지는 않고 미시적으로는 0이 아닌 전하 분포를 가지고 있다. 거시적으로 보면 이 미시적 전하 분포는 무시할 수 있으며, 위에서 말한 '전하의 균형'은 바로 이러한 거시적 현상을 일컫는다.

그런데 이 전하의 균형이 거시적으로도 깨지는 것을 가리켜 유도현상이라고 한다. 전하를 띤 물체가 전기적으로 중성인 물체에 다가가면, 전기적으로 중성인 물체의 표면에 다가오는 물체의 전하와 부호가 다른 알짜전하가 쌓이는 것으로 관찰된다. 그러면 원래 전기적으로 중성이었던 물체의 반대편에는 다가오는 물체의 전하와 같은 부호의 알짜전하가 쌓이는 것으로 관찰된다. 이런 현상을 정전유도[23]라 한다.

〈그림 1〉에 정전유도를 도식적으로 나타내었다. 음전하로 대전된 막대를 도체구(導體球, spherical conductor) 가까이 가져가면, 도체구에 있는 자유전자를 막대의 음전하가 멀리 밀어 보낸다. 결과적으로 막대의 가까운 곳은 양전하로 대전(유도)되고, 먼 곳은 음전하로 대전(유도)된다. 이처럼 도체에서는 정전유도 현상을 이해하기 쉽다. 왜냐하면 도체 안에서는 전하가 자유롭게 움직이기 때문이다. 가까이 다가오는 외부의 전하는 전기마당을 만드는데, 이 전기마당이 도체에 있는 자유전자를 움직여 정전유도현상을 일으킨다. 부도체, 또는 유전체에서는 조금 더 복잡한 일이 벌어지는데, 유전체를 설명하면서 다루겠다.

전자기학 쓰임말을 알면 물리가 보인다

4. 쓰임말 문제

물리학 쓰임말은 그 뜻이 명확해야 하고 한 가지 뜻만 가지고 있어야 하고 문맥의 흐름이나 말하는 이의 억양 등에 따라 뜻이 달라지면 안 된다. 그러나 쓰임말 '전하'는 약간의 예외가 있으니 주의를 기울여야 한다.

앞에서 전기적으로 중성인 거시적 크기의 물체는 전하가 균형을 이루고 있다 하였다. 이 균형을 깨뜨릴 수 있는데, 그 방법에는 두 종류가 있다. 첫째, 여전히 물체가 가지고 있는 총 전하량은 0이지만, 물체에 부분적으로 0이 아닌 전하 분포를 만드는 것으로, 정전유도가 이에 해당한다. 둘째, 물체 안에서 전하의 균형을 깨는 방법으로, 대전 또는 충전이 이에 해당한다. 우리는 흔히 물체에 '전하를 쌓는다'고 한다. 모든 물질은 이미 원자로 이루어져 있으므로 이미 전하를 띤 전자와 양성자가 매우 많이 있다. 여기에 다시 전하를 쌓는다는 것은 무슨 말인가? 거시적 물체에 전하가 쌓인다는 것은 앞 절에서 말한 전하의 균형을 깨뜨려 어느 한 전하가 다른 전하보다 많아진다는 것을 뜻한다. 그것이 정전유도, 그리고 대전 또는 충전 등을 통해 국지적으로 일어날 수도 있고, 물체 전체에서 일어날 수도 있다. 정전유도의 경우에는 물체가 가지고 있는 총 양성자 수와 전자의 수 서로 같지만, 대전 또는 충전은 양성자와 전자의 개수를 서로 달리해야 한다. 그러기 위해서는 외부에서 그 물체에 전자 또는 양성자를 공급해 주어야 한다.

그런데 현실적으로 양성자를 외부에서 공급해 주는 것은 매우 어렵다. 그래서 전하를 쌓는 과정에서는 대부분 전자를 이동시키고, 매우 제한적으로 이온을 주입하는 예도 있다. 바로 이렇게 쌓은 전하는 균형을 깨뜨려 얻은 결과이므로 엄밀하게는 알짜전하이나 그냥 전하라 부른다. '정전하'의 전하가 바로 이 알짜전하이다. 그러나 '전하가 흐른다'[24]고 할 때의 전하는 알짜전하가 아니라 그냥 전하이다. 이 구분은 글을 읽으며 문맥으로 구분할 수 있어야 한다.

다음 문장을 살펴보자.

*전하 q*인 **전하**가 놓여 있다.

'전하'라는 낱말이 두 번 나온다. 여러분은 이 둘의 차이를 알아챘는가? 앞으로 이러한 표현뿐만 아니라, '전하'라는 낱말이 물리학 쓰임말임에도 불구하고 관습을 따라 불분명하게 쓰인다. 이 문장을 정확하게 다시 쓰면 다음과 같다.

*전하량 q*를 가진 전하를 띤 알갱이(물체)가 놓여 있다.

앞의 *전하*는 물리량으로서의 '전하'이고, 나중의 **전하**는 앞의 '전하량'을 가지고 있는 알갱이나 물체를 가리킨다. 앞으로 이 책을 읽어 내려가면서 모두 전하라고 나타냈어도 독자께서는 이 차이를 알아채야 한다.

전하를 쌓는 과정을 일컬어 '대전한다'거나 '충전한다'거나 '하전한다'고 한다. 영어로는 모두 charge이다. 그 반대는 '방전한다'인데 영어로는 discharge이다. 그렇다면 대전, 충전, 하전은 모두 같은 뜻인가? 영어로는 한 낱말을 쓰므로 같은 뜻이라 할 수 있으나, 우리말에서는 미묘하지만 약간의 차이는 있다. 대전(帶電)은 말 그대로 전하를 쌓는 과정을 일컫는다. 한 물체에 있는 전하를 띤 알갱이들, 주로 전자들을 적당한 방법으로 다른 물체로 이동시키는 과정을 말한다.

예를 들어, 스웨터에 유리막대를 문지르면 정전하를 만들어낼 수 있는데, 이 과정을 대전이라 한다. 하전(荷電)은 대전과 같은 뜻을 가지는데, 글자 순서를 뒤집으면 전하가 되어, 전하의 뜻을 가지기도 한다. 충전(充電)은 대전처럼 전하를 물리적으로 한 물체에서 다른 물체로 이동시키는 것이 아니라, 화학반응을 동반하여 물체의 한 부분에 음전하를 쌓고, 다른 부분에 양전하를 쌓는 것을 뜻하는데, 배터리를 '충전한다'고 하지 '대전한다'고 하지 않는다. 그러나 영어로는 이러한 구분을 하지 않는다. 영어 낱말 charge

전자기학 쓰임말을 알면 물리가 보인다

는 일상 언어에서 쓰는 낱말을 빌려 썼기 때문이지만, 대전, 충전 등의 낱말
은 학술적 쓰임말로, 조금 더 구체적으로 번역을 하다 보니 그리되었다.

5. 생각해 보기

❶ 우리가 사는 우주는 원래부터 있던 것이 아니라, 맨 처음에 한 점에서
대폭발이 일어나 만들어졌다고 한다. 만일 우주가 만들어질 때 전자는
양의 전하를, 양성자는 음의 전하를 가지게 만들어졌다면, 현재 우리가
사는 우주는 지금과 다른 모습일까?

답. 아니오.

지금과 똑같은 모습이다. 전하의 부호가 바뀌어도, 같은 종류의 전하끼
리는 밀힘이 작용하고, 다른 종류의 전하끼리는 끌힘이 작용하는 현상
에는 변함이 없다. 현재 우리가 알고 있는 물리법칙을 나타내는 식에 들
어가는 전하의 부호가 바뀔 수는 있으나 그 법칙이 설명하려는 현상에
는 변함이 없다. 전하의 부호는 물리학자들이 우리 주변에서 일어나는
현상을 수학·물리적으로 그럴듯하게 설명하기 위해 편의상 붙여 놓은
것으로 사실 물리적으로는 아무런 뜻이 없다.

❷ 고립된 도체 안에 알짜전하가 있을 수 있나?

답. 아니오.

고립된 도체에 있는 알짜전하는 모두 도체의 표면에만 있고, 도체 안에
는 알짜전하가 있을 수 없다. 고립된 도체 안에 알짜전하가 유입되면, 알
짜전하끼리는 밀힘이 작용하여 물체의 바깥쪽으로 가속되어 움직이는
데. 이 움직임은 알짜전하가 도체의 표면에 도착하면, 도체의 표면을 뚫
고 밖으로 나가지 못하고 멈춘다. 도체 안에서 전자는 자유롭게 움직일

수 있으므로 일어나는 일이다. 그래서 고립된 도체에 알짜전하를 주입하면 그 전하는 매우 짧은 시간[25] 안에 도체의 표면으로 옮겨가 정지한다.

❸ 대전된 부도체를 다른 부도체에 가까이 대니 둘 사이에 끌힘이 작용했다. 이때 다른 부도체 역시 반대부호를 가진 알짜전하로 대전되어 있다고 말할 수 있을까?

답. 아니오.

둘 사이에 끌힘이 작용하니, 두 부도체는 전기적으로 서로 다른 부호를 가지는 알짜전하를 품고 있다고 생각하기 쉬우나, 그렇지 않다. 우선 한 부도체는 대전되었다는 것을 사전에 알고 있었으나, 다른 하나는 둘 사이에 끌힘이 작용한다는 사실만으로는 다른 부호를 가지는 알짜전하로 대전되었다고 말하기 어렵다. 왜냐하면 앞의 정전유도를 설명하면서 대전 되지 않은 부도체에도 표면에 알짜전하를 '유도'할 수 있으므로 끌힘이 작용한다. 이 말은 대전되지 않은, 곧 알짜전하가 없는 물체와도 끌힘이 생길 수 있다는 것을 뜻한다. 따라서 끌힘이 작용한다는 사실만으로 부도체의 대전 여부를 판가름할 수 없다. 양털에 문질러 대전시킨 유리막대가 먼지를 끌어당기지만, 먼지는 대전되어 있지 않다.

물리학에서 말하는 전기란 전하가 관여하는
모든 현상을 통틀어 일컫는 말이다.
따라서 단순하게 전기라고 하는 것보다는
'전기 현상'이라고 하면 더 이해하기 쉬울 것이다.

03

전기마당

● **마당**

1. 집의 앞이나 뒤에 평평하게 닦아 놓은 땅.

2. 어떤 일이 이루어지고 있는 곳.

● **field**

1. a (1): an open land area free of woods and buildings

    (2): an area of land marked by the presence of particular objects or features

   b (1): an area of cleared enclosed land used for cultivation or pasture

    (2): land containing a natural resource

    (3): AIRFIELD

   c: the place where a battle is fought

    also: BATTLE

   d: a large unbroken expanse (as of ice)

2. a: an area or division of an activity, subject, or profession

   b: the sphere of practical operation outside a base (such as a laboratory, office, or factory)

---

c: an area for military exercises or maneuvers

d (1): an area constructed, equipped, or marked for sports

    (2): the portion of an indoor or outdoor sports area enclosed by the running track and on which field events are conducted

    (3): any of the three sections of a baseball outfield

3. a space on which something is drawn or projected: such as

a: the space on the surface of a coin, medal, or seal that does not contain the design

b: the ground of each division in a flag

c: the whole surface of an escutcheon

4. the individuals that make up all or part of the participants in a contest

5. the area visible through the lens of an optical instrument

6. a: a region or space in which a given effect (such as magnetism) exists

b: a region of embryonic tissue capable of a particular type of differentiation (see DIFFERENTIATION sense 3)

7. a set of mathematical elements that is subject to two binary operations the second of which is distributive (see DISTRIBUTIVE sense 3) relative to the first and that constitutes a commutative (see COMMUTATIVE sense 2) group under the first operation and also under the second if the zero or unit element under the first is omitted

8. a complex of forces that serve as causative agents in human behavior

9. a series of drain tiles and an absorption area for septic-tank outflow

10. a particular area (as of a record in a database) in which the same type of information is regularly recorded

---

여러분은 아마도 전기장(電氣場) 또는 전장(電場)[26]이라는 말을 들어 보셨을 것이다. 영어 'electric field'를 번역한 것이다. 또한 중력장, 자기장 등도 들어 보셨을 것이다. 이처럼 물리학에는 'xx장'이라는 쓰임말이 많이 등장한다. 이 '장'은 영어의 field를 번역한 것으로, 자기장 또는 자장은 magnetic field, 중력장은 gravitational field에 해당한다. 그러나 한국물리학회에서는 '장'이라는 낱말 대신 순우리말인 '마당'을 쓰도록 권한다. 독자 여러분께서는 한

전자기학 쓰임말을 알면 물리가 보인다

자어인 '장'과 순우리말인 '마당' 중 편한 것을 적절히 골라 쓰면 된다. 필자에게는 순우리말인 '마당'이 훨씬 직관적으로 빠르게 그 뜻이 와닿는다.

1. 전기마당

⚡ 전기장(電氣場)

『물리』전기를 띤 물체 주위의 공간을 표현하는 전기적 속성. 다른 대전 물체에 전기적 힘을 미친다. ≒전계, 전기마당, 전장.

⚡ electric field

a region associated with a distribution of electric charge or a varying magnetic field in which forces due to that charge or field act upon other electric charges

---

영어사전에는 전기마당을 영역(a region)이라 하였다. 이것이 마당에 대해 가지고 있는 대표적인 오개념이다. 한글사전은 '속성'이라 하여 이 대표적 오개념을 비교적 빗겨 갔다.

도대체 전기마당은 무엇인가? 결론부터 말하면, 한글사전에서 말한 '속성'이 전기마당을 더 올바르게 설명한 것이다. 다만 어떤 속성인지 말하지 않아 무엇인지 알기 어렵다. 앞에서 말한 비어 있는 공간에 전하를 가져다 놓는 상황을 다시 생각해 보자. 잠시 우리는 이 전하를 '원전하'라고 부르자. 그리고 이해를 돕기 위해 원전하와 시험전하를 의인화해 보자. 또한 전기력이 작용하는 영역이 물리학 강의실에만 제한되어 있다고 하자. 원전하가 없는 비어 있던 물리학 강의실 아무데나 시험전하를 가져다 놓아도 힘, 정확하게는 전기력을 받지 않는다. 이 시험전하가 잠시 화장실 간 사이에 원전하가 이 물리학 강의실에 들어와 적당한 곳에 자리를 잡는다. 이제 화

아마도 고등학교에서 물리학을 배운 독자는 전기마당에 대해 '전기력이 미치는 범위 또는 공간'이라고 배웠을 것이다. 여러분은 전기력이 미치는 '범위'가 어디까지라고 생각하는가? 더 자세히 다루기 전에 전기마당을 '전기력이 미치는 범위 또는 공간'이라고 하는 것이 왜 잘못된 것인지 간단히 알아보자.

우선, 전기마당이 전기력이 미치는 범위 또는 공간이라고 한다면, 이 범위가 유한해야 하고, 그 범위를 벗어나면 전기력을 받지 않아야 한다. 그리고 서로 다른 전하들은 서로 다른 전기마당을 가지고 있어야 하므로 차지하는 범위가 달라야 한다. 과연 그럴까? 여기 비어 있는 공간에 전하를 띤 물체 한 개를 갖다 놓자. 이 전하는, 그 주변에 시험전하라고 부르는 또 다른 전하를 가져다 놓으면, 이 시험전하에 힘을 줄 것이다. 이제 시험전하를 원래의 전하로부터 점점 멀리 옮겨 놓으면서 힘을 재어보자. 이렇게 계속 시험전하를 멀리 떼어 놓으면서 힘을 재다가 그 힘이 0이 되면 바로 그 지점까지가 전기력이 미치는 범위가 될 것이다. 영어사전에 따르면 바로 이 지점으로부터 원래의 전하에 가까운 공간이 전기마당이 된다. 바로 전기력이 0이 되는 지점이 전기마당과 그렇지 않은 공간을 나누는 경계가 되는 것이다.

그런데, 여러분은 전기력이 0이 되는 지점이 어디인지 아는가? 그렇다. 이론적으로는 원래의 전하로부터 무한히 떨어져야 전기력이 0이 된다. 이 사실은 원래 전기마당을 만드는 전하의 크기와는 상관없이 변함이 없다. 따라서 전기마당을 '전기력이 미치는 범위 또는 공간'이라고 한다면, 전하의 크기와 관계없이 전기마당은 온 우주 공간이 된다. 곧, 우주 공간 어디엔가에 어떤 전하를 가져다 놓기만 하면 전기마당은 온 우주가 된다. 따라서 전기마당은 '전기력이 미치는 범위 또는 공간'이 아니다.

장실에 갔던 시험전하가 제자리로 돌아오니 전기력을 느낀다. 화장실 가기 전에는 느끼지 못했던 힘을 받게 되니, 시험전하는 주위를 둘러보고는 이내 원전하를 발견한다. 그리고는

"음, 저것 때문이었군."

하고 자신이 전기력을 받는 이유를 깨닫는다. 다른 전하 때문에 자신이 힘을 받는 것을 알아챘다. 그런데, 만일 시험전하가 주위를 둘러보아도 원전

하를 발견하지 못했다면, 아까와는 다르게 힘을 받는 상황을 어떻게 이해할 것인가? 아마도

"어라! 아까와는 공간이 달라졌네!"

하고 생각할 것이다. 원전하의 존재를 알아채지 못했다면 *공간이 달라져서*[2] 힘을 받는다고 생각한다. 바로 이 공간을 달라지게 만든 속성을 가리켜 전기마당이라 한다. 따라서 원전하 때문에 힘을 받는다고 할 수도 있고, 원전하가 만든 공간의 변화, 곧 전기마당 때문에 힘을 받는다고 할 수도 있다.

이해를 돕기 위해 빗대어 설명하려 한다. 한 이공계 대학 신입생을 생각해 보자. 신입생이다 보니 일반물리학 과목을 수강해야 한다. 고등학교에서도 물리학을 싫어해서 수능은 다른 과목으로 치렀고, 물리학은 졸업에 필요한 정도만 최소한으로 들었다. 첫 수업 시간에 강의실에 가려니 내키지 않는다. 그래도 강의는 들어야 하니 어쩔 수 없이 강의실에 들어갔다. 어떤 머리가 허연 늙은 교수가 빔프로젝터를 띄워놓고 무언가를 열심히 설명하고 있다. 혹시 저분은 제물포? 그런데, 물리학이 재미있고 중요하단다. 중요하다는 것은 그렇다 치고, 재미있다는 말에는 전혀 동의할 수 없지만, 어쩌겠나? 아무 생각 없이 책상에 앉아 있으니 교수의 말은 점점 자장가로 들리기 시작한다. '아니 시작한 지 5분도 안 되었는데 벌써 이러면 어쩌나?' 하는 생각이 들며, 그래도 학점은 잘 받아야 하겠기에, 정신을 가다듬고 강의에 집중하려 했지만, 조금 시간이 흐르니 눈꺼풀이 1톤은 되는 것 같다. 교수가 무언가를 열심히 설명하면서 빔프로젝터가 비치는 화면을 바라본다. 이때다. 졸음을 쫓으려 기지개를 켜려고 두 팔을 들어올리면서 고개를 옆으로 돌렸는데, 마침 두어 줄 옆에 앉아서 강의를 듣고 있는 이성이 딱 내 스타일이다. 차분히 앉아서 졸지도 않고 물리학 강의를 열심히 듣는 것을 보니 꽤 똑똑해 보이기까지 한다. 아! 저 사람은 내 운명의 반쪽이야. 그 시각 이후로 교수의 강의는 귀에 들어오지도 않고 내 운명의 반쪽을 쳐다보느라

강의가 어떻게 끝났는지도 몰랐다. 그런데 신기하게도 그 후로는 그렇게 들어가기 싫던 일반물리학 강의 시간이 기다려지고, 우중충하게만 느껴졌던 일반물리학 강의실이 반짝반짝 빛나는 것 같으면서, 자꾸만 일반물리학 강의실에 가고 싶어졌다. 원전하가 전기마당을 만들어 공간을 바꾸었듯이, 내 운명의 반쪽이 일반물리학 강의실이라는 공간을 완전히 바꾸어 놓았다.

2. 물리량으로서의 전기마당

전기마당을 조금 알고 있는 사람도 전기마당이 물리량이라는 사실을 깨닫지 못할 때가 많다. 사실 물리학 쓰임말 거의 전부가 물리량이므로, 물리학 쓰임말은 수량화할 수 있어야 하고, 수학적으로 나타낼 수 있어야 한다. 전기마당도 물리량이므로, 역시 수학적으로 나타내야 한다. 그렇다면 전기마당의 '무엇'을 수량화한다는 것일까? 앞에서 아무것도 없던 공간에 원전하를 갖다 놓아 공간을 변화시킨다고 하였으니, 바로 변화하는 정도를 수량화하는 것이다. 전기마당을 수학적으로 나타내기 위해서는 전기마당을 잴 수 있어야 한다. 원전하가 만든 전기마당을 재기 위해서는 시험전하를 어느 특정 위치에 갖다 놓고 시험전하가 받는 힘을 측정하여, 그 힘을 시험전하로 나누어 주면 그 지점에서의 전기마당이 된다. 이를 수학적으로 나타내 보자. 시험전하를 q, 원전하가 만든 전기마당을 E라고 하자. 만일 어떤 점에서 이 시험전하가 받는 힘을 F라 하면

$$E = \frac{F}{q}$$

가 된다. 이런 뜻에서 *단위전하가 받는 전기력*을 가리켜 **전기마당**이라고도

하는데, 전기마당이 힘 자체는 아니다. 이 수식이 갖는 뜻을 조금 더 생각해
보자. 힘은 시험전하가 받는 힘을 가리키므로, 시험전하의 크기를 두 배로
키우면 힘도 두 배로 커진다. 그러나 전기마당은 변하지 않는다. 원전하가
바뀌지 않으면 전기마당 역시 바뀌지 않는다. 그러나 원전하가 점전하라면,
원전하의 크기를 두 배로 키우면 전기력 역시 두 배로 늘어난다.[28] 그러나
시험전하의 크기는 바뀌지 않았으므로 전기마당은 두 배로 커진다. 시험전

보충 설명

전기마당을 엄밀하게 정의하려면

$$E = \lim_{q \to 0} \frac{F}{q}$$

라고 해야 한다. 여기서 극한($\lim_{q \to 0}$)의 뜻은 무엇일까? 실제 전기마당을 측정할 때 시험전
하의 크기를 0으로 해야 한다는 뜻인가? 0의 시험전하가 받는 힘은 0이 되므로, 전하량
이 0인 시험전하로는 전기마당을 잴 수 없는 것이 분명하다.

　동그란 공 모양의 구리 구슬에 알짜전하가 있다면, 그 알짜전하는 표면에 고르게 분
포하고, 이 구슬의 표면에서 일정한 거리에 있는 점들에서 전기마당의 세기를 재면 모
두 같은 크기를 갖는다. 그런데 이 구리 구슬을 찌그러뜨려 어느 한쪽으로 뾰족하게 만
들면, 이 뾰족한 부분에 알짜전하가 몰려 주변의 전기장의 세기를 다른 부분의 전기장의
세기보다 강하게 만든다. 곧, 어느 물체가 가지고 있는 전하량, 정확하게는 알짜전하량
이 변하지 않더라도 이 알짜전하의 분포가 달라지면 전기마당 역시 달라진다. 또한 이
구리 구슬을 이미 전기마당이 존재하는 공간에 놓으면, 알짜전하는 공의 표면에 고르게
분포하지 않고 어느 한쪽으로 쏠리게 된다. 그런데 시험전하도 전하이므로 그 자신 역시
전기마당을 만든다. 이 시험전하가 만든 전기장이 원전하의 분포를 바꾼다면, 이 시험
전하를 가지고 잰 전기마당은 원래 재려고 했던 전기마당과 다른 값을 가지므로 제대로
전기마당을 잰 것이 될 수 없다. 그런데, 전기마당을 재려면 우리는 시험전하를 이용할
수밖에 없는데, 이 시험전하가 만든 전기마당에 의해 원전하의 분포가 바뀌는 것을 피할
수는 없다. 그러나, 이 시험전하의 크기를 되도록 작게 하여, 비록 시험전하가 만드는 전
기마당이 원전하의 분포를 바꾸더라도, 실험적으로는 측정불가능할 정도로 작은 분포
변화가 일어나도록 조심해야 한다는 것이 극한이 가지는 뜻이다.

하는 전기마당을 바꿀 수 없지만 원전하는 바꿀 수 있다. 그리고 전기마당의 세기는 원전하의 크기에 비례한다는 것이 이 식의 뜻이다. 여기서 주의할 점 하나가 있다. 위에서 전기마당을 구하기 위해 쓰는 시험전하는 반드시 점전하여야 한다.

수학적으로 나타낸 전기마당에 대해 특별히 두 가지만 더 자세히 설명하려 한다. 첫째, 전기마당을 수학적으로 나타내면 위치의 함수가 된다. 앞에서 말하였듯이, 전기마당을 재려면 시험전하가 받는 전기력을 재야 한다고 하였는데, 이 전기력은 시험전하를 놓는 위치에 따라 달라질 수 있으므로 전기마당은 위치의 함수이다. 둘째, 전기마당도 전기력과 마찬가지로 크기와 방향을 모두 가지고 있는 벡터양이다. 전기마당을 단위전하가 받는 전기력이라 하였으니, 어느 지점에서 전기마당의 방향은 그 지점에 양의 시험전하를 놓았을 때, 시험전하가 받는 힘의 방향과 같다.

3. 마당

여러분은 이미 전기마당, 중력마당, 자기마당 등 다양한 마당이 있다고 알고 있다. 이제 이렇게 다양한 종류의 마당을 일반적으로 어떻게 이해해야 하는지 설명하려 한다.

왜 이렇게 다양한 종류의 마당이 있을까? 그것을 알아내기 위해서는 위의 전기마당에 대한 설명에 나오는 원전하와 시험전하의 상황을 떠올려 보자. 마당을 만드는 힘은 반드시 뉴턴의 제3운동법칙에 따라 서로작용에 의해 만들어져야 한다. 원전하와 시험전하 쌍처럼, 두 물체 사이의 서로작용이 있어야 한다. 이 서로작용이 무엇인가 알아보고, 그 힘의 이름을 그 힘이 만드는 마당의 이름에 붙였다. 이 서로작용이 다양하므로 힘의 종류가 다

전자기학 쓰임말을 알면 물리가 보인다

양하고, 힘의 종류가 다양하니 마당 역시 다양하다.

마당이란 이 서로작용에 의해 만들어진 힘을 그 서로작용이 일어나도록 하는 물질의 특성, 예를 들어 전기력의 경우는 전하와 같은 물리량으로 나누어 준 것이다. 따라서,

공간에 전하를 놓으면 그 공간의 어떤 속성이 바뀌는데, 그 속성이 바뀌는 정도를 수량화하면 전기마당이 된다. 전기마당이 있는 공간에 시험전하를 놓으면 전기력을 받는데, 전기력을 내는 물질의 속성이 전하이므로, 시험전하가 받는 전기력을 시험전하의 전하값으로 나누어 준 것이 전기마당이다.

그렇다면 중력마당은? 위 문장에서 전기마당 ➡ 중력마당, 전기력 ➡ 중력, 전하 ➡ 질량(중하)으로 바꾸어 주면 된다. 곧,

공간에 중하(질량)를 놓으면 그 공간의 어떤 속성이 바뀌는데, 그 속성이 바뀌는 정도를 수량화하면 중력마당이 된다. 중력마당이 있는 공간에 시험중하를 놓으면 중력을 받는데, 중력을 내는 물질의 속성이 중하이므로, 시험중하가 받는 중력을 시험중하의 중하값으로 나누어 준 것이 중력마당이다.

그렇다면 자기마당은? 마찬가지로 전기마당 ➡ 자기마당, 전기력 ➡ 자기력, 전하 ➡ 자극으로 바꾸어 주면 된다. 곧,

공간에 자하를 놓으면 그 공간의 어떤 속성이 바뀌는데, 그 속성이 바뀌는 정도를 수량화하면 자기마당이 된다. 자기마당이 있는 공간에 시험자하를 놓으면 자기력을 받는데, 자기력을 내는 물질의 속성이 자하이므로, 시험자하가 받는 자기력을 시험자하의 자하값으로 나누어 준 것이 자기마당이다.

이외에도 여러 종류의 마당이 있는데, 여기서는 이 정도면 충분하다. 다만, 일반적인 마당에 대해 두 가지만 더 설명하려 한다. 첫째, 마당을 만드는 힘은 반드시 보존력[29]이어야 한다. 따라서, 대표적인 비보존력인 마찰력은 마당을 만들지 못한다. 하지만, 서로작용으로 나타나는 대부분의 힘은 보존력이므로 그리 크게 걱정할 일은 아니다. 위에서도 말했듯이 마당을

수학적으로 나타내면 위치의 함수가 되는데, 보존력 역시 위치의 함수로 나타낼 수 있다.

둘째, 모든 마당은 '전기마당'처럼 그 마당을 일으키는 힘의 이름 뒤에 '마당'을 붙여 그 마당의 이름으로 쓰는데, 중력마당만큼은 특별한 이름을 가지고 있다. 그것은 '중력가속도'[30]이다. 중력마당은 중력을 시험질량 값으로 나누어 준 것이다. 힘을 질량으로 나누었으니 가속도가 된다. 우리는 중력이 내는 가속도를 특별히 '중력가속도'라 부르는데, 이 중력가속도가 바로 중력마당이기도 하다. 그러나 모든 가속도가 마당이 되는 것은 아니므로 주의가 필요하다. 전기마당을 재기 위해 시험전하를 특정한 지점에 갖다 놓는다. 이때 당연히 전기력을 받는데, 전하를 띤 물체가 질량도 가지고 있으므로, 이 시험전하에 다른 힘이 작용하지 않는다면, 이 시험전하는 전기력에 의한 가속도를 받을 것이다. 이 가속도는 전기력을 시험전하의 질량으로 나누어 주면 얻을 수 있다. 그러나 이 가속도는 전기마당도, 중력마당도, 어떤 다른 마당도 아니다. 그저 가속도일 뿐이다.

힘을 알면 모든 물리 문제를 완벽하게 풀어낼 수 있는데, 군이 마당이란 개념을 도입해야 하는 이유를 살펴보자. 만일 우리의 관심이 어느 물체가 어떤 마당에서 받는 힘에는 관심이 없고 단지 가속도의 방향만을 알고 싶다면, 우리는 군이 힘을 다 알아낼 필요 없이 단지 마당만을 알고 있다면 가속도의 방향을 쉽게 알아낼 수 있다. 곧, 마당의 방향이 가속도의 방향이다. 일반적으로는 알짜힘을 알아야만 가속도의 방향을 알 수 있는데, 만일 물체가 받는 힘이 어떤 마당에 의한 힘밖에 없다면, 힘을 알지 못해도 마당으로부터 가속도의 방향을 알아낼 수 있으므로 수학적으로 문제를 풀어낼 때 매우 편리하다.

　　　　　　　　　　　　　　　전자기학 쓰임말을 알면 물리가 보인다

보충 설명

물리학자들이 '마당' 개념을 처음 도입한 이유는 순전히 수학적 편의성 때문이었다. 마당이 실제로 존재한다고 생각하지는 않았고, 단지 힘이 물체에 작용하여 나타나는 현상, 정확하게는 알짜힘이 가속도를 만드는 과정을 쉽게 이해하기 위해 마당이라는 수학적 도구를 만들어냈다. 이러한 마당이 실제로 존재해야 한다고 입증한 사람이 바로 아인슈타인이다.

아인슈타인은 흔히 '작용-반작용 법칙'이라고도 불리는 뉴턴의 제3운동법칙에 주목하였다. 이 법칙은 두 물체 사이에 서로작용이 있으면 성립하는 법칙인데, 두 물체의 운동 상태와 무관하게 성립한다. 곧, 한 물체는 정지해 있고 다른 물체는 움직이고 있다고 해도[31] 늘 뉴턴의 작용-반작용 법칙은 성립해야 한다. 만일 두 물체가 정지해 있다면 작용-반작용 법칙을 적용하는 데 아무런 문제가 없다. 그런데 한 물체가 움직이기 시작했다면, 이 움직임을 다른 물체가 바로 알아채야 작용-반작용 법칙이 제대로 작동하고 있는 것이 된다. 그런데 이 물체의 움직임을 다른 물체가 곧바로 알아채지 못한다. 한 물체가 움직인다는 '정보'가 다른 물체에 도달해야지만 이 움직임을 알아챌 수 있고, 정지해 있는 물체는 이 '정보'를 같은 순간에 받아야지만 작용-반작용 법칙이 제대로 작동할 수 있다. 만일 이 '정보'가 순식간에 우주 공간으로 퍼져나간다면 아무런 문제가 생기지 않는다.

하지만, 아인슈타인의 상대성 이론에 따르면, 어떠한 정보도 빛보다 빠르게 전달될 수는 없다. 한 물체가 움직이기 시작했다는 '정보'는 그 물체가 움직이기 시작한 후 빛이 두 물체 사이의 거리를 이동하는 데 걸리는 시간만큼이 지나야 다른 물체가 이 물체의 움직임을 알아챌 수 있다. 그전까지는 움직임을 알아채지 못했으니 정지해 있는 물체는 여전히 다른 물체가 원래의 위치에 있는 것처럼 서로작용할 것이다. 바꾸어 말하면 '정보'가 전달되기 전까지는 작용-반작용 법칙이 작동하고 있지 않다는 뜻이다. 그뿐만 아니라 물체가 계속 움직이고 있다면 비록 이 '정보'가 다른 물체가 도달하였더라도 그 순간 이 물체는 이미 다른 곳에 있으므로 여전히 작용-반작용 법칙은 계속해서 제대로 작동하고 있지 않게 된다. 그렇다면 뉴턴의 제3운동법칙은 틀린 법칙이란 말인가? 이 문제를 아인슈타인은 마당이 실제로 존재하는 물리량이라고 하여 해결하였다. 곧, 물체가 움직이면 당연히 이 물체가 만드는 마당 역시 시간에 따라 변해야 한다. 이 변화 역시 모든 공간에서 동시에 벌어지는 것이 아니라, 마치 물에 돌멩이를 떨어뜨리면 동심원을 그리면서 물결이 퍼져나가듯이, 움직임에 따른 마당의 변화 역시 퍼져나가는 데 시간이 걸린다. 물 위에 떠 있는 나뭇잎은 이 물결에 의해 아래위로 움직이는데, 돌멩이가 물에 떨어진 순간에는 움직이지 않고 돌멩이가 일으킨 물결이 나뭇잎에 도착했을 때 나뭇잎은 비로소 움직인다. 작용-반작용 법칙도 이처럼 작동한다.

그러면 '정보'가 전달되는 동안에는 어떠한 일이 벌어지는가? 이 동안에는 움직이는 물체와 마당 사이에 작용-반작용 법칙이 작동하고 있다. 그리고 '정보'가 정지한 물체에 도착하면 그 물체와 마당 사이에 뉴턴의 작용-반작용 법칙이 작동하는 것이다. 따라서, 엄밀하게 말하면 작용-반작용 법칙은 두 물체 사이에서 벌어지는 현상을 다루는 것이 아니라, 두 물체와 그들 사이에 있는 마당이 함께 서로작용하여 벌어지는 현상을 다루는 법칙이다. 공간에서 서로 떨어져 있는 두 물체 사이의 서로작용은 이 마당을 매개로 이루어진다. 따라서 마당은 단순히 수학적 편이를 위해서 만들어진 개념이 아니라 실제로 존재하는 물리량이다.

4. 생각해 보기

❶ 도체로 이루어진 두 개의 도체구[32]가 있다. 모두 양의 전하로 대전되어 있는데, 전하량이 서로 다르다. 둘 사이에는 끌힘이 작용할 수 있을까?

답. 가능하다.

비록 두 도체가 같은 종류의 전하를 가지고 있더라도, 둘 사이에는 끌힘

〈그림 2〉 같은 종류의 전하로 대전된 물체 사이의 끌힘

이 작용할 수 있다. 한 도체구에는 $Q+q$라는 전하가 있고 다른 구에는 Q라는 전하량이 있다고 하자. 두 도체에 있는 전하끼리는 밀힘이 작용하므로, 마주보이는 표면에 있는 전하는 반대편 표면으로 밀려난다. 그런데 밀려나는 전하

전자기학 쓰임말을 알면 물리가 보인다

량이 서로 똑같으므로(Q), 큰 전하량을 가진 도체에는 여전히 마주보는 표면에 아직도 양의 전하 q가 남아 있다. 남아 있는 양의 전하는 반대편 도체구에 있는 음전하를 끌어당기므로, 전하량이 작은 도체구의 마주보는 표면에 음의 전하($-q$)가 쌓인다. 이를 도식적으로 그려보면 〈그림 2〉가 된다.

이때 양끝에 있는 전하끼리는 밀힘이 작용하지만, 가운데에 있는 전하는 부호가 서로 다르므로 끌힘이 작용한다. 이 끌힘이 양끝에 있는 전하의 밀힘보다 크면 알짜힘은 끌힘이 될 수 있다. 끌힘이 되는 조건은 두 도체구의 전하량의 차이(q)와 두 도체 사이의 거리, 그리고 구의 반지름에 의해 결정된다. 전하의 차이(q)가 클수록, 그리고 두 도체구 사이의 거리와 구의 지름의 차이가 작을수록 끌힘은 커진다.

04

전기퍼텐셜

⚡ 전위(電位)

『전기·전자』전기장 안의 한 점에 어떤 표준점으로부터 단위 전기량을 옮기는 데 필요한 두 점 사이의 전압의 차. 곧 전하가 갖는 위치에너지를 이른다.

⚡ electrical potential or electric potential

the potential energy of a unit positive charge at a point in an electric field that is reckoned as the work which would be required to move the charge to its location in the electric field from an arbitrary point having zero potential (as one at infinite distance from all electric charges) and that is roughly analogous to the potential energy at a given elevation in a gravitational field

필자는 '전위'라는 쓰임말보다는 한국물리학회에서 권하는 '전기퍼텐셜'이라는 쓰임말이 보다 올바르다고 생각한다. 그 이유는 이 책을 계속 읽어 내려가면 알 것이다. 다만 일반적으로 전위라는 쓰임말이 널리 퍼져 있고, 물리학 이외의 분야에서는 아직 전기퍼텐셜이라는 쓰임말을 잘 모르고 있으므로, 여기서는 전위라는 쓰임말을 사전에서는 어떻게 설명하는지 들여다

보려 한다. 전위에 대한 한글사전의 설명 마지막에 '전압의 차'에서 치명
적 잘못이 나타난다. 전압의 차이는 전위가 아니다. 오히려 그 반대로 전위
의 차이가 전압이다. 뒤에서 다룰 전압을 알고 나면 자명해지겠지만, 전위
는 전압의 차이가 아니다. 부연 설명에서 위치에너지[33]라 하였는데, 위치에
너지가 아니라 '퍼텐셜에너지'라 해야 하고, 더욱이 전위는 퍼텐셜에너지가
아니다.

1. 퍼텐셜

전기퍼텐셜에 관해 설명하기 전에 먼저 일반적인 퍼텐셜에 관해 설명하려
한다. 결론부터 말하면 힘-마당의 관계가 퍼텐셜에너지-퍼텐셜의 관계와
동등하다. 따라서 마당에도 그 마당을 만드는 힘에 따라 그 이름이 정해지
듯이 퍼텐셜 역시 그 퍼텐셜을 만드는 퍼텐셜에너지에 따라 그 이름이 정
해진다. 앞에서 마당에 대한 설명에서,

마당이란 서로작용에 의해 만들어진 힘을 그 서로작용이 일어나도록 하는 물질의 특성, 예를 들어 전기력의 경우는 전하와 같은 물리량으로 나누어 준 것

이라 하였다. 전기력을 시험전하로 나누어 주면 전기마당이 된다. 중력을 시험질량으로 나누어 주면 중력마당이 된다. 자기력을 시험자로 나누어 주면 자기마당이 된다. 퍼텐셜과 퍼텐셜에너지도 이와 똑같은 관계를 갖는데, 퍼텐셜이란 서로작용에 의해 만들어진 힘으로부터 구한 퍼텐셜에너지를 서로작용이 일어나도록 하는 물질의 특성, 예를 들어 전기력의 경우는 전하와 같은 물리량으로 나누어 준 것

이다. 전하(질량 또는 자하)가 만드는 퍼텐셜이 전기(중력 또는 자기)퍼텐셜이다. 이러한 퍼텐셜 개념은 어찌 보면 이미 마당과 힘, 퍼텐셜에너지 등이 나왔으므로, 물리현상을 설명하기 위해 굳이 새롭게 만들어야 할 필요가 없어 보이지만, 뒤에서 다루는 전압과 전위차를 알고 나면 우리 실생활에 매우 요긴하게 쓰이므로 꽤 쓸모가 있다는 것을 알 수 있다.

퍼텐셜과 퍼텐셜에너지의 관계를 조금 더 잘 알려면 마당과 힘의 관계를 알아야 한다. 전기마당과 전기력의 관계는 다음과 같다.

전기마당(E) 안에 시험전하(q)를 놓으면 시험전하는 전기력(F)을 받는다. 전기력은 $F = qE$이다.

이 관계를 퍼텐셜과 퍼텐셜에너지에 적용해보자.

전기퍼텐셜(V) 안에 시험전하(q)를 놓으면 시험전하는 전기퍼텐셜에너지(U)를 가진다. 전기퍼텐셜에너지는 $U = qV$이다.

2. 전기퍼텐셜에너지와 전기퍼텐셜

이미 앞에서 설명하였듯이 전기퍼텐셜을 알아내려면 먼저 전기퍼텐셜에너지가 무엇인지 알아야 한다. 마치 전기마당을 알아내려면 전기력이 무엇인지 알아야 하는 것과 마찬가지이다.

우주에는 단 두 종류의 에너지만 있다고 말하면 어떤 분은

"무슨 소리야? 세상에는 얼마나 많은 종류의 에너지들이 있는데."

하고 말할 것이다. 그렇다. 우리는 여러 종류의 에너지 이름을 들어서 알고 있다. 전기에너지도 있고, 중력에너지도 있고, 화학에너지도 있고, 열에너지도 있다. 그러나 사실은 이러하다. 세상에는 드러난 에너지와 드러나지 않은, 숨겨진 에너지만 있다. 어떤 물체가 움직인다면 우리는 그 물체가 운동에너지를 가지고 있다고 이내 알아챈다. 이같이 운동에너지는 드러나 있어서 바로 그 존재를 알아챈다. 운동에너지가 바로 드러난 에너지이다. 그러나 드러나지 않는 에너지, 바꾸어 말하면 숨겨진 에너지도 있는데, 우리는 이것을 퍼텐셜에너지라 한다. 흔히 '위치에너지'라고 잘못 알고 있는데, 퍼텐셜에너지는 그것을 만드는 힘에 따라 서로 다르게 부르다 보니 마치 여러 종류의 에너지가 있는 것처럼 보이지만 사실은 모두 퍼텐셜에너지이다. 다만 그 퍼텐셜에너지를 내는 서로작용에 따라 다른 가면을 쓰고 있는 셈이다. 전하가 있어 전기마당을 만드는데, 이때의 퍼텐셜에너지를 전기퍼텐셜에너지, 줄여서 전기에너지라 한다. 지구 표면에서는 지구가 만드는 중력마당에 퍼텐셜에너지가 숨겨져 있는데, 이 에너지를 중력(퍼텐셜)에너지라 한다. 우주에 있는 별 사이의 중력에너지도 있다. 원자들이 모여 작은 분자를 만들고, 작은 분자들이 모여 고분자를 만드는데, 이때 원자들이 화학결합을 하면서 숨겨지는 퍼텐셜에너지를 화학에너지라 부르는데, 이는 엄밀하게 말하면 전기에너지이다.

서로 다른 가면을 쓴 퍼텐셜에너지끼리는 가면을 바꿔 쓸 수 있다. 수력발전소를 생각해 보자. 간단히 말하면, 수력발전이란 발전기를 이용해 높은 곳에 있는 물의 중력(퍼텐셜)에너지를 전기(퍼텐셜)에너지로 바꾸어 주는 것이다. 중력에너지라는 가면을 쓰고 있다가, 발전기의 도움을 받아 전기에너지라는 가면으로 바꿔쓴 셈이다. 그런데 중력에너지를 바로 전기에너지로 바꾸어 줄 수는 없고, 반드시 퍼텐셜에너지를 운동에너지로 바꾸었다가, 그 운동에너지를 다시 다른 퍼텐셜에너지로 바꾸어야 한다. 이 변환 과정에서 '일(work)'을 해야 한다. 우선 높은 곳에 있는 물이 아래로 떨어지면서 운동에너지가 늘어난다. 대신 중력에너지는 줄어든다. 중력이 일을 해서 중력에너지를 운동에너지로 바꾸어 준 것이다. 이때 중력은 중력에너지의 가면을 벗기는 셈이다. 떨어진 물이 발전기로 들어가서 발전기의 터빈을 돌린다. 발전기의 터빈이 계속 돌아가려면 마찰력도 이겨내야 하고, 발전기에 들어있는 자석이 주는 힘도 이겨내야 한다. 이 힘들이 물에 일을 하되 음의 일을 해서 운동에너지를 줄여준다. 마찰력이 한 일은 터빈이나 발전기의 내부에너지로 바뀌어 온도를 올리고, 자석이 한 일만 줄어든 운동에너지를 전기에너지로 바꾸어준다. 자석이 전기에너지라는 새 가면을 씌운 셈이다. 도표로 그려보면 다음과 같다.

공간에 어떤 전하가 분포해 있으면, 이 공간은 그 전하 분포가 없을 때와 비교해 변화가 생겼다. 이 변화를 알기 위해서는 시험전하를 놓아 그 변화를 알아볼 수 있다. 만일 그 변화를 알아보기 위해 잰 것이 시험전하가 받는 전기력이라면, 우리는 전기마당을 알아낼 수 있다. 그런데 그 변화를 알아보기 위해 잰 것이 에너지, 더 정확히 말해 전기(퍼텐셜)에너지라면 우리는 전기퍼텐셜을 알아낼 수 있다. 그렇다면 전기에너지는 어떻게 알아낼까? 1C의 점전하[34]가 원점에 있는 경우 이 전하로부터 1m 떨어진 점에 있는 1C의 점전하(시험전하)가 가지는 전기에너지는 약 90억 주울(J)[35]이다. 만일 −1C의 점전하가 원점에 있었다면 전기에너지는 −90억J이 된다. 아니, 잠깐! −90억J은 또 무엇인가? 에너지가 음수가 될 수도 있나?

이것을 이해하기 위해 먼저 일반적인 퍼텐셜에너지에 대해 알아보자. 퍼텐셜에너지를 정의할 때 다음과 같은 두 개의 특성을 고려해야 한다.

- 어느 한 지점에서의 퍼텐셜에너지 값은 물리적으로 아무런 뜻을 갖지 않는다. 다만 우리가 관심을 두는 두 지점의 퍼텐셜에너지의 *차이가* 물리적으로 뜻이 있다.
- 퍼텐셜에너지를 계산할 때는 어느 한 지점, 곧 기준점을 정하여 그 지점의 퍼텐셜에너지 값을 정한 후, 다른 지점의 퍼텐셜에너지를 이것에 맞추어 정해야 한다.

이 두 특성은 마치 서로 다른 것처럼 보이지만 사실은 동전의 양면처럼 하나의 특성을 다르게 나타낸 것이다. 지금 독자께서 읽고 계신 책상 위에 놓인 책의 퍼텐셜에너지를 생각해 보자. 책의 질량이 1kg이고 책상이 방바닥에서 1m의 높이에 있다고 하자. (중력)퍼텐셜에너지의 기준점을 방바닥으로 잡으면 이 책의 중력에너지[36]는 9.8J이 된다. 그런데 기준점을 방바닥으로부터 9m 아래에 있는 땅바닥으로 잡으면 이 책의 중력에너지는 98J이 된다. 만일 기준점을 방바닥으로부터 6m 위에 있는 위층 아파트의 천장으로 잡으면 이 책의 중력에너지는 −49J이 된다. 책에는 아무런 변화가 일어나지 않았음에도 불구하고, 단지 기준점만 바꾸어주면 퍼텐셜에너지 값을 얼마든지 바꿀 수 있으며, 심지어 음의 에너지를 가지게 할 수도 있다. 그러나 책이 책상 위에 있을 때 퍼텐셜에너지와 방바닥에 있을 때 퍼텐셜에너지의 차이는 기준점을 어디로 잡느냐와는 상관없이 똑같이 9.8J이다.[37] 이제 '우

전자기학 쓰임말을 알면 물리가 보인다

리가 관심을 두는 두 지점의 퍼텐셜에너지의 *차이*가 물리적으로 뜻이 있다'는 말의 뜻을 제대로 이해하셨으리라 믿는다.

그렇다면, 퍼텐셜에너지를 계산할 때는 기준점을 정해야 한다고 하였는데, 그 기준점은 어떻게 정해야 하는가? 답은 '잘 정하면 된다'이다. '이게 뭔 말이여?' 하실 분도 계시겠지만 맞는 말이다. 퍼텐셜에너지의 기준점은 잘 정해야 한다. 도대체 '잘 정하는' 게 무엇일까? 두 가지 뜻이 있다. 첫째, 기준점은 '잘' 정하면 되므로 아무 점이나 기준점이 될 수 있어서, 기준점이

 보충 설명

'수학적으로 편리한 점을 기준점으로 잡으면 된다'는 말에는 숨겨진 뜻이 있다. 우리가 살아가다 보면 과연 '목적이 수단을 정당화시킬 수 있느냐?'라는 문제에 봉착하는 경우가 있다. 많은 논쟁의 여지가 있기는 하지만, 아주 극단적인 경우를 빼고는, 절대로 목적이 수단을 정당화시키지는 못한다는 것이 필자의 생각이다. 사실 극단적인 경우라 해도 논쟁의 여지는 많이 남아 있다. 그러나 수학만은 예외이다. 수단이 어찌 되었든, 주어진 문제를 풀 때, 풀이 과정이 논리적으로 문제가 없고, 답이 유일하고 옳으면, 어떤 수단을 썼는지는 중요하지 않다. 오히려 때로는 새로운 방법으로 수학 문제를 해결하면 천재로 대접받기도 한다.

대표적인 예가 천재 수학자 가우스가 초등학교 1학년 때 1부터 100까지의 합을 재빨리 계산하여 선생님을 놀라게 했다는 일화이다. 초등학교 1학년에게는 전통적으로 먼저 1+1=2라 하고, 이어서 2+3=5라 하는 방식의 해법이 바로 떠오르는 생각이지만 실제로 계산을 끝내는 데는 매우 긴 시간이 필요하다. 그런데 가우스는 1+100=101, 2+99=101, 3+98=101, 4+97=101, ..., 50+51=101, 이렇게 해서 101X50=5,050을 구해, 1부터 100까지의 합이 5,050라는 답을 '매우 빠르게' 찾아내어, 선생님으로부터 어떤 부정행위를 저지른 것이 아닌지 의심을 받을 지경이었다. 목적을 달성하기 위해 다른, 그러나 훨씬 더 똑똑한 수단을 쓴 것이 오히려 가우스의 천재성을 입증한 셈이 되어버렸다. 기준점을 잡을 때 수학적으로 편리한 점을 잡으나 불편한 점을 잡거나, 문제를 제대로 풀었다면, 같은 답이 나온다. 그렇다면 굳이 수학적으로 불편한 점을 기준점으로 잡을 이유가 없다. 수학에서만은 목적 또는 결과가 수단을 정당화시킨다.

될 수 있는 특별한 점이 따로 있지 않다. 기준점을 바꾼다고 해도 물리적 상황이 변할 수는 없으므로, 기준점을 바꾼다 해도 실제 벌어지는 일이 달라지지 않는다. 둘째, 아무 점이나 기준점이 될 수 있으므로 수학적으로 편리한 점을 기준점으로 잡으면 된다. 기준점을 '잘' 잡는 기준이 수학이라는 것이다. 주어진 문제를 풀어내는 데 수학적으로 특별히 편리한 점이 있다면 그 점을 기준점으로 잡으면 된다. 다만, 기준점을 한번 정하면, 그 문제를 푸는 전 과정에서 이 기준점을 중간에 바꾸면 안 된다.

원점에 있는 1C의 전하를 다시 생각해 보자. 이 전하로부터 1m 떨어진 점에 1C의 시험전하를 놓으면 이 시험전하의 전기에너지는 90억J이라 하였는데, 기준점을 모르는데 어떻게 90억J이라 값을 알 수 있나? 그것은 기준점을 원점에 있는 1C의 전하로부터 무한히 멀리 떨어진 점의 전기에너지 값을 0J로 정하면 가능하다. 기준점을 잡을 때 주의해야 하는 것은, 단지 기준점만 수학적으로 편리한 점을 '잘' 잡는 것으로 끝나는 것이 아니라, 그 점에서 퍼텐셜에너지 값이 얼마인지도 정해야 한다는 것이다. 이 값 역시 수학적으로 편리한 값을 취하면 되는데, 보통 0으로 잡는다. 전기에너지가 0이 되는 기준점을 무한대로 잡으면, 또 하나의 중요한 특성을 알 수 있다. 이 경우 시험전하와 원전하의 부호에 상관없이 이 기준점, 곧 원전하로부터 무한히 떨어진 점에서는 전기에너지가 0이 된다. 이제 거리가 무한대가 아닌 점에서의 전기에너지를 구해보자. 시험전하와 원전하가 같은 부호를 가지면 전기에너지는 양수가 되고, 다른 부호를 가지면 전기에너지는 음수가 된다. 곧, 거리가 무한대인 점을 전기에너지 0인 기준점으로 잡으면, 전기에너지의 부호로 두 전하 사이에 끌힘이 작용하는지, 아니면 밀힘이 작용하는지 알 수 있다. 전기에너지가 양수이면 두 전하 사이에는 밀힘이 작용하고, 음수이면 두 전하 사이에는 끌힘이 작용한다. 이러한 이유로, 특별하게 기준점을 제시하지 않았다면, 전기에너지의 기준점은 거리가 무한대일 때 에너지값이 0이라고 '묵시적'으로 생각해야 한다.

 오개념

고립된 도체에 알짜전하가 있다면 이 전하는 언제나 도체의 표면에만 있고, 도체 안에서 전기마당은 0이라 하였다. 그렇다면, 도체 안에서 전기퍼텐셜도 0이라고 생각하기 쉽다. 도체 안의 전기퍼텐셜은 0일 수도 있고, 0이 아닐 수도 있다. 전기마당은 전기퍼텐셜이 공간에서 어떻게 변하느냐에 의해 결정된다. 전기 퍼텐셜이 공간적으로 변하지 않으면 전기마당은 0이다. 곧, 전기퍼텐셜의 기울기가 전기마당을 정한다. 고립된 도체의 내부에서 전기마당이 0이라는 말은, 도체 내부에서는 전기퍼텐셜이 위치에 따라 변하지 않고 균일하다는 말이므로, 도체 내부에서는 전기퍼텐셜이 일정 또는 상수이다. 이 상수는 아무 값이나 가질 수 있으므로 도체 안의 전기퍼텐셜은 0일 수도 있고, 0이 아닐 수도 있다. 다만, 이 상수가 우연히 0이 될 수도 있다.

그렇다면 '우연히'라는 말은 무엇인가? 이 상수가, 바꾸어 말하면 전기퍼텐셜이 시간에 따라 마구 바뀔 수도 있다는 말인가? 고립된 도체에서는 도체 내부의 전기퍼텐셜이 시간에 따라 마구 바뀔 수는 없다. 여기에서 '우연히'는, 이 상수값을 정할 때, '우연히' 0이 되도록 정할 수 있다는 것이다. 사실은 '우연히'가 아니라 '의도적으로'이다. 퍼텐셜에너지 또는 퍼텐셜은 어느 지점에서 가지는 값이 중요한 것이 아니라, 우리가 관심을 두고 있는 두 점의 퍼텐셜에너지 또는 퍼텐셜의 차이가 중요한 뜻을 가진다고 하였다. 따라서 퍼텐셜에너지 또는 퍼텐셜을 구할 때 기준점을 잡아 그 기준점에서의 퍼텐셜에너지 또는 퍼텐셜의 값을 지정할 수 있다고 하였다. 보통은 이 값을 0으로 한다. 예를 들어, 여러 개의 도체가 각각 독립되어 있고, 또한 알짜전하를 가지고 있다고 하자. 이때 한 도체의 전기퍼텐셜을 0으로 잡으면, 이 도체를 기준으로 다른 도체들의 전기퍼텐셜 값이 정해진다. 만일 이 도체의 전기퍼텐셜 값을 0이 아닌 값으로 정했는데, 다른 도체 중 하나가 0인 전기퍼텐셜을 '우연히' 가질 수 있다. 기준이 되는 도체의 전기퍼텐셜을 0으로 잡은 것이나, 다른 하나의 도체가 0인 전기퍼텐셜을 갖는 경우나 모두 '우연히' 전기퍼텐셜이 0이 되었다. 다만, 여기서 주의해야 할 점은, 어떤 경우이든 임의의 두 도체 사이의 전기퍼텐셜 차이는, 처음의 고립된 상태가 변함없이 유지되고 있다면 변하지 않는다.

보충 설명

전기에너지 값이 0이 되는, 거리가 무한대인 기준점은 어떻게 알게 되었는가? 두 전하 사이에 작용하는 전기력은 두 전하 사이 거리의 제곱에 반비례한다. 이 사실로부터 수학적으로 적분이라는 기술을 쓰면 퍼텐셜에너지, 또는 전기에너지는 두 전하 사이의 거리에 반비례한다는 것을 알 수 있다. 이를 식으로 나타내면

$$U = \frac{A}{r} + C$$

이 되는데, 여기서 U는 퍼텐셜에너지, r은 두 전하 사이의 거리, A와 C는 상수이다. 이때 $C = 0$으로 하면, $r \rightarrow \infty$(무한대)일 때 $U = 0$이다. 이렇게 전기에너지의 기준점이 정해졌다.

　중력도 똑같이 기준점을 정할 수 있다. 두 물체 사이의 거리가 무한히 멀 때 중력(퍼텐셜)에너지가 0이다. 그런데 중력에너지의 기준점은 반드시 해수면이어야 한다고 주장하시는 분도 있다. 이렇게 다른 기준점이 나타나는 이유는 서로 다른 물리적 상황에서 나온 것임을 알면 바로 이해할 수 있다. 알다시피 중력은 어디에나 있는, 소위 만유중력이다. 따라서 일반적으로 중력에너지를 구하는 수학적 방법은, 중력과 전기력의 수학적인 꼴이 서로 비슷하므로, 전기에너지를 구하는 방법과 정확하게 똑같다. 따라서 전기에너지의 기준점이 $r \rightarrow \infty$(무한대)일 때 $U = 0$이라면, 중력도 마찬가지다. 곧, $r \rightarrow \infty$(무한대)일 때 중력에너지도 $U = 0$이다. 그럼 중력의 기준점은 해수면이어야 한다는 것은 무슨 뜻인가? 우선 이때의 중력은 두 질량을 가진 물체 사이의 일반적인 중력을 말하는 것이 아니라, 지구 표면에 가까이 있는 물체가 받게 되는 지구의 중력에 한정되어 있다. 이때의 중력에너지를 흔히 $U = mgh$라 하는데, 여기서 m은 물체의 질량, g는 중력가속도, h는 기준점부터의 높이에 해당한다. 이 식은 물체의 높이가 지구의 반지름에 비해 매우 작으면 적용할 수 있는 어림계산 값이다. R을 지구의 반지름이라 하면 지구 표면 가까이에서의 중력에너지는

$$U = \frac{A}{R + h} + C$$

로 쓸 수 있다. 수학을 하시는 분들은 이 식이, $h \ll R$일 때,

$$U \approx \frac{A}{R}\left(1 + \frac{h}{R}\right) + C = \frac{A}{R} + C + \frac{A}{R^2}h$$

가 되는데, $\frac{A}{R} + C = 0$ 그리고 $\frac{A}{R^2} = mg$로 잡으면, $U = mgh$가 된다. 다시 말하면 $U = mgh$라는 식은 지구 표면 근처, 아마도 고도 640km 이내에서만 성립한다. 그리고 기준점이 반드시 해수면이어야 할 이유는 없다.

　　　　　　　　　　　　　　　　　전자기학 쓰임말을 알면 물리가 보인다

3. 전위차

어느 한 점에서의 전기퍼텐셜 값은 물리적으로 뜻이 없고, 대신에 관심이 있는 두 점 사이의 전기퍼텐셜 *차이*가 중요하다. 전위차는 바로 이 차이를 일컫는 쓰임말이고, 영어로는 'electric potential difference'이다. 전기퍼텐셜을 전위라고 부르기도 하니, 전기퍼텐셜 차이가 전위차이다. 우리가 일상생활에서 쓰는 말은 전압이다. 전압은 영어의 electric pressure를 직역한 것으로 다른 영어 낱말로는 voltage이다. 이 쓰임말에 대해서 나중에 다시 다룬다.

전위차를 이해하려면 전기마당이 있는 곳에 전하를 놓았을 때 어떤 방

 오개념

전압은 전위 또는 전기퍼텐셜이 아니다. 전기퍼텐셜 차이 또는 전위차가 전압이다. 어느 점의 전위가 5V라고 하면 그 지점의 전위가 0인 전위를 갖는 기준점의 전위보다 5V 높다는 뜻이다. 그러나 전위가 3V인 점보다는 2V밖에 높지 않다. 또한 전위가 10V인 점보다는 5V 낮다. 따라서 '어느 점의 전압' 따위는 없다. 두 지점 사이의 전압, 곧 전위차가 있을 뿐이다. '전압차'라는 말도 전압에 이미 차이라는 뜻이 들어 있으므로 동어반복이다. 마찬가지로 어느 점의 전압이 다른 점의 전압보다 낮다거나 높다고 말하면 안 된다. 어느 점의 전위가 다른 점의 전위보다 낮다거나 높다고 말해야 한다. 어느 기기에 전압을 걸어주었다는 말은 그 기기에서 전위가 가장 높은 지점의 전위가 가장 낮은 전위를 갖는 점의 그것보다 전압의 크기만큼 높다는 뜻이다.

우리가 일상생활에서 많이 쓰는 AA건전지의 전압이 1.5V라고 한다. 그래서 건전지 음극의 전압이 0V이고, 양극의 전압은 1.5V이므로 양극과 음극의 전압 차이가 1.5V라고 말한다. 이 표현이 우리 삶에 크나큰 불편을 가져오지는 않는다. 그러나 물리학적으로 옳은 표현은 다음과 같다.

건전지 음극의 전위를 0V라고 **가정하면**, 양극의 전위는 1.5V가 되고, 따라서 양극과 음극의 전위차, 곧 전압이 1.5V이다.

필자는 이 문장에서 '전위' 대신 '전기퍼텐셜'을 쓰라고 권한다.

✖ 오개념

건전지 음극의 전위가 0이라고 생각하기 십상이다. 음극의 '음'은 한자로 '그늘 陰'이다. 영어로는 negative라는 뜻이다. 따라서, 음극이란 말이 뜻하는 바에 따르면 건전지 음극의 전위는 음수가 되어야 하는 것이 아닌가? 건전지 음극의 전위는 양극에 비해 낮다는 뜻으로 쓰인 것으로, 그 전위가 음수이어서 음극이라고 하는 것이 아니다. 고립된 AA건전지의 음극의 전위를 0으로 '가정하면' 양극의 전위는 1.5 볼트가 된다. 그러나 AA건전지 음극의 전위가 늘 0이 되는 것은 아니다. AA건전지를 여러 개 직렬로 연결했을 때, 다른 건전지의 양극에 어느 한 건전지의 음극이 붙어있다면 이 건전지 음극의 전위는 0이 아니다.

 ## 보충 설명

우리는 일상생활에서 '높다' 또는 '높은' 등의 낱말을 여러 가지 뜻으로 쓴다. '어떤 것이 다른 것보다 높다'라고 할 때는 실제 공간상의 높이를 뜻하기도 하고, 질이 더 낫다는 뜻일 수도 있는 등등 여러 가지 뜻으로 쓰인다. 마찬가지로 '높다'라는 낱말이 물리학에도 쓰이는데, 여러 가지로 다양하게 쓰이는 것이 사실이다. 실제로 공간상에서 더 높은 위치에 있다는 뜻으로 높다라고 쓰기도 하지만, '어떤 물체의 온도가 주변보다 더 높다'라고도 하고, '여자 목소리가 남자 목소리보다 더 높다'고도 하고, '건전지 양극의 전위가 음극의 전위보다 높다'고도 한다. 똑같은 '높다'라는 낱말을 썼지만 그때그때 상황에 따라서 다른 뜻을 지니고 있으니 그때마다 잘 구분할 줄 알아야 된다. 공간적인 높음은 위아래를 정하여 나타낸다. 위아래는 지구 표면에서 중력의 방향을 보아 결정한다. 중력과 같은 방향이 아래 방향이고 위 방향은 그 반대이다. 어떤 물체가 다른 물체보다 위에 있으면 더 높은 곳에 있다고 한다. 따라서 중력을 잴 수 없는 우주공간에서는 위아래도 없고 공간적 높고 낮음도 정할 수 없다. 어떤 물체가 다른 물체보다 온도가 높다는 것은 더 뜨겁게 느껴진다는 뜻이고, 소리가 높다는 것은 진동수가 더 크다는 뜻이며, 전위가 높다는 것은 전위가 높은 곳에서 낮은 곳으로 전류가 흐른다는 뜻이다.

향으로 힘, 또는 가속도를 받는지 알아야 한다. 전기마당이 있는 곳에 양전하를 놓으면 전위가 높은 곳에서 낮은 곳으로 힘을 받는다. 산비탈에 구슬을 놓으면 중력퍼텐셜이 높은 곳에서 낮은 곳으로 구르는 이치와 같다. 높은 곳의 중력퍼텐셜이 낮은 곳의 그것보다 높다. 원점에서 멀어지면 전위가 낮아진다. 따라서 이 전하 주변에 양의 시험전하를 놓으면 이 전하로부터 멀어지는 방향으로 힘을 받는다. 그러나 음의 시험전하는 중심을 향하는 방향으로 힘을 받는다. 음의 시험전하 처지에서 보면 전기에너지가 음수이므로, 반지름이 작을수록, 전기퍼텐셜의 크기, 곧 절대값은 늘어나지만, 전기퍼텐셜 자체는 낮아지는 셈이다. 원점에 있는 음의 전하 주변에 양전하를 놓으면 가까울수록 전기퍼텐셜이 낮고, 음전하를 놓으면 그 반대이다. 전하가 두 종류가 있으므로, 중력과는 달리, 전기퍼텐셜의 높고 낮음은 전기마당을 만드는 전하와 주변에 놓는 전하의 부호를 잘 살펴야 정확하게 힘의 방향을 정할 수 있다.

4. 생각해 보기

❶ 전하를 띤 두 물체를 무한히 멀리 떼어 놓았을 때의 전기에너지를 0이라고 하자. 이제 두 물체를 가까이 가져다 놓으면 전기에너지가 0이 아닌데, 두 물체의 전하가 같은 종류이면 전기에너지는 양수이고, 다른 종류이면 음수이다. 왜 이렇게 전기에너지는 부호가 달라야 하나?

답: 두 경우를 따로따로 생각해 보자. 서로 무한히 떨어진 두 전하는 처음에 정지해 있다고 가정하자.

• 두 전하가 같은 종류이면, 두 물체 중 어느 하나를 톡 건드려도 두 전하 사이의 밀힘 때문에 저절로 가까워질 수 없다. 두 물체가 가까워지려면 이 밀힘을 상쇄할 크기의 힘을 반대 방향으로 주어야 가까워진다. 물론, 한 물체가 움직이기 시작하는 처음에는 밀힘보다 약간 큰 힘

을 주어 가속시켜야 움직이기 시작한다. 그 이후로는 물체를 가까이 가도록 미는 힘과 전하를 띤 물체 사이의 밀힘이 비김을 이루면 그 물체는 일정한 속력으로 움직인다. 속력이 일정하므로 운동에너지는 변하지 않으나 전기퍼텐셜에너지는 늘어난다. 이 늘어나는 에너지는 물체 하나를 밀어주는 힘이 일을 해서 퍼텐셜에너지를 늘어나게 하였다. 따라서 두 물체가 무한히 떨어져 있을 때보다 에너지가 늘어났으니 퍼텐셜에너지는 양(+)이 된다.

• 두 전하가 다른 종류이면, 두 물체 중 어느 하나를 톡 건드려서 두 전하 사이의 끌힘이 생기면, 두 물체는 저절로 가까워질 수 있다. 이렇게 저절로 두 물체가 가까워지면 움직이는 물체는 이 끌힘이 해준 일에 의해 운동에너지가 늘어난다. 그런데 두 물체가 무한히 멀리 떨어져 있을 때의 총에너지는 0이다. 그렇다면 가까워진 후에도 총에너지는 0이어야 한다. 가까이 있으면 운동에너지가 있으므로 총에너지를 0이 되게 하려면 퍼텐셜에너지가 음(-)이 될 수밖에 없다.

세상에는 '드러난 에너지'와
드러나지 않은 '숨겨진 에너지'만 있다.
드러나지 않은 숨겨진 에너지를 퍼텐셜에너지라 한다.

05

전류

지금까지는 전하, 정확하게는 전하를 띤 알갱이가 움직이지 않고 정지해 있는 경우만을 다뤘다. 이제부터는 이 전하들이 움직이면 어떤 현상이 일어나는지 살펴보자.

1. 전류

⚡ **전류(電流)**

『전기·전자』 전하가 연속적으로 이동하는 현상. 도체 내부의 전위가 높은 곳에서 낮은 곳으로 흐르며 이는 양전기가 흐르는 방향이다. 크기는 단위 시간당 통과하는 전기량으로 표시한다. 단위는 암페어(A).

⚡ **current**

1a: the part of a fluid body (such as air or water) moving continuously in a certain direction

---

b: the swiftest part of a stream

c: a tidal or nontidal movement of lake or ocean water

d: flow marked by force or strength

2a: a tendency or course of events that is usually the result of an interplay of forces

b: a prevailing mood : STRAIN

3: a flow of electric charge

   also : the rate of such flow

한글사전에 전류는 '전하가 연속적으로 이동하는 현상'이라 하였는데 여기서 '연속적'이라는 낱말은 굳이 필요하지 않다. 전기 현상을 연구하던 초기에 학자들은 전하를 띤 물질이 유체라고 생각했고, 따라서 전류를 이 유체의 '흐름(current)'이라 생각했다. 물리학에서 유체는 연속체이다. 그래서 전하가 끊김 없이 연속적으로 흘러야 한다고 생각하였다. 그러나 대표적인 전하수송체인 자유전자는 이미 알갱이이므로 연속적으로 흐를 수 없다. 다만 한 회로에 전류가 흐르면 회로 전체로 보아 끊김 없이 흘러야 한다.

전류가 도체에서만 발생하는 것이 아닐뿐더러 물체의 내부에서만 전류가 생기는 것 또한 아니므로, 한글사전 설명의 두 번째 문장에서 '도체 내부의'는 빼는 것이 옳다. 또한 단위를 설명하면서 전하가 지나가는 단면을 말하지 않았다. 전류를 말할 때는, 묵시적으로 동의하지 않았다면, 반드시 전류가 흐르는 단면을 말해야 하며, 이 경우라도 그 단면 중 일부에만 흐르는 전류가 관심일 때도 있으므로, 엄밀하게 전류를 말할 때는 그 전류가 어떤 단면을 지나가고 있는지 알아야 한다.

전류를 뜻하는 영어 낱말은 current인데, 영어사전 설명을 보면, 이 낱말은 일반적인 흐름이라는 뜻이지 '전하의 흐름'만을 특정해서 쓰는 것이 아니다. 그래서 전류를 영어로는 'electric current'라고 분명하게 쓰는 것이

     전자기학 쓰임말을 알면 물리가 보인다

정확한 것이다.

전류란 무엇인가? 흔히들 '전하의 흐름'이라고 알고 있는데, 물리학적으로 엄밀하게는 정확한 말이 아니다. 초기 물리학자들이 전하를 유체로 보았는데, 이때 전하는 연속체이다. 그러나 미시세계에서 보면 전하를 띤 알갱이가 연속체일 리는 없다. 하지만 거시적으로 보면 전하의 움직임을 수학적으로 유체의 흐름으로 보아도 크게 문제되지 않는다. 그리고 전하의 움직임이라 해도 실제로 움직이는 것은 전하를 띤 알갱이가 움직이는 것이지, 전하가 움직이는 것이 아니다. 왜냐하면 전하란 질량과 같이 알갱이가 가지는 여러 특성 중의 하나이기 때문이다. 전하는 물질이 가지는 속성이므로 움직일 수는 없다. 우리가 '질량이 움직인다'고 하지 않고 '질량을 가진 물체가 움직인다'라고 해야 하듯이 '전하가 움직인다'고 하지 않고 '*전하를 띤 물체가 움직인다*'라고 해야 옳다. 그러나 그냥 관습에 따라 '전하가 움직인다' 또는 '전하가 흐른다'고 한다. 엄밀하게 말하면, 전류란 전하를 띤 알갱이가 움직이는 것을 뜻한다. 이때 움직이는 알갱이를 따로 '전하수송체(charge carrier)'라고 부른다. '전하를 띤 알갱이가 움직인다'거나 '전하수송체가 움직인다'보다는 '전하가 움직인다'가 말하기 훨씬 편하기는 하다.

전하수송체에는 이온도 있고, 반도체에서는 정공 또는 구멍이라 불리는 것도 있지만, 여기서는 가장 흔한 '자유전자'에 대해 알아보자. 전자이면 그

 오개념

우리는 흔히 '전류가 흐른다'고 표현하는데, 엄밀하게 말해 옳은 표현이 아니다. 전류를 한자로 쓰면 '電流'이고 '流'는 흐름을 뜻한다. 전류라는 낱말에 이미 '흐른다(流)'는 뜻이 들어 있으므로 '전류가 흐른다'고 하면 '전하의 흐름이 흐른다'라는 뜻이 된다. 하지만 관용적으로 그냥 쓰며 영어로도 'A current flows'라고 한다.

냥 전자이지 '자유전자'란 무엇인가? 자유전자란 영어의 'free electron'을 직역한 것이다. 영어 'free'를 우리말 '자유'라 번역했는데, 여기서 많은 오해가 생긴다. 과연 물리학에서 말하는 '자유'란 무엇인가?

⚡ 자유(自由)

1. 외부적인 구속이나 무엇에 얽매이지 아니하고 자기 마음대로 할 수 있는 상태.
2. 『법률』 법률의 범위 안에서 남에게 구속되지 아니하고 자기 마음대로 하는 행위.
3. 『철학』 자연 및 사회의 객관적 필연성을 인식하고 이것을 활용하는 일.

⚡ free

1. not costing or charging anything
2. a: having the legal and political rights of a citizen

   b: enjoying civil and political liberty

   c: enjoying political independence or freedom from outside domination

   d: enjoying personal freedom : not subject to the control or domination of another
3. a: not determined by anything beyond its own nature or being : choosing or capable of choosing for itself

   b: determined by the choice of the actor or performer

   c: made, done, or given voluntarily or spontaneously
4. a: relieved from or lacking something and especially something unpleasant or burdensome

   —often used in combination

   b: not bound, confined, or detained by force
5. a: having no trade restrictions

   b: not subject to government regulation

   c: *of foreign exchange* : not subject to restriction or official control
6. a: having no obligations (as to work) or commitments

   b: not taken up with commitments or obligations
7. having a scope not restricted by qualification

전자기학 쓰임말을 알면 물리가 보인다

8. a: not obstructed, restricted, or impeded

   b: not being used or occupied

   c: not hampered or restricted in its normal operation

9. a: not fastened

   b: not confined to a particular position or place

   c: capable of moving or turning in any direction

   d: performed without apparatus

   e: done with artificial aids (such as pitons) used only for protection against falling and not for support

10. a: not parsimonious

    b: OUTSPOKEN

    c: availing oneself of something without stint

    d: FRANK, OPEN

    e: overly familiar or forward in action or attitude

    f: LICENTIOUS

11. a (1): not united with, attached to, combined with, or mixed with something else : SEPARATE

    (2): FREESTANDING

    b: chemically uncombined

    c: not permanently attached but able to move about

    d: capable of being used alone as a meaningful linguistic form

12. a: not literal or exact

    b: not restricted by or conforming to conventional forms

13. FAVORABLE —used of a wind blowing from a direction more than six points from dead ahead

14. not allowing slavery

15. open to all comers

자유전자에서 '자유'의 뜻은 한글사전 설명의 1번과 가깝다. 영어사전에서는 11c 항목이 적합하다. 그런데 이 자유라는 낱말은 물리학 쓰임말에 매우 자주 쓰이는데, 그 일반적인 뜻을 생각해 보자. 영어에서 free는 영어사전

의 설명 항목에서 볼 수 있듯이 매우 다양하게 쓰인다. 여러 가지 뜻 중에서, 물리학에서 free를 쓸 때는 어떤 뜻을 가질까? 11b 나 11c처럼 무엇엔가 영구적으로 붙어있지 않다는 뜻은 '자유전자', 화학에서 쓰는 '자유산소(free oxygen)' 등에는 적합하지만, '자유낙하(free fall)'의 자유는 중력 이외의 힘은 없다는 뜻이다. 곧, 영어의 '무료(free of charge)'에 가깝다. 열물리학이나 화학에서 중요하게 쓰이는 '자유에너지(free energy)[38]'도 있다. 이때 자유는 '쓸모 있는'에 가깝다. 물리학에서 자유의 뜻은 뒤에 붙는 물리량에 따라 약간씩 다른 뜻을 가지지만, 대체로 '무엇에 영구히 붙잡히지 않'거나, '특정한 속박을 제외하고는 다른 속박은 하나도 받지 않'거나, '어떤 물리적 비용이 필요 없는' 경우들이다. 따라서 뒤에 붙는 물리량이 무엇인지 살펴야 그 뜻을 제대로 알 수 있다.

자유전자에 대해 구체적으로 알아보자. 도대체 자유전자란 무엇인가? 전자는 원자를 구성하는 기본요소이다. 질량은 양성자의 약 1/1,835이며, 음의 전하를 띠고 있다. 원자핵은 거의 같은 수의 양성자와 중성자로 이루어져 있으며 원자 하나의 질량은 원자핵의 질량이라 해도 지나치지 않다. 그런데 원자핵을 점이라 하여도 괜찮을 정도로 원자 전체에서 차지하는 부피가 매우 미미하다. 비유를 들자면 원자가 축구장만 하다면 원자핵은 좁쌀만 하다. 원자의 나머지 공간은 비어 있다고 해도 무방하다. 왜냐하면 원자핵보다 훨씬 작은 질량을 갖는 전자 자체가 차지하는 부피 역시 매우 작을 것이기 때문이다.

그런데도 우리는 원자가 속이 꽉 찬, 단단한 것으로 알고 있다. 어떻게 이런 일이 가능할까? 원자핵 주위에 있는 전자는 사실 원자의 어느 특정 지점에 있다고 꼭 집어 말하기 어렵고, 여기에도 있고, 저기에도 있다고 해야 한다. 이것을 이해하려면 양자역학이라는 아무도 이해하지 못한다는 물리학 지식이 필요하므로 여기서는 더 따지지 말자. 그래서 양자역학에서는

전자기학 쓰임말을 알면 물리가 보인다

전자가 '여기에 있다'거나 '저기에 있다'고 말할 수 없으므로, 마치 전자가 원자 안에서는 구름처럼 퍼져 있다고 생각하여, 전자구름(electron cloud)이라고 한다. 다만, 원자가 다른 원자에 다가가면 원자핵 바깥에 있는 전자끼리 밀힘이 작용하여 너무 가까워지거나, 이 전자구름이 겹치는 것을 잘 허용하지 않는다는 정도로만 알고 있어도 여기서는 충분하다. 서로 다른 두 원자의 전자구름끼리 겹치는 것을 잘 허용하지 않는 것을 우리는 원자의 속이 꽉 차 있다고 '관찰'한다.

수소를 제외하고는 중성인 원자에는 여러 개의 전자가 있다. 그런데 원자 안의 원자핵과 전자 사이에는 끌힘이 작용하므로, 이 전자 중에 어떤 전자는 원자핵 가까이에 꽉 잡혀있고, 다른 원자는 느슨하게 잡혀있다. 비유를 대자면, 마치 태양 주위를 떠돌이별인 지구나 금성 등이 공전하는 것을 생각하면 쉽게 이해할 수 있다. 이런 모형을 원자의 '태양계 모형'이라 하는데, 지금은 잘못된 모형으로 버려졌다. 그러나 임시로 자유전자에 대한 설명에는 편리한 점이 있으므로 이용하려 한다. 태양 주위에 가장 가까이 있는 떠돌이별인 수성이 태양으로부터 받는 끌힘이 가장 클 것으로 생각하지만, 질량이 작아서 태양이 지구를 끄는 힘의 40% 정도밖에 되지 않는다. 가장 큰 떠돌이별인 목성이 받는 끌힘은 태양이 지구를 끄는 힘의 약 12배 정도 된다. 하지만 떠돌이별들의 질량이 모두 같다면 당연히 수성이 가장 큰 끌힘을 받을 것이다. 수성이 태양에 가장 단단히 묶여 있고, 해왕성이 가장 느슨하게 묶여 있다. 만일 태양계에서 이 떠돌이별 중에 어느 하나를 떼어 내려 한다면, 당연히 해왕성을 떼어 내는 것이 가장 쉬울 것이다. 이같이 전자들이 태양계의 떠돌이별처럼 궤도를 돌고 있다면,[39] 원자핵 주변에 있는 전자 중에 해왕성처럼 원자핵에 느슨하게 묶여 있어서 약간의 충격에도 쉽게 원자핵의 속박에서 벗어날 수 있는 전자가 있다. 이제 원자에 적당한 충격을 주어 이 전자를 원자핵의 속박에서 벗어나게 했다고 하자. 이렇게 전자를 원자로부터 하나 떼어 내는 데 드는 에너지를 이온화에너지라고 한다. 주기율표의 왼쪽에 있는 1–2족 원소들이 작은 이온화에너지를 갖는다. 1–2족 원소들은 수소를 빼고는 모두 금속이며, 원자핵의 속박에서 전자가 쉽게 벗어날 수 있는 전자를 가지고 있다.

그런데 덩어리 형태의 금속이나 적절한 불순물이 많이 들어 있는 반도체[40] 안에서는 바로 이 원자핵의 속박에서 벗어난 전자들이 많은데, 이들은 원래 자신이 속했던 원자핵의 끌힘에서도 벗어났고, 다른 원자에 속해있는 원자핵이나 전자의 영향도 거의 받지 않아 비교적 자유롭게 물체 안을 돌아다닐 수 있다. 이렇게 특정 원자의 속박에서 벗어나 비교적 자유롭게 물체 안을 돌아다닐 수 있는 전자를 자유전자라 한다. 금속은 이러한 자유전자를 풍부히 가지고 있어 전류를 잘 흐르게 할 수 있다.

어떤 금속 덩어리에 외부에서 걸어 준 전기마당이 없을 때 자유전자들의 단체운동을 평균 내면 정지해 있는 것으로 보인다. 곧 전류가 흐르지 않는다. 그런데 금속에 전기마당을 걸어주면 자유전자들이 전기마당이 없을 때의 단체운동과는 다른 단체운동을 하는데, 이 단체운동을 평균 내면 전류가 된다.

❌ 오개념

흔히 '자유전자'라고 하면 아무런 제약을 받지 않는 전자를 일컫는다고 생각하여 전자 하나가 다른 물질로부터 동떨어져 있으면 자유전자라고 생각한다. 그러나 자유전자는 물질 안에서 다른 전하들과의 서로작용 때문에 자신에게 작용하는, 모든 전자기력이 서로 상쇄되어 마치 아무런 전자기력을 받지 않는 것처럼 행동하는 전자를 일컫는 것이므로 독립된 전자 하나를 자유전자라고 하지 않는다. 그리고 전자선(electron beam)은 전자로만 이루어져 있으니 전자선을 이루는 전자는 자유전자라고 생각하는데, 마찬가지이다. 전자선을 이루는 전자 사이에는 밀힘이 작용하여 전자선의 굵기는 점점 굵어진다. 따라서 아무런 힘을 받지 않는 '자유'전자일 수는 없다.

전자기학 쓰임말을 알면 물리가 보인다

실제로는 어떠한 형태이든 전하수송체가 충분히 있다면 모두 도체가 될 수 있으며, 이 전하수송체의 움직임이 전류인데, 여기서는 자유전자를 전하수송체로 생각한다. 전하가 움직이려면 공간이 필요한데, 전류를 정의하기 위해서 어떤 단면을 전하가 지나가는 상황을 고려해야 한다. 예를 들어, 전선이 있다면, 전선의 단면을 생각하자. 전류는 단위 시간 동안 이 단면을 지나가는 전하의 양으로 정의된다. 단위는 암페어법칙으로 유명한 프랑스의 물리학자 앙페르(Ampere)의 이름을 따서 영어 대문자 A를 쓰고 암페어라고 읽는다. 1A의 전류는 1초 동안 1C(쿨롱)의 전하가 어떤 단면을 지나가는 것을 뜻한다. 그래서 $A = \dfrac{C}{s}$ 또는 암페어 $= \left(\dfrac{쿨롱}{초} \right)$의 관계가 성립한다. 1A의 전류는 휴대전화나 컴퓨터에서 쓰이는 전류에 비하면 매우 큰 전류이지만, 가정용 전열기에 흐르는 전류가 수 A이다. 1A의 전류는 어느 단면을 전자 6.24×10^{18}개가 1초에 지나가는 양이다. 10^{18}이면 1억(10^8)이 100억(10^{10}) 개 있는 것이니 매우 큰 수이다.

이론적으로 자유전자는 말 그대로 *자유로우므로* 외부에서 전기마당을 걸어주면 가속된다.[4] 가속도의 방향은 당연히 전기마당의 방향이고, 전기마당이 계속 걸려 있다면, 가속이 계속되어 속력이 점점 커지게 된다. 상대성 이론을 무시한다면, 이론적으로 무한대의 속력을 가질 수 있다. 충분한 시간동안 전기마당을 걸어주면 물체 안에 있는 모든 자유전자의 속력이 매우 커질 것이다. 만일 모든 전하수송체가 무한대의 속력을 가지고 있다면 전류는 얼마가 돼야 하는가? 당연히 무한대이다. 그러나 우리는 절대로 무한대의 전류를 만들 수 없다. 그리고 도선에 전기마당을 아주 오랫동안 걸어주어도 전류는 어떤 값 이상으로 크게 흐르지 않는다. 왜? 자세한 설명은 '저항'에 대한 설명에서 나오니, 여기서는 그냥 전하수송체의 속력은 평균적으로 전기마당에 비례하여 유한한 값을 가진다는 정도만 알고 있어도 충분하다. 만일 이 평균속력을 알고 있다면, 전류를 조금 더 자세하게 알아볼 수 있다.

전하수송체의 전하량을 q, 전하수송체의 평균속력을 v_D, 단면의 넓이를 A, 그리고 전하수송체의 밀도[42]를 n이라 하면, 전류 I는

$$I = nqv_D A$$

가 된다. 평균속력에 붙는 아래첨자 D는 영어 낱말 drift의 머리글자이다. 영어 낱말 drift는 우리말로 '표류'이다. 표류란, 예를 들어 바다에 떠 있는 물체를 짧은 시간 안에서 보면 마치 제멋대로 움직이는 것 같지만 긴 시간으로 보면 바닷물의 영향 때문에 특정 방향으로 이동하는 것을 뜻한다. 전류도 전하수송체가 마치 표류하듯 흐른다는 것이다. 그래서 이 평균속력은 유동속도(流動速度, drift velocity)라는 이름을 가지고 있다. 여기서 유동속력이 아니라 유동속도라 하는 데는 특별한 이유가 있다. 실제로 전류는 크기와 방향을 모두 갖는 벡터양으로 그 방향은 유동속도와 같기 때문이다. 다만 실용적인 이유로 많은 경우 스칼라양처럼 취급한다. 전선에 전류가 흐르면, 전류는 당연히 전선을 따라 흐르므로 굳이 방향을 자세하게 제시하지 않아도 된다. 그러나 적어도 전류가 전선을 따라 어느 방향으로 흐르는지, 동서로 놓인 전선에 흐르는 전류가 동쪽으로 흐르는지, 서쪽으로 흐르는지는 알아야 한다. 그리고 수학적으로는 부호를 붙여 동서 방향을 나타낼 수 있다. 그리고 유동속도의 크기는 전기마당의 세기에 비례한다.

전류를 더 자세히 알려면 나중에 설명하는 '저항'을 알아야 하니, 여기서는 유동속도에 대해서 한 가지만 알아보자. 가정용 구리 전선에 1A의 전류가 흐르고 있다. 이때의 유동속도를 구해보자. 가정용 구리 전선의 지름은 보통 1mm 내외이다. 편의상 단면의 넓이가 1mm²라 하자. 구리는 보통 원자 하나당 자유전자를 하나씩 내놓는다. 따라서 구리 1mm³에는 대략 10^{20}개의 자유전자가 있다. 위의 식 $I = nqv_D A$로부터 유동속도는 $v_D =$

보충 설명

전류가

$$I = nqv_\mathrm{D}A$$

가 되는 이유를 따져 보자. 어떤 시간 t 동안 넓이가 A인 단면을 지나가는 전하의 양을 Q라 하면, 전류는 $I=Q/t$가 된다. 이때 전하 Q를 알기 위해서는, 이 단면을 시간 t 동안 지나가는 전하수송체의 개수를 알면 된다. 어느 순간 이 단면을 지나간 전하수송체의 궤적을 계속 추적하여 뭉뚱그려 보면 하나의 관이 된다. 편의상 단면이 원이라 하고, 짧은 시간 동안에는 전하수송체가 등속직선운동 한다고 가정하자. 그러면 시간 t 동안 이 단면을 지나간 전하수송체는 모두 짧은 원통 안에 있을 것이다. 이 짧은 원통 안에 원래 있던 전하수송체의 개수와 시간 t 동안 단면을 지나간 전하수송체의 개수가 같다는 것만 이해하면 된다. 이 짧은 원통 안에 있는 전하수송체의 개수(N)는 이 짧은 원통 부피(V)에 전하수송체 밀도를 곱하면 된다. 곧, $N=nV$이다. 전하수송체의 개수에 각각의 전하량 (q)을 곱하면 총 전하량 $Q=Nq$가 된다. 이 짧은 관의 부피를 구하려면 단면의 넓이(A)를 알고 있으므로 길이만 알면 된다. 길이는 (속도×시간=v_D×t)이다. 그러므로 $V=Av_\mathrm{D}t$가 된다. 따라서

$$I = \frac{Q}{t} = \frac{Nq}{t} = \frac{qnV}{t} = \frac{qnAv_\mathrm{D}t}{t} = nqv_\mathrm{D}A$$

가 된다.

오개념

어떤 회로를 전지에 연결하면, 전지의 음극을 떠난 자유전자가 회로를 한 바퀴 돌아 제자리로 돌아온다고 생각한다. 전혀 틀린 말은 아니지만, 스마트폰의 한 회로를 어느 한 전자가 실제로 한 바퀴 돌려면 수십 시간이 걸린다. 더욱이 교류가 흐르고 있다면, 일정한 시간 간격을 두고 전류의 방향이 바뀌므로, 긴 시간을 두고 보면 자유전자는 제자리에서 단 한 걸음도 움직이지 않은 셈이다.

$\dfrac{I}{nqA}$이니, $v_\mathrm{D} \cong 0.0625 \dfrac{\mathrm{mm}}{\mathrm{초}}$이 된다. 초속 0.063 밀리미터이니 달팽이보다 빠를까? 1A의 전류가 작은 전류가 아니다. 실제 스마트폰에 흐르는 전류는

수 mA 정도이니 유동속도는 더 작아진다. 도선에서 자유전자는 평균적으로 보면 매우 느리게 움직인다는 것이다. 이렇게 작은 유동속도가 일으킬 수 있는 문제에 대해 나중에 전기저항을 다루는 설명에서 다시 나온다.

2. 전류를 만드는 장치

전류를 공급하는 장치를 전원[43] 또는 전원장치라 하는데 전원에는 발전기와 전지가 있다. 전원장치에는 전력을 공급하기 위해 두 개의 전극[44]이 있다. 흔히 양극과 음극이라 부른다. 보통 전극은 전류를 잘 흐르게 하는 도체로 만드는데, 음극은 전류를 공급받는 기기에 자유전자를 내주고, 양극은 전류를 공급받는 기기에서 자유전자를 받아들인다. 자유전자가 음극에서 흘러나와 전기·전자기기를 작동시키고 양극으로 흘러들지만, 전류의 방향은 양의 전하가 움직이는 방향이니 전류는 전원의 양극에서 흘러나와 다시

 오개념

오개념이라기보다 쓰임말의 문제이다. 전극, 양극 또는 음극 등에 쓰이는 '극'이라는 쓰임말은 두 가지 뜻이 있다. 영어로는 다른 쓰임말인 electrode와 pole을 우리말로 번역하면서 같은 낱말인 '극'을 썼기 때문에 생긴 문제이다. 전지를 설명하면서 쓴 '극'은 영어 'electrode'를 번역한 것이다. 원래 양극은 anode를 번역한 것인데, anode가 양(+)의 전극(positive electrode)이므로 '양극'이라 불렀고, 음극은 cathode를 번역한 것인데, cathode가 음(-)의 전극(negative electrode)이므로 '음극'이라 불렀다. 그런데 점전하를 전극이라고도 부른다. electric (mono)pole을 번역한 것이다. 그래서 positive pole이 양극, negative pole이 음극이다. 다행히 나중의 뜻으로 양극과 음극이라는 쓰임말이 잘 쓰이지 않으니, 필자도 되도록 이런 뜻으로 쓰지 않으려 한다. 그러나 자극(磁極, magnetic pole)이라는 쓰임말은 계속 쓰이고 있다.

전자기학 쓰임말을 알면 물리가 보인다

음극으로 돌아오는 것이다. 전원장치는 음극에서 공급하는 자유전자를 만드는 방법에 따라 발전기와 전지로 나뉜다. 음극에 물리·화학적으로 자유전자를 정전하 형태로 가지고 있다가 전극이 연결되면 내보내는 방식의 전원이 전지이고, 발전기는 비유를 대자면 수원지에서 물을 펌프로 밀어 가정의 수도꼭지까지 공급하듯이, 발전소에서 전선을 통해 자유전자를 밀어내는 방식이라고 생각하면 이해하기 쉽다. 하지만 지금 발전소에서 밀어낸 자유전자가 내 컴퓨터에 50년쯤 후에나 도달하려나? 물론 그때까지 내가 컴퓨터를 끄지 않고 있어야 한다. 발전기는 자기(magnetism)를 알아야 이해할 수 있으므로 뒤로 미루고, 여기서는 전지에 대해 알아보자. 그런데 전지는 다시 넓은 뜻의 전지와 좁은 뜻의 전지가 있다. 좁은 뜻의 전지가 바로 우리가 일상생활에서 흔히 쓰고 있는 건전지와 축전지이다. 좁은 뜻의 전지와 축전기를 한데 묶어 말하면 넓은 뜻의 전지가 된다. 우리가 흔히 1차전지, 2차전지 할 때의 전지는 넓은 뜻의 전지이다.

⚡ **건전지(乾電池)**
『화학』 전해액과 화학 물질을 종이나 솜에 흡수시키거나 반죽된 형태로 만들어 유동성 액체를 사용하지 않고 제조한 전지.

⚡ **battery**
1. a: the act of beating someone or something with successive blows :
   b law: an offensive touching or use of force on a person without the person's consent
2. [Middle French batterie, from battre to beat] military
   a: a grouping of artillery pieces for tactical purposes
   b: the guns of a warship
3. military: an artillery unit in the army equivalent to a company
4. a: a combination of apparatus for producing a single electrical effect

---

b: a group of two or more cells connected together to furnish electric current

also : a single cell that furnishes electric current

5. a(1): a number of similar articles, items, or devices arranged, connected, or used together : SET, SERIES

(2): a series of cages or compartments for raising or fattening poultry —often used before another noun

b: a usually impressive or imposing group : ARRAY

6. the position of readiness of a gun for firing

7. baseball: the pitcher and catcher of a team

한글사전에는 전지에 대한 설명 항목이 없고, 건전지와 습전지가 있다. 그래서 여기서는 우리에게 익숙한 건전지 항목을 가져왔다. 그런데 왜 굳이 분야가 『화학』인지 모르겠다. 『물리』나 『전기·전자』도 가능하다. 전지를 만들려면 전해액이 있어야 하는데, 이 전해액을 종이 등에 흡수시켜 마치 습기가 없는 것처럼 만든 것이 우리가 흔히 쓰는 건전지이고, 이 전해액이 액체 상태로 있는 전지를 습전지라 한다. 자동차에 쓰이는 납산축전지[45]가 대표적인 습전지이다. 영어사전의 설명 항목 4가 물리학에서 말하는 전지에 해당한다.

전지의 한자어는 電池이다. '池'자가 연못을 뜻하니, 영어의 battery를 처음 전지라 번역한 사람은 전지가 무슨 전하를 담아 놓는 그릇(연못)이라고 생각한 것 같다. 완전히 잘못된 생각은 아니지만, 엄밀하게 말하면 틀린 말이다. 전하는 물질이 아니라 성질이기 때문에 담아 놓을 수는 없다. 그러나 전하수송체를 담아 놓은 그릇이라고 생각하는 것이 편하다. 그럼 물리학에서 말하는 전지란 무엇인가? 좁은 뜻의 전지는 화학적으로 자유전자를 생산하여 전지의 음극에 저장하고 있다가, 전지의 전극이 외부 전기·전자제품에 연결되면 이 자유전자를 방출하고, 양극으로는 외부 기기로부터 자유전자를 받아들인다. 내보내는 자유전자의 양과 받아들이는 자유전자의 양이 같으니, 전지 안의 알짜전하는 언제나 0이다. 전지는 1차전지와 2차전지로 나누는데, 쉽게 말해 우리가 가정에서 쓰는 건전지는 1차전지이고, 다시 충전해서 쓸 수 있는 전지 곧 축전지가 2차전지이다. 1차전지는 한 번 쓰면 다시 쓸 수 없으니 버려야 한다. 2차전지는 충전하여 재사용이 가능한데, 축전지[46] 또는 충전지라고도 부른다. 2차전지에서 사용 중에 일어나는 화학반응과 충전 시에 일어나는 화학반응은 서로 역반응이다.

3. 축전기

⚡ **축전기(蓄電器)**
『전기·전자』 많은 양의 전기를 모으는 장치. 레이던병, 가변 축전기 따위가 있다. ≒커패시터, 콘덴서.

⚡ **capacitor**
a device that is used to store electrical energy

앞에 설명한 축전지와 구분해야 한다. 한글사전에서는 축전기를 '전기를 모으는 장치'라 하였는데, '전기'가 아니라 '전하를 띤 알갱이'여야 한다. 그리고 '많은 양'이라 하였는데 도대체 얼마나 많아야 '많은 양'인가? 축전기가 반드시 많은 양의 전하를 모아야 하는 것은 아니다. 아무리 작더라도 0이 아닌 크기의 전하를 가질 수 있으면 축전기이다. 그리고 축전기는 전하를 '모으는' 장치가 아니다. 비슷한 말로 콘덴서(condenser)라 하였는데 지금은 쓰지 않는 쓰임말이다. 전기를 연구하던 초기에는 전하를 유체로 취급하였는데, 대전 현상을 마치 수증기가 응결하여 물이 되듯이 축전기 안에서 전하가 '응축'하는 것으로 생각하여 이런 이름을 붙인 것이다. 개념적으로 옳은 것은 아니지만, 전하를 저장하는 것이 물질 안의 전하 균형이 깨져서 나타나는 현상이라는 것을 잘 이해하기 어려우면 이러한 방법으로 설명하여 이해시키는 방법도 있다. 물리학에서 더는 콘덴서라는 쓰임말을 쓰지 않는다. 영어사전에는 전기에너지를 '담아 놓는' 장치라 하였는데, 에너지는 '담을 수 있는' 물질이 아니다. 정확하게 말하면, 고립된 물체를 알짜전하로 대전시켜 계속 유지할 수 있다면 이 고립된 물체가 바로 축전기이다.

앞에서 극단적으로 말해 알짜전하를 띤 물체가 있다면 그것이 축전기라 하였다. 전하를 저장하는 기기이기 때문이다. 그러나 우리가 실제로 쓰는 축전기는 두 개의 도체 평면판을 마주보게 놓아 만든다. 이를 가리켜 평행판축전기라 부른다. 이 평행판축전기에 저장할 수 있는 알짜전하의 양을 결정하는 변수는 여러 가지인데 나중에 자세히 다룬다. 다만, 이 축전기를 전류 장치로 쓸 수 있다는 것을 밝혀둔다. 평행판축전기의 두 도체판에 서로 다른 알짜전하를 대전시켰다가 마치 전지처럼 쓸 수 있다. 꽤 최근까지도 이렇게 축전기를 전류 장치로 쓰는 것이 매우 제한적이었는데, 소위 수퍼캐패시터

 보충 설명

전지와 축전기의 차이

1. 전지는 내부의 알짜전하가 없으나, 화학적 방법으로 자유전자를 생산하여 전지의 음극을 통해 밖으로 내보낸다. 축전기는 두 개의 금속판에 알짜전하를 외부에서 공급하여 보관하고 있다가 축전기를 외부 기기에 연결하면 이 알짜전하를 내보낸다. 충전되어 있을 때, 축전기의 음극판에는 자유전자가 남아돌고, 양극판에는 자유전자가 모자란다.

2. 전지는 내부도 전기적으로 끊김 없이 연결되어 있지만, 축전기의 두 금속판은 내부에서 전기적으로 끊겨 있다.

전자기학 쓰임말을 알면 물리가 보인다

라는 것이 나오면서 안정적인 전류 장치로 쓸 수 있는 것이 입증되었다.

4. 직류와 교류

전선 또는 도선을 타고 흐르는 전류는 흐르는 방식에 따라 직류와 교류로 나뉜다. 직류[47]는 시간이 흐름에 따라 전류의 방향과 크기가 변하지 않는 전류를 일컫는다. 우리가 건전지를 이용하여 손전등을 켜고 있다면, 이때 흐르는 전류는 직류이다. 교류[48]는 시간이 흐름에 따라 전류의 방향과 크기가 주기적으로 바뀌는 전류를 일컫는다. 여기서 전류는, 마치 수도관을 따라 물이 흐르는 것처럼, 전선을 따라 부드럽게 흐르는 것으로 생각한다. 그리고 방향을 바꾼다는 뜻은 전선을 따라 전류가 어느 한 방향으로 흐르다가 방향을 바꾸어 그 반대 방향으로 흐르는 것을 가리킨다. 따라서 전류의 방향은 +와 −의 부호로 나타낸다.

　우리가 가정에서 사용하는 전기는 교류이다. 가장 단순한 교류는 전류의 크기와 방향을 주기적으로 바꾸어야 하고, 이때 전류의 크기와 방향을 수학적으로 나타내면 사인함수[49]가 된다. 이때 한번 방향을 바꾼 뒤, 전류가 다시 원래의 방향과 크기로 되돌아오는 데 걸린 시간을 주기[50]라고 한다. 가정에서 사용하는 교류전기는 1초에 60번 방향을 바꾼다. 따라서 주기는 1/60초이다. 여기서 60을 가리켜 진동수[51]라 하고, 단위로는 Hz(헤르츠)이다. 그러나 실제 전류는 이렇게 순수한 단일 사인함수로 나타낼 수 있지 않고, 여러 개의 진동수를 갖는 사인함수들의 합으로 나타내기도 한다. 심지어는 직류와 교류가 섞여 있어서 때로는 전류가 전선을 따라 흐르는 방향에는 변함이 없지만, 크기가 계속해서 바뀌는 전류도 있는데 이를 맥류(脈流, pulsating current)라고 부른다.

5. 저항

● 저항(抵抗)

1. 어떤 힘이나 조건에 굽히지 아니하고 거역하거나 버팀.

2. 『경제』 주가의 오름세가 매도 세력에 의하여 견제되거나 멈추는 일.

3. 『물리』 물체의 운동 방향과 반대 방향으로 작용하는 힘.

4. 『전기·전자』 필요한 전기 저항을 얻기 위한 기구나 부품. 세라믹 몸체에 탄소 피막(被膜)을 입힌 피막 저항기, 저항선을 감은 권선 저항기, 저항값을 바꿀 수 있는 가변 저항기 따위가 있다. =저항기.

5. 『전기·전자』 도체에 전류가 흐르는 것을 방해하는 작용. 전압을 전류로 나눈 값으로 나타낸다. 단위는 옴(Ω). =전기저항.

6. 『심리』 정신 분석학에서, 환자의 무의식 속에 억압되어 있는 것이 의식으로 떠오르는 것을 거부하려고 하는 경향.

● resistance

1. a : an act or instance of resisting : OPPOSITION

  b: a means of resisting

2. the power or capacity to resist: such as

  a: the inherent ability of an organism to resist harmful influences (such as disease, toxic agents, or infection)

  b: the capacity of a species or strain of microorganism to survive exposure to a toxic agent (such as a drug) formerly effective against it

3. an opposing or retarding force

4 a: the opposition offered by a body or substance to the passage through it of a steady electric current

  b: a source of resistance

5. a psychological defense mechanism wherein a patient rejects, denies, or otherwise opposes the therapeutic efforts of a psychotherapist

6. often capitalized: an underground organization of a conquered or nearly conquered country engaging in sabotage and secret operations against occupation forces and collaborators

전자기학 쓰임말을 알면 물리가 보인다

저항이라는 물리학 쓰임말은 쓰이는 분야에 따라 두 가지 뜻이 있다. 물체의 운동 상태를 바꾸는 힘으로 쓰일 때는 한글사전의 설명 항목 「3」이나 영어사전 설명 항목 3번이 그것인데, 대체로 '공기의 저항'처럼 앞에 뜻을 분명히 밝히는 꾸밈말을 붙여 쓰는 것이 더 적절하다. 흔히 '저항력'이라는 쓰임말도 있는데, 필자의 생각으로는 굳이 필요하지 않다. 전기분야에서 쓰는 저항은 한글사전의 설명 항목 「5」 또는 영어사전 설명 항목 4a가 그것이다. 전기분야에서 쓰이는 저항이라는 것을 분명히 나타내기 위해 '전기저항'이라고 말하기도 한다.

전자기학 분야에서 쓰는 '저항'도 두 가지 뜻이 있다. 우선 한글사전 「5」에 설명한 전기저항에 대해 알아보자. 흔히 일상생활에서 쓰는 저항이라는 낱말의 뜻이 '어떤 힘이나 조건에 굽히지 아니하고 거역하거나 버티'는 것을 나타내므로, 물체 안에서 전하 수송체가 움직일 때, 이 움직임을 방해하는 정도를 나타내는 물리량이 전기저항이라고 알고 있다. 완전히 틀린 말은 아니지만, 꼭 '방해'하는 것만을 가리키는 것은 아니다. 저항이 물리적으로 갖는 뜻을 정확히 알려면, 먼저 전압 또는 기전력이라는 쓰임말과 전류가 미시적으로 어떻게 생성되는지 이해해야 한다. 이때 쓰는 '저항'은 수량화할 수 있는 물리량이다. 이 책에서는 '저항'이라는 낱말 앞에 '공기의 저항'에서 '공기의'와 같은 꾸밈말이 없으면 전기저항을 뜻한다.

저항의 또 다른 뜻은 한글사전 「4」에 설명한 전기 또는 전기·전자제품에 들어가는 부품의 이름이 그것이다. 전기 또는 전기·전자제품을 만들다 보면, 그 제품이 우리가 원하는 성능을 내게 하려면 전류가 흐르는 도선 중간에 특정한 저항값을 가지는 소자를 추가해야 하는 경우가 있다. 이때 추가하는 소자의 이름이 저항이다. 앞으로 이 책에서는 물리량인 (전기)저항과 구분하기

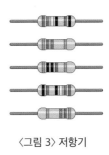

〈그림 3〉 저항기

위해 '저항기'라는 말을 쓰기로 하자. 〈그림 3〉에 전기소자인 저항기를 볼 수 있다.[52]

6. 미시적 관점에서의 전류

도체 안에서 자유전자는 자유롭게 움직일 수 있고, 이 자유전자에 전기마당을 걸어주면 가속된다. 그런데 전기마당을 계속해서 걸어주어도 속력이 무한히 늘어나 전류가 무한대가 될 수는 없다고 앞에서 설명하였다. 아인슈타인의 상대성 이론을 아시는 분은 물체의 속력이 아무리 커도 빛의 속도보다는 작아서 그렇다고 하시겠지만, 이것이 도체에서 전류가 무한대가 될 수 없는 이유는 아니다. 더욱이 앞에서 구한 유동속도는 달팽이가 기어

보충 설명

다음 문장을 살펴보자.

저항 R인 **저항**이 회로에 연결되어 있다.

이런 표현을 물리학 교과서나 전기 및 전자공학 교과서에서 흔히 볼 수 있다. 여러분은 **저항**과 **저항**이 다른 뜻을 지닌다고 알고 있는가? 앞의 저항은 물리량으로서의 저항 곧 전기저항이고, 뒤의 **저항**은 저항을 가진 부품 또는 소자 곧 저항기를 가리킨다. 다시 정확하게 써보자.

저항값이 R인 **저항기**가 회로에 연결되어 있다.

이 둘을 구분하지 않고 관습적으로 그냥 써도 여러분은 무엇이 무엇인지 구분할 줄 알아야 한다. 그런데 이것을 영어로 나타내면 이러한 혼란은 일어나지 않는다.

A resistor with resistance R is connected to an electric circuit.

영어로는 **저항**(resistance)과 **저항**(resistor)이 분명하게 구분되지만, 우리말로 번역하면 이러한 구분이 사라져버린다.

전자기학 쓰임말을 알면 물리가 보인다

가는 속력에도 훨씬 미치지 못하니 상대성 이론 운운할 필요도 없다.

우선 전류가 0인 경우부터 알아보자. 전류가 0이라는 말은, 전하가 흐르지 않는다는 뜻이니, 물체를 이루는 양성자와 전자가 모두 자신의 위치에서 움직이지 않고 정지해 있다는 말인가? 그렇지는 않다. 실제로 미시적인 세계에서 알갱이의 운동을 자세히 들여다볼 수 있다면, 전하, 정확하게 말하면 전하를 띤 알갱이들이 한곳에 가만히 정지해 있는 것은 불가능하다. 양자역학에 따르면, 현실 세계에서 가장 온도가 낮은 절대 0도가 되어도, 모든 알갱이는 어느 정도의 운동에너지를 가지고 비김점 또는 평형점이라 불리는 위치를 중심으로 진동하고 있다. 그렇다면 전하가 계속 움직이고 있는데 어떻게 전류가 0이 될 수 있나?

이 현상을 이해하려면 바람이나 수도관을 타고 흐르는 수돗물을 비유적으로 생각해 보면 바로 알 수 있다. 수도꼭지를 잠그면 당연히 수도꼭지 밖으로 물은 나오지 않는다. 그렇다면 수도관의 수도꼭지 안에 있는 물은 정지해 있나? 수도꼭지 안의 물을 미시적으로 들여다보면, 모든 물 분자가 가만히 정지해 있는 것이 아니라 매우 활발히 움직이고 있다. 그러나 우리는 '이 물이 흐르지 않고 정지해 있다'고 생각한다. 방 안의 공기 분자 역시 마찬가지이다. 바람이 불지 않으면 우리는 공기 분자가 정지해 있다고 생각한다. 하지만, 실제로는 바람이 없더라도 공기 분자 하나하나는 매우 활발히 움직이고 있다. 이 같은 상황을 가리켜, 미시적으로는 개개의 공기 분자가 움직이고 있지만, 거시적으로는 정지해 있는 것으로 다루어야 한다고 말한다. 여기서 '거시적'의 뜻은 공기 분자들 하나하나를 따로따로 다루는 것이 아니라 전체를 하나의 덩어리로 다루어야 한다는 뜻이다. 이때 공기 분자 개개의 운동을 관찰하면 흔히 말하는 브라운운동을 하고 있다. 브라운운동이란 분자들이 한자리에 가만히 있지 못하고 움직이는데, 다른 분자와 충돌하면서 방향을 바꾸고 에너지를 주고받기도 하므로, 속도의 크기와 방향이 제멋대로 바뀌어 움직이는 현상을 일컫는 말이다.

거시적으로 정지해 있다는 것이 무슨 뜻인가? '거시적 정지'는 '평균적 정지'를 뜻한다. 여기서 말하는 평균의 뜻을 잠깐 살펴보자. 방 안의 공기 분자를 생각해 보자. 어느 순간에 어느 공기 분자 한 개의 질량, 위치, 속도를 알고, 가속도가 그 순간부터 이후로 어떻게 작용하는지 알고 있다면, 우리는 쉽게 그 공기 분자가 어떤 운동을 할지 알 수 있다. 이렇게 방 안 공기 분자 개개의 운동을 모두 안다면 우리는 어떤 일이 벌어질지 쉽게 예측할 수 있다. 그런데 방 안 공기 분자의 개수는 매우 많다. 이렇게 구성 알갱이의 개수가 많으면, 공기 분자 개개의 정보를 알아내기도 어렵지만, 알갱이끼리 서로작용하고 있다면, 개개 분자의 운동을 알아내기는 거의 불가능에 가깝다. 더욱이 우리는 공기 분자 개개의 운동보다는 방 안의 공기를 묶어서 한 덩어리로 보고, 거시적으로 움직이는 것에 관심이 더 있다. 이렇게 구성 알갱이 개개의 운동보다는 덩어리로 운동을 관찰하는 데 필요한 수학적 과정이 평균이다. 조금 더 구체적으로 말하면 구성알갱이의 개수가 무한히 많으면, 전체를 하나의 덩어리로 보고, 이 덩어리가 갖는 물리량을 다루어야 한다. 이 덩어리가 갖는 물리량은 구성알갱이 개개의 물리량을 수학적으로 적절히 처리하여 구해야 하는데, 이 처리 과정을 가리켜 '통계적 처리'라 하고 이 처리 과정을 거쳐 구한 값이 덩어리 전체를 나타내는 값이라 하여 '대푯값'이라 한다. 이 대푯값에는 평균값(mean), 중앙값(median), 그리고 최빈값(mode)이 있는데, 묶어서 3m이라 한다. 이러한 대푯값을 써야 하는 이유는, 우리가 구성 알갱이 개개의 운동을 '모를'뿐더러, '관심도 없기' 때문이다. 대푯값 중에 평균값을 가장 많이 쓰는데, 방 안의 공기 분자 운동의 평균값을 구하는 과정을 조금 더 자세히 살펴보자.

여기 아주 성능이 좋은 사진기가 있다. 이 사진기로는 매 시각 연속적으로 사진을 찍을 수 있으며, 공기 분자 하나하나를 다 찍을 수 있다고 가정

전자기학 쓰임말을 알면 물리가 보인다

하자. 이렇게 찍은 어느 순간의 사진에는 공기 분자 개개의 질량, 속도, 가속도, 위치 같은 정보가 다 나타난다. 이 정보를 이용하여 그 순간에 공기 덩어리가 가진 분자 운동량의 총합을 구할 수 있다. 이 운동량의 총합을 분자 개수로 나누면 공기 덩어리를 이루는 공기 분자의 '운동량 평균' 또는 '평균 운동량'이다. 이 운동량 평균이 0이면 공기 덩어리가 정지해 있다고 판정하는 첫 번째 조건을 만족한 것이다. 공기 덩어리가 정지해 있다고 판정하는 두 번째 조건은, 어느 순간에 운동량 평균이 0이었는데, 다음 순간에도 이 상태를 유지해야 한다는 것이다. 곧, 매 순간 운동량 평균이 0이어야 한다. 바람이 불지 않는 상황이나 수도꼭지를 잠가 수도관의 물이 흐르지 않는 상황이 이에 해당한다. 만일 총운동량을 덩어리의 전체 질량으로 나누면 속도평균[53]을 얻는다. 운동량 평균이 0이라면 속도 평균도 0이므로 덩어리는 정지해 있는 것으로 관찰된다. 전류가 0이 되는 것도 이와 똑같다. 전하가 움직이는 물체 안의 전하수송체를 하나의 덩어리로 보아, 전하수송체 덩어리의 운동량 평균이 0이면 전류 역시 0이 된다. 그런데 공기 분자 하나하나는 매우 활발하게 제멋대로 움직이므로, 운동량 평균이 0인 상태를 유지하려면 공기 분자 사이에 매우 활발히 충돌이 일어나 운동 방향도 바꾸고, 에너지도 주고받아야 한다. 전류를 담당하는 전하수송체에도 같은 일이 벌어진다.

비유적으로 유체역학에서 다루는 유체의 흐름을 이해한다면 전류가 '흐르는' 현상을 쉽게 이해할 수 있으므로, 이제 유체의 '흐름'에 대해 생각해보자. 유체가 흐른다는 것은 덩어리로 본 유체가 0이 아닌 운동량 평균을 가진다는 뜻이다. 따라서 정지해 있던 유체가 '흐르려면' 가속도가 있어야 한다. 그런데 이 유체의 구성 알갱이가 외부와 서로작용하지 않는다면 가속도 평균은 0이다. 가속도 평균을 0이 아니게 하려면 외부로부터 어떤 방식으로든 '힘'을 주어야 한다. 수도관의 경우, 물을 뿜어내는 펌프가 이 힘을 주는 역할을 하거나, 바람의 경우 바람이 불어와서 나가는 두 지점의 기압 차가 그 역할을 한다. 이렇게 유체에 알짜힘이 작용하면 가속도가 생긴다. 정지해 있던 물체에 가속도가 작용하므로 움직이기 시작한다. 압력이나 기압 차가 계속 유지되어서, 가속도의 작용이 끊기지 않는다면, 유체 덩어리는 계속 가속도의 방향으로 속도의 크기가 늘어나야 한다. 그런데 실제 유체의 흐름을 관찰해보면, 가속도가 작용하기 시작하여 일정한 값을 유지하고 있어도, 유체 속도의 크기가 어떤 값에 도달하고 나면 더 늘어나지 않고 일정한 값을 유지한다. 힘이 계속 작용하고 있음에도 속도가 변하지 않으면, 우리가 알고 있는 뉴턴의 제2운동법칙에 어긋날뿐더러, 에너지보존 법칙에도 어긋난다. 힘을 받는 물체가 계속 움직이고 있다면 외부의 힘이 계속 일을 하고 있다. 외부의 힘이 계속 일하고 있다면, 이 유체 덩어리의 운동에너지가 계속 늘어나야 한다. 그러므로 힘을 계속 받아 움직이는 덩어리의 속력이 일정하다면, 외부 힘이 하는 일을 통해 유입되는 에너지는 다른 경로를 통해 외부로 흘러나가야 덩어리 안의 에너지가 일정하게 유지되어 일정한 속도를 유지한다. 이 과정을 조금 더 자세히 들여다보자. 먼저 외부로부터 흘러드는 에너지가 덩어리의 내부에너지로 바뀌는데, 점성 때문에 그리된다고 한다. 외부로부터 흘러든 에너지가 덩어리의 내부에너지로 바뀌는 과정이 열이다. 열이라는 과정을 거쳐 내부에너지가 늘어나면 덩어리 온도가 올라가는데, 덩어리는 외부와 접촉하고 있으면서 열적비김[54] 상태에 있다면 역시 열이라는 과정을 통해 에너지가 밖으로 흘러나간다. 미시적으로는 구성 알갱이들 사이에 충돌이 일어나는데, 이 충돌이 운동에너지가 줄어드는 비탄성충돌이어서, 가속도에 의해 늘어난 운동에너지를 충돌로 잃어버린다. 이런 과정이 모든 구성 알갱이에 일어나는데, 덩어리 전체로 평균을 내면 덩어리 전체의 총운동에너지는 일정하게 유지된다.

전류가 흐를 때 이와 비슷한 일이 벌어진다. 우선 전류가 흐르려면 전하수송체가 어느 정도 자유롭게 물체 안에서 움직일 수 있어야 한다. 전류가 0인 상태에 있는 물체에 전류가 '흐르게' 하려면 외부에서 이 전하수송체에 힘을 주어야 한다. 전하를 띤 알갱이가 *가속되려면* 전기마당을 걸어주어야 한다. 전기마당이 걸리면 운동량 평균이 0인 전하수송체 덩어리가 가속도를 갖게 되므로 움직이기 시작한다. 곧, 전하수송체 덩어리의 속도 평균이 0이 아니다. 계속해서 전기마당이 걸려 있으면 이 속도 평균의 크기가 늘어나는데, 무한정 늘어나지 않고 어떤 일정한 값을 갖게 되면 더는 늘어나지 않는다. 마치 유체의 점성 때문에 계속해서 유체 덩어리에 힘이 작용하여도 속도 평균이 늘지 않고 일정하게 유지되는 것과 마찬가지이다. 전류가 흐르는 물체가 갖는 저항 때문에 전하수송체 덩어리의 속도 평균이 늘어나지 않고 일정하게 유지된다. 이렇게 보면 유체의 점성과 저항기의 저항은 하는 역할이 비슷하다.

유체의 점성과 저항기의 저항에는 한 가지 중요한 다른 점이 있다. 유체의 점성은 유체를 구성하는 알갱이들 사이의 비탄성충돌 때문에 외부 힘에 의해 늘어나는 구성 알갱이의 운동에너지가 유체 덩어리의 내부에너지로 바뀌는데, 저항기의 저항은 전하수송체 사이의 충돌로 생기는 것이 아니다. 전하수송체 사이의 충돌 효과가 전혀 없다고 말할 수는 없지만, 그 효과는 매우 미미하여서 무시해도 좋다. 그렇다면 전기마당에 의해 전하수송체에 공급되는 운동에너지는 어떤 경로를 통해 물체의 내부에너지로 바뀌는가? 우리가 흔히 가정에서 쓰는 구리 전선을 생각해 보자. 구리 전선 안에는 매우 많은 수의 자유전자들이 있어 전하수송체 역할을 한다. 이 자유전자는 구리 전선을 만드는 구리 원자에서 떨어져 나온 것인데, 구리 원자는 자유전자를 하나 내어 주고, +1가 양이온으로 바뀐다. 따라서 이 양이온과 자유전자 사이에는 끌힘이 작용하므로 자유전자의 '자유로운' 흐름을 방해할 것으로 생각하지만, 양이온 개수 역시 매우 많다 보니 하나의 자유전자에 양이온이 작용하는 끌힘 역시 사방으로 무한히 많다. 이 끌힘 중 하나를 선택하면, 반드시 이 힘과 반대 방향의 다른 끌힘이 있어, 무수히 많은 끌힘들은 서로 상쇄되어, 하나의 자유전자에 걸리는 알짜힘은 '효과적'[55]으로 0이 된다. 이 말은 양이온의 존재가 자유전자의 운동을 방해하지 않는다는 뜻이다. 특히 구리 전선 안의 구리 원자들은 그 배열이 규칙적인 결정체를 이루는데, 이 결정체가 완벽하고, 크기가 무한하면 저항을 갖지 못한다는 것이 양자역학적으로 밝혀졌다.

그렇다면 무엇이 저항의 근원인가? 점성과 같이 자유전자의 운동에너지를 전선의 내부에너지로 바꾸려면 어떤 방식으로든 비탄성충돌을 통해 자유전자가 전기마당으로부터 얻은 운동에너지를 잃어버려야 한다. 저항 때문에 전하수송체의 운동에너지가 물체의 내부에너지로 바뀌는 현상을 가리켜 주울열(Joule heat)라 한다. 과연 무엇과의 충돌로 운동에너지를 잃을까? 그것은 결정체의 완결성을 깨뜨리는 것이다. 결정체의 완결성이 깨진 곳과 자유전자가 충돌하는데, 이 충돌은 비탄성 충돌이다. 결정체의 완결성을 깨뜨리는 방법에는 다음 두 가지가 있다.

❶ 결정체를 이루는 원자의 떨림

결정체란 원자들이 주기적, 또는 규칙적으로 배열된 물체를 가리킨다. 만일 도체를 이루는 원자들이 이렇게 완벽하게 결정체를 이루고 있다면 저항은 0이다. 하지만 실제로는 원자가 한 점에 고정된 것은 아니다. 결정체를 이루는 원자들은 비김점이라 불리는 점을 중심으로 진동, 곧 떨고 있다. 결정체란 이 비김점들이 주기적으로 배열되어 있다는 뜻이지, 원자들이 이 비김점에 고정된 것이 아니다. 원자의 떨림이 저항의 근원인 비탄성 충돌이라는 것을 제대로 알려면, 매우 복잡한 양자역학적 설명이 필요하지만, 여기서는 간단히 원자들의 주기적 배열이 깨져, 양이온과 전자 사이의 끌

전자기학 쓰임말을 알면 물리가 보인다

힘이 상쇄되지 못하고 알짜힘을 낸다고 생각하면 이해하기 쉽다. 이 알짜힘이 매우 제멋대로여서 마치 비탄성충돌을 일으키는 것처럼 관찰된다. 이 떨림이 저항의 근원이라는 것은, 도체 온도가 올라가면 저항이 늘어나는 것으로 알 수 있다. 결정체 온도를 올리면 원자의 떨림도 강해지는데, 강해진 떨림은 더 효과적인 비탄성충돌을 일으켜 저항을 늘게 만든다. 도체에 전류가 흐르면 주울열 현상에 의해 전기에너지가 도체의 내부에너지로 바뀌어 도체 온도가 올라간다. 구리 전선에 적당히 큰 전류를 흘리면, 전선 온도가 올라가는 것을 쉽게 관찰할 수 있다. 그런데 도체 온도가 올라가면 주변과의 온도 차에 의해 도체 밖으로 에너지가 흘러나간다. 온도 차이가 적절하면, 전기마당에 의해 공급되는 에너지, 곧 도체 안으로 공급되는 에너지와 온도 차에 의해 도체 밖으로 나가는 에너지의 양이 같아져 도체 안의 에너지가 일정하게 유지된다. 그러면 더는 도체 온도가 올라가지 않는다. 모든 전열기는 바로 이런 현상을 이용하여 만든다.

❷ 특정 원자의 비김점이 규칙성을 벗어날 때

특정 원자의 비김점이 규칙성을 벗어난 것을 가리켜 결정결함(crystal defect) 또는 구조결함(structural defects)이라 부른다. 결함에는 다음의 세 종류가 있다.

가. 점결함 (point defect):

❶ 있어야 할 자리에 원자가 비어 있는 경우(동공, void)

❷ 비김점이 원래의 규칙적인 자리에서 벗어나 있는 경우

❸ 비김점 자리에 주변과 다른 원소가 있는 경우(불순물, impurity)

나. 선결함(line defect):

어긋나기(dislocation)

다. 면결함(surface defect):

실제 도체가 유한한 크기를 가지기 때문에 생기는 결함으로 표면 등이 이에 해당한다.

결함이 많으면 도체의 저항이 크다. 예를 들어 도체에 불순물을 넣으면 저항이 늘어난다. 다만 반도체의 경우 반드시 그런 것은 아니다.

저항을 결정하는 요소는 다양하지만 여기서는 전선을 예로 설명하겠다. 전선의 기하학적 요소가 전선의 저항을 결정한다. 전선의 굵기가 일정하고 유한한 길이를 갖고 있으면, 저항은 길이에 비례하고 단면의 넓이에 반비례한다.

저항이 길이에 비례하는 이유는 다음과 같다. 전선의 양끝을 전원과 연결하고서는 '전압을 걸어주었다'고 한다. 정확하게는 전선의 양끝에 '전기퍼텐셜 차이가 생겼다'고 해야 한다. 그런데 전선에 작용하는 전기마당이 균일하다면, 이 전기퍼텐셜 차이는 (전기마당×전선의 길이)로 주어진다. 따라서 같은 전압을 걸어주었다면, 길이가 긴 도선에는 전기마당이 작게 걸

> **✖ 오개념**
>
> 저항의 근원을 전하수송체가 당하는 비탄성충돌 때문이라고 하면, 마치 전하수송체가 원자들과 일으키는 충돌을 떠올린다. 예를 들어, 구리 도선의 저항은 구리 원자가 내는 자유전자가 구리 원자와 비탄성충돌하면서 나타난다고 생각한다. 그러나, 저항은 구리 원자가 내는 자유전자가 구리 원자와 비탄성충돌하면서 내는 것이 아니다. 사실 자유전자와 비김점에 고정된 구리 원자는 충돌을 일으키지 않는다. 구리 원자가 자신의 비김점에서 벗어나 떨림운동을 하면, 덩어리 전체로 보아 마치 자유전자가 포논(phonon)이라 불리는 양자역학적 알갱이와 비탄성충돌을 통해 자신의 에너지를 잃는 것으로 보인다.

전자기학 쓰임말을 알면 물리가 보인다

리는 셈이다. 전기마당이 작으니 전류도 작게 흐른다. 그래서 전선이 길어지면 전류가 작게 흐르니 저항이 커졌다고 한다. 나중에 설명하는 저항기의 직렬연결을 알고 나면, 왜 저항이 전선의 길이에 비례하는지 잘 알 수 있다.

저항이 단면의 넓이에 반비례하는 이유를 살펴보자. 다른 모든 조건이 같고 수도관의 굵기만 다르면, 우리는 굵은 관에서 단위 시간당 흐르는 물의 양이 많다는 것을 잘 알고 있다. 마치 관의 굵기를 늘이면 점성이 내는 효과를 줄인 것과 비슷하다는 것이다. 마찬가지로, 도선의 굵기가 굵으면 저항이 줄어든다. 도선이 굵으면 저항이 줄어드는 것을 정성적으로는 설명하였지만, 정량적인 설명으로는 부족하다. 바꾸어 말하면, 왜 굳이 넓이에 *반비례*하는가? 도선의 굵기가 크면 저항이 줄어들더라도, 넓이 제곱에 반비례할 수도 있고, 넓이 제곱근에 반비례할 수도 있지 않은가? 다시 수도관으로 가보자. 다른 조건을 그대로 유지한 채 수도관의 굵기를 두 배로 늘리면 단위 시간당 흐르는 물의 양은 어떻게 되는가? 당연히 두 배로 흐른다. 전류도 마찬가지이다. 도선의 굵기를 두 배로 하면 전류도 두 배가 된다. 전류가 두 배가 되었다는 것은 저항이 반으로 줄었다는 뜻이다. 도선의 굵기를 두 배로 늘이면 저항이 반으로 줄어든다. 그런데 도선의 굵기를 1/3로 줄이면 전류도 1/3로 준다. 전류가 1/3로 줄었다는 것은 저항이 3배로 늘었다는 뜻이다. 도선의 굵기를 1/3로 줄이면 저항이 3배로 늘었다는 뜻이다. 종합하면, 전선의 전기저항은 전선의 굵기에 반비례한다.

저항이 전선의 굵기에 반비례하고 길이에 비례한다는 것을 수식으로 나타내면

$$R = \rho \frac{l}{A}$$

이 된다. 여기서 저항은 R, 도선의 길이는 l, 그리고 도선 단면의 넓이는 A

전기저항과 점성의 차이

전기저항은 도선의 길이를 늘이면 같이 늘어나지만, 유체의 점성은 유체가 흐르는 관의 길이를 바꾼다고 바뀌는 것이 아니다. 유체의 점성은 관의 길이와 상관없이 유체 자체가 가지는 고유 성질이지만, 전기저항은 도선의 길이에 따라 달라지므로 도선 자체의 고유 성질은 아니다. 비저항이 고유 성질이므로 점성은 비저항에 해당한다.

이다. 비례상수 ρ[56]는 비저항(resistivity)이라 부른다. 좋은 도체는 비저항이 작고, 나쁜 도체는 제법 크며 부도체는 매우 크다. 저항의 단위는 오옴(ohm, Ω)이고 비저항의 단위는 Ωm이다.

비저항의 역수를 전기전도도(electrical conductivity) 또는 전도율이라 부른다. 보통 σ[57]로 나타내는데, $\sigma = \dfrac{1}{\rho}$의 관계가 있고 단위는 $Ω^{-1}m^{-1}$ 또는 S/m이다.

전류에 대해 잘못 알고 있는 것 중 하나가 전류는 저항기에서 '소비되는' 것으로 알고 있다는 것이다. 저항기에 전류가 흐르면 주울열 현상 때문에 전기에너지가 내부에너지로 흐트러진다. 따라서 전류가 '소비된다'고 생각한다. 그래서 전지의 양극을 출발한 전류가 회로에서 모두 소비되고 음극으로는 돌아오지 못하거나 일부만 돌아온다고 생각한다. 전류가 한 회로에 흐르면 회로의 모든 점에서 전룻값은 변함이 없다. 만일 회로의 한 점에 흐르는 전류가 다음 점에 흐르는 전류와 다르다면, 어느 지점에는 알짜전하가 계속 쌓인다는 말인데, 그러면 이 지점에 결국 무한대의 알짜전하가 쌓여야 한다. 그런 일은 일어날 수 없다. 회로의 모든 점에서 전류는 변하지 않아야 한다.

또 다른 오개념은 이러하다. 전지의 두 극에서 모두 전류가 흘러나오는데, 저항기에서 보면 두 전류가 반대 방향이므로, 반대 방향인 두 전류가 충돌을 일으켜 저항기에서 주울열 현상이 일어나는 것으로 착각한다. 전지의 두 극에서 모두 전류가 흘러나오지 않고, 양극에서는 전류가 흘러나오지만, 음극으로는 흘러든다.

어떤 물질의 비저항이 얼마나 전류가 잘 흐르지 못하도록 방해하는 정도를 나타낸 것이라면, 전기전도도는 얼마나 전류가 잘 흐르도록 하는 정도를 나타낸 것이다. 가장 좋은 도체인 은이 $6.30 \times 10^7 S/m$의 값을 가지고, 반도체인 규소(실리콘, Si)가 $4.35 \times 10^{-4} S/m$, 부도체인 순수한 물이 $5.49 \times 10^{-10} S/m$의 값을 가진다. 이 숫자가 갖는 뜻은 이러하다. 만일 모든 조건이 똑같다면, 부도체에서는 1초에 전자 1개가 단면을 지나갔다면, 반도체에서는 약 백만 개의 전자가 지나가고, 도체에서는 약 10경[58] 개의 전자가 지나간다.

7. 전압과 기전력

● 전압(全壓)

『전기·전자』 '전체 압력'을 줄여 이르는 말.

● 전압(電壓)

『전기·전자』 전기장이나 도체 안에 있는 두 점 사이의 전기적인 위치 에너지 차. 단위는 볼트.

● voltage

1. electric potential or potential difference expressed in volts

2. intensity of feeling

한글사전에 따르면, 전압이라는 쓰임말에는 한자로 표기하는 방법에 따라 두 가지 뜻이 있다는 것을 알 수 있다. 필자가 아는 바에 따르면, 특히 물리학에서는 전체 압력을 뜻하는 전압이라는 쓰임말은 거의 쓰이지 않는다. 영어사전의 설명 항목 1에서 'electric potential or potential difference'라 하

였는데, 왜 이런 표현이 나왔는지 나중에 다시 설명하겠다. 앞에서 간단히 말했듯이 전압이라는 쓰임말은 영어의 voltage를 번역한 말인데, 원래는 electric pressure라는, 이제는 쓰이지 않는 영어 쓰임말을 직역한 것이다. 전기를 연구하는 초기에는 전류를 전하의 '흐름'이라고 생각하였고, 이 흐름은 유체의 흐름과 비슷하다고 생각하였다. 유체의 흐름에 필요한 압력이라는 개념과 비슷하게, 전류가 흐르기 위해서는 압력이 필요하다고 생각하여, 전기의 압력 곧 전압(electric pressure)이라는 쓰임말로 나타냈다. 그러나 지금은 이러한 개념을 쓰지 않으니 영어에서는 더는 electric pressure를 쓰지 않고 voltage라고 하지만 한글 쓰임말은 여전히 그대로 전압이라 한다.

전압과 전위차는 같은 말이다. 필자는 전압이라는 쓰임말이 압력과 관계가 있어 전선에 전류가 흐르려면 마치 유체처럼 전하수송체에 힘을 주어야 하는데, 그 힘이 압력이라는 잘못된 느낌을 주기 때문에 전위차라는 쓰임말이 더 적절하다고 생각한다. 하지만 이미 전압이라는 쓰임말이 일반에 널리 쓰이고 있어서, '전압' 대신 '전위차'라고 하면 듣는 사람들이 잘 알아듣지 못하는 경향이 있어 어쩔 수 없이 전압을 쓰기도 한다. 비록 '전압'이라는 쓰임말에 압력을 뜻하는 '압'자가 들어가 있으나 절대로 압력이 아니라는 것을 꼭 알아야 한다.

전압을 더 이해하기 위해 AA 건전지에 스위치를 통해 꼬마전구가 연결된 상태를 생각해 보자 (〈그림 4〉 참조). 〈그림 4〉나)는 〈그림 4〉가)에 그려진 실제 상황을 도식적으로 나타낸 것이다. 이 도식적 그림을 가리켜 회로도[59]라 한다. 이 회로도에서 두 개의 끊긴 부분이 있는데, 바로 전지와 스위치를 나타낸 것이다. 만일 이 부분이 연결되었다고 생각하면, 저항기-스위치-전지는 전선으로 연결되어 하나의 닫힌 곡선을 이루어 전류가 끊기지 않고 흐를 수 있다. 이 닫힌 곡선을 가리켜 전기회로(electric circuit), 또는 줄여서 회로라고 부른다. 전기기구가 작동하기 위해서는 전류가 흐르게 해야 하고,

전류를 흐르게 하려면 전원과 전선으로 연결해야 한다. 〈그림 4〉에서 전원에 해당하는 것이 AA 건전지인데 회로도에는 ─┤├─로 나타내었다. 아래위로 그어진 두 개의 수직선의 길이가 다른데, 긴 쪽이 +극, 또는 양극이고 짧은 쪽이 -극, 또는 음극이다. 건전지를 연결할 때는 이 극성을 잘 살펴 올바른 방향으로 연결해야 한다. 그리고 전기기구에 해당하는 것이 꼬마전구인데 회로도에는 ─ᴡᴡ─로 나타낸다. ─ᴡᴡ─는 꼬마전구에만 쓰이는 기호가 아니라, 전기저항을 가진 어떤 전기기구도 다 이렇게 나타내므로, 일반적으로 저항기를 회로도에 나타내는 기호이다. 대체로 전기기구와 전원을 연결하는 전선은 직선으로 나타내는데, 필요에 따라 꺾어지기도 하고, 곡선으로 구부러지기도 한다. 다만 회로도에서 전선은 저항을 갖지 않는 것으로 가정한다. 전선이 도체로 만들어졌으므로 비록 작더라도 저항이 있고, 저항은 도체의 길이에 비례해 늘어나므로 전선의 저항을 무시하는 것이 때로는 불가능할 수도 있으나, 우리가 가정에서 사용하는 전선의 저항은, 전선의 길이가 매우 길지 않으면 무시해도 괜찮다. 그러나 발전소와 가정을 잇는 전선은 어쩔 수 없이 매우 길어지는데, 이때는 전선의 저항을 무시할 수 없고, 전선에서 상당한 전력 손실이 일어난다. 우리가 내는 전기 요금에는 우리가 실제로 가정에서 쓴 전기에너지만 포함된 것이 아니라, 이러한 전력 손실에 의한 에너지까지 포함된다. 그리고 스위치는 ─o͞o─로 나타낸다.

전류가 흐르는 구간을 회로라고 하는데 그 이유는 다음과 같다. 회로(回路)의 回자는 되돌아온다는 뜻이 있다. 한자 모양도

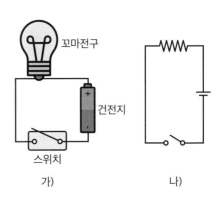

〈그림 4〉 가) 스위치를 통해 꼬마전구를 건전지에 연결한 모습과 나) 회로도

두 개의 사각형으로 이루어져 있다. 어떤 닫힌 경로를 따라 한 바퀴 돌아 제자리로 돌아온다는 것이다. 전류가 회로를 따라 흐른다는 것은 전류가 중간에서 끊길 수 없다는 뜻이다. 왜 끊기지 않아야 할까? 이번에도 뒤집어 생각해 보자. 전류가 연속하여 흐르지 않고 어느 지점에서 끊기면 무슨 일이 벌어질까? 만일 전류가 어느 지점에서 끊겼을 때의 결과를 두 가지로 설명해 보자. 첫째로 전류가 끊기면 그 지점에 전하, 정확하게 말하면 알짜전하가 계속해서 쌓이게 된다. 전하수송체 역시 물질이므로 물질이 한곳에 무한정 쌓일 수 없다. 그래서 이렇게 쌓인 물질은 어떤 방식으로든 다시 그 지점으로부터 빠져나와 그 지점의 물질의 양은 일정하게 유지되어야 한다. 그러니 회로 중 어느 한 지점으로 흘러든 전하수송체는 다시 그곳을 빠져나와야 하는데, 전하가 흘러드는 쪽으로 거슬러 나갈 수 없으므로, 전류가 흘러드는 쪽의 반대쪽으로 흘러나가야 한다. 그래서 전류는 끊길 수 없다.

둘째로 전하가 한 지점에 쌓이면 그 지점의 전위가 올라간다. 비유하자면, 마치 평평한 바닥에 돌멩이를 쌓아 올리면 맨 꼭대기에 계속 돌멩이가 쌓이고, 그 꼭대기에 다시 돌멩이를 얹으면 이 돌멩이의 중력퍼텐셜이 높아지는 것과 비슷하다. 전위가 높은 지점에 있는 전하수송체는 전위가 낮은 곳으로 가속된다. 전류가 흘러드는 쪽의 전위가 더 높고 그 반대쪽은 전위가 낮으니, 한 곳에 쌓였던 전하수송체는 전류가 흘러든 쪽과는 반대쪽으로 흘러나간다. 그래서 전류는 끊길 수 없다.

전류가 흐르려면 전류가 흐르는 전선과 전기기구가 적어도 일렬로 늘어서되 반드시 제자리로 되돌아와야 한다. 바꾸어 말하면, 전류가 흐르는 전선과 전기기구가 일렬로 늘어서 연결되어 있되 닫힌 곡선을 이루어야 한다. 이런 뜻에서 '회로'라 한다. 꼬마전구에 불이 들어오게 하려면, 스위치를 닫아서 회로를 완성해야 한다. 회로가 완성되면 전류가 흐르고, 전류가 흘러야 주울열 현상에 의해 꼬마전구의 필라멘트가 뜨거워져 빛을 낸다. 따라서 전류는 건전지를 출발하여 전선을 타고 흘러 꼬마전구를 밝히고 다시 건전지로 돌아오는 닫힌 곡선을 따라 흐른다. 이때 전류는 건전지 양극을 떠나 음극으로 되돌아온다. 그러나 건전지 안에서 전류는 음극에서 양극으로 흐른다.

도선이든 전기기구든 한 지점에서 다른 지점으로 전류가 흘러가려면 두 지점 사이에 전위차가 있어야 한다. 두 지점 사이에 전위차가 있다는 것은 전기마당의 방향이 전위가 높은 곳에서 낮은 곳으로 향한다는 뜻이다. 꼬마전구의 필라멘트 양끝에 걸리는 전위차를 가리켜 전압이라 부른다. 〈그림 4〉에 보이는 AA 건전지의 전압은 대략 1.5 볼트이다. 이 말은 건전지의 두 극 사이에는 1.5 볼트의 전위차가 있다는 뜻이다. 전압의 단위는 전지를 발명한 이탈리아의 물리학자 볼타(A. Volta)의 이름을 기려서 볼트(Volt, 줄여서 V)라 한다.

저항의 양끝에 전압이 걸리면 전류가 흐른다. 이때 전위차 또는 전압, 저항, 전류 사이의 관계를 나타내는 법칙이 옴의 법칙이다. 독일의 물리학자 옴(G. S. Ohm)이 발견하여 그의 이름을 따서 법칙의 이름을 정하였다. 옴의 법칙을 나타내 보자.

옴의 법칙
저항값이 R인 저항기의 양끝에 크기가 V인 전위차(전압)를 걸면 크기가 I인 전류가 흐르는데 전류는 전압에 비례한다. 이를 수식으로 나타내면

$$I = \frac{V}{R}$$

이 된다. 곧, 비례상수가 저항의 역수이다.

여기서 저항의 단위는 역시 옴의 이름을 따서 옴(Ohm, Ω으로 표시)이라 한

보충 설명

옴의 법칙에 대해 두 개의 해설을 달려고 한다.

1. 이미 옴의 법칙을 알고 있는 분들은 아마도 $V = IR$이라는 공식에 익숙해 있을 것이다. 이 식은 위에 나타낸 식과 다른 모양이다. 어느 것이 맞는 것일까? 수학적으로는 두 식이 동등하다는 것을 알 것이다. 따라서 두 식 사이에는 엄밀하게 말해 차이가 없다고 할 수 있다. 그러나 식 $I = \dfrac{V}{R}$이 입력과 출력의 관계를 확실하게 보여주고 있으므로 물리학적으로 더 적절한 표현이다. 곧, 전압이라는 입력 또는 자극은 전류라는 출력 또는 반응을 낸다는 뜻에서 더 적절하다는 것이다. 전류가 결과라면, 전류의 원인은 전압인 셈이다. 그렇다면 $V=IR$은 무엇인가? 마치 뉴턴의 제2운동법칙을 $\mathbf{a} = \dfrac{\mathbf{F}}{m}$라고 써야 하는데, $\mathbf{F} = m\mathbf{a}$라 한 것처럼 기억하기에도 쉽고 실제 문제를 풀 때 쓰기도 좋게 만든 표현이다.

2. 옴의 법칙은 엄밀한 뜻에서 법칙이 아니다. 모든 법칙에는 그 법칙을 적용할 때 따져보아야 하는 조건이 필요하지만[60], 옴의 법칙은 조건이 필요 없다. 다만, 옴의 법칙을 따르는 물질이 따로 있다. 이 말은 옴의 법칙을 따르지 않는 물질도 있다는 뜻이다. 대부분 물질이 옴의 법칙을 따르지만, 간혹 그렇지 않은 물질도 있다. 대표적으로 다이오드(diode)가 있다. 다이오드는 엄밀하게 물질은 아니고 전자 소자이다. 다이오드의 경우 전류가 전압에 비례하지 않는다. 그래서 전류가 흐르는 물질을 구분할 때, 옴의 법칙을 따르는 물질과 그렇지 않은 물질로 나눌 수 있다. 옴의 법칙을 따르는 물질을 선형물질, 그렇지 않은 물질을 비선형물질이라 한다. 옴의 법칙이 선형물질에서만 성립하므로, 이 법칙의 조건을 '선형물질에서는'이라 하면 법칙이라 할 수 있다. 그러나 옴의 법칙이 물질을 구분하는 데 쓰이면 법칙이라 할 수 없다.

다. 따라서 전류, 전압, 그리고 저항의 단위들 사이 관계는 A=V/Ω, Ω=V/A, V=AΩ이다. 크기가 1Ω인 저항에 1V의 전압을 걸면 1A의 전류가 흐른다.

⚡ 기전력(起電力)

『전기·전자』 두 점 사이의 전위차를 발생시켜 전류를 흐르게 하는 힘. 단위는 볼트(V). ≒ 동전력, 전동력

⚡ electromotive force

something that moves or tends to move electricity

especially: the apparent force that drives a current around an electrical circuit and that is equivalent to the potential difference between the terminals of the circuit

---

기전력이라는 쓰임말을 들어보신 분도 있을 것이다. 기전력이라는 쓰임 말은 영어 electromotive force(줄여서 emf)를 번역한 낱말이다. 직역하면 '전 하수송체를 움직이게 하는 힘'이다. 대체로 기전력과 전압 또는 전위차를 섞어 쓰다 보니 같은 물리량으로 잘못 알고 있다. 또한 우리말에서는 '~력', 영어에서는 '~ force'라 하니, 어떤 종류의 힘을 나타내는 말이 아닌가 착 각하기도 한다. 한글사전과 영어사전 모두 힘이라고 설명하는데 틀린 것이 다. 기전력은 힘이 아니고 오히려 전위차이다. 다만, 전기를 연구하는 초기 에 전류를 내기 위해서는 전하수송체를 밀어내야 하고, 그러려면 힘 또는 압력이 필요하다고 생각하여 이런 쓰임말을 만들어 썼는데, 아직도 고치지 않고 그대로 쓰고 있다. 영어에서는 electric pressure(전압)라는 쓰임말을 더 는 쓰지 않고 voltage라고 하지만, electromotive force는 아직도 그냥 쓰고 있다. 그렇다면 기전력과 전압(전위차)은 서로 어떻게 다른가?

앞의 꼬마전구를 다시 생각해 보자. 전압을 잴 수 있는 기계를 전압계 (voltmeter 또는 potentiometer)라고 한다. 전압계를 이용하여 아무것도 연결되지 않은 건전지 양극의 '전압'을 재었을 때 그 값을 ε[61]이라 하자. ε은 기전력 에 해당하며[62], 흔히 '1.5 볼트짜리 건전지'의 전압 1.5 볼트가 이 값이다. 건

전지의 기전력은, 건전지를 쓰는 시간이 아주 길지 않다면, 1.5 볼트로 변하지 않는다고 보아도 괜찮다. 다만, 건전지를 오래 쓰다 보면 이 기전력 값이 줄어든다. 쓰고 있는 건전지를 전기기구에서 떼어내 전압계로 전압을 재서 대략 1.2 볼트보다 작은 값이 나오면 버려야 한다. 이제 이 건전지를 꼬마전구에 연결하고 스위치를 닫아 전류가 흐르게 하자. 이 상태에서 꼬마전구의 양극과 음극사이의 '전압'을 재어 이 값을 V라 하자. 일반적으로 V와 ε은 다른 값을 가진다. 그리고 V는, 예를 들어, 꼬마전구를 연결하였을 때의 값이 큰 백열등을 연결하였을 때의 값과 다르다. 곧, 건전지에 연결하는 저항값에 따라 V가 바뀐다. 그 이유는 저항기의 연결을 다루는 절에서 자세히 설명한다.

휴대전화로 오랫동안 통화하다 보면, 휴대전화의 뒤쪽 일부분이 뜨뜻해지는 경험을 하였을 것이다. 바로 이 자리가 휴대전화의 전력을 공급하는 축전지가 달린 곳이다. 축전지든 건전지든 계속해서 오래 쓰다 보면 뜨뜻해진다. 왜 그렇지? 전지를 전기기구에 연결하면 전기기구와 전선에만 전류가 흐르는 것이 아니다. 전지에도 전류가 흐른다. 이런 뜻에서 전지 역시 일종의 전기기구이다. 모든 전기기구는 고유의 저항값을 가진다. 전지 역시 전기저항이 있는데, 이것을 가리켜 특별히 '내부저항(internal resistance)'이라 부른다. 저항을 재는 기계를 저항계[63]라 부르는데, 이 저항계로 내부저항을 바로 잴 수는 없다. 내부저항이 있다는 것은, 전지에 전류가 흐르면, 이 전류가 주울열에 의해 전지의 내부에너지를 늘려 전지 온도가 올라간다는 뜻이다. 전지를 계속 쓰고 있으면 내부저항 때문에 온도가 올라가는데, 온도가 올라가면 내부저항도 커진다. 이런 이유로 전지를 적당한 방법으로 온도를 일정하게 유지하는 것이 중요하다. 왜냐하면 내부저항 때문에 주울열에 의해 내부에너지가 늘어난다는 것은 결국 전지가 가지고 있는 에너지를 실제 전기기구에 쓰지 못하고 낭비하는 것이기에 이것을 줄여야 한다. 따

전자기학 쓰임말을 알면 물리가 보인다

라서 전지를 만드는 과정에서 어떻게 이 내부저항을 작게 만드느냐 하는 것이 매우 중요한 기술적 과제이다.

그렇다면 기전력과 전압의 차이는 무엇일까? 엄밀하게 말하면, 흔히 어떤 물질에 전압을 걸어주면 크든 작든 전류가 흐른다고 생각하는데, 엄밀하게 말하면, 물리학적으로는 틀린 말이다. 전압을 걸어주어 전류가 흐르는 것이 아니라, 기전력이 두 점 사이에 전위차를 만들면, 이 전위차, 곧 전압에 의해 전류가 생긴다. '백말 궁둥이'나 '흰말 엉덩이'처럼 그 말이 그 말 아니냐고 따지시는 분들도 있겠지만, 미세하게나마 다른 말이다. 전위차를 만드는, 곧 전압을 만드는 기원이 기전력이라는 뜻이다. 더욱이 기전력과 전압(전위차)은 서로 다른 값을 가진다.

8. 저항기의 연결

우리가 일상생활에서 쓰고 있는 전기·전자제품에 저항기가 단 한 개만 들어있는 것이 아니다. 그런데 때로는 이 전기·전자제품에 전원을 연결하면, 전원에 연결하는 전선에 전류가 얼마나 흐를지 알아야 할 필요가 있다. 이때 이 제품에 걸리는 전압을 알고 있다면, 제품을 하나의 저항기로 대체하여 대표 저항값을 알아야 하는데, 여러 개의 저항 중 어느 것을 선택해야 하나? 전기·전자제품에 포함된 저항기에 흐르는 전류가 모든 저항기에 똑같이 흐를까? 전기·전자제품을 용도에 맞게 만들기 위해서는 설계 단계에서 어떠한 전기회로를 고르고, 이 회로에 들어가는 다양한 전자 부품들을 어떻게 고를 것인지 정해야 한다. 이때 각각의 전자부품에 얼마의 전압이 걸리고, 전류가 얼마나 흐르는지 알아야 한다. 전기·전자공학자들이 이런 것을 알아내는 전문가이다. 물론 물리학자도 할 수는 있지만, 전기·전자공학자들처럼 숙달되어 있지는 못하다. 그러나 바로 전기·전자공학자들이 쓰는 기본 원리를 물리학자가 이미 밝혀 놓았다.

우리가 일상생활에서 쓰고 있는 전기·전자제품에 들어가는 전기회로는 모든 전자부품이 한 줄로 연결된 단 하나의 닫힌 곡선으로 이루어져 있지 않다. 여러 개의 전기회로가 복잡하게 얽혀 있다. 이렇게 복잡한 회로를 잘 분석하여 보면, 저항기가 크게 두 가지 방법으로 연결된 것을 알 수 있다.

8-1. 저항기의 직렬연결

전기회로상에서 저항기 두 개가 연이어 연결되어 있다면 이를 가리켜 저항기가 직렬로 연결되어 있다고 한다. 2Ω짜리 저항기와 3Ω짜리 저항기를 직렬로 연결한 상태를 나타낸 회로도가 〈그림 5〉 가)이다. 회로를 분석하는 사람은 이렇게 직렬로 연결된 두 개의 저항기를 한 개의 저항기로 바꾸고 싶어 한다. 왜 그럴까? 직렬로 연결된 두 저항기에 건전지를 연결하였을 때 전류가 얼마나 흐르는지 알아야 한다면, 이 전룻값을 구할 때 필요하기 때문이다. 두 저항기에 건전지가 동시에 걸려 있으니, 옴의 법칙을 써서, 2Ω짜리 저항기에는 1.5V/2Ω=0.75A의 전류가 흐르고, 3Ω짜리 저항기에는 1.5V/3Ω=0.5 A의 전류가 흐른다고 하면 될까? 그럴 수는 없다. 왜? 직렬로 연결된 두 저항기에 전류가 흐른다면, 그 전룻값은 두 저항기에 똑같아야 하기 때문이다. 왜? 두 저항기가 연결된 부분을 보자. 만일 2Ω짜리 저항기에는 0.75A의 전류가 흐르고 3Ω짜리 저항기에는 0.5A의 전류가 흐른다면, 2Ω짜리 저항기에서 이 지점으로 흘러들어온 0.75A의 전류 중 0.5 A의 전류만 3Ω짜리 저항기로 흘러나가야 하므로, 0.25A의 전류가 남는데, 이 남는 전류

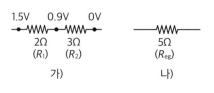

〈그림 5〉 가) 저항기의 직렬연결과 나) 등가저항

전자기학 쓰임말을 알면 물리가 보인다

는 이곳에 전하가 쌓이게 만든다. 당연히 이런 일이 벌어질 수는 없다. 회로 상 임의의 점에 흘러든 전류는 모두 흘러나가야 한다. 따라서 두 저항기에 흐르는 전류는 같은 값이어야 한다. 전룻값은 0.5A도 0.75A도 아닌 어떤 값이 되어야 한다. 이 값을 알기 위해서는 〈그림 5〉 나)에 나타낸 것처럼 두 저항기를 뭉뚱그려 하나의 저항기로 탈바꿈해야 한다. 이 탈바꿈한 저항기를 등가저항기(equivalent resistor)라고 부르고, 이것의 저항값을 우리는 등가저항(equivalent resistance)이라고 부른다. 이 등가저항을 알기 위해서는 전압강하(voltage drop 또는 potential drop)라는 쓰임말을 알아야 한다.

● **전압강하(電壓降下)**

『전기·전자』 도체 속에 전류가 흐를 때, 그 저항에 의하여 전류의 방향으로 전위(電位)가 내려가는 현상. 또는 그 양끝의 전위차.

전류는 전위가 높은 곳에서 전위가 낮은 곳으로 흐른다. 비유하자면 물이 높은 곳에서 낮은 곳으로 흐르는 것과 같다. 전하수송체 입장에서는 전위가 높은 곳에서 낮은 곳으로 움직였으니, 저항기를 지나가면 전위가 줄어들었다, 또는 떨어졌다고 느낄 것이다. 이를 가리켜 전압강하라 한다. 하지만 전압강하가 저항기에서만 일어나는 것은 아니다. 나중에 다루는 교류의 경우 축전기나 인덕터에서도 전압강하가 일어난다.

특정한 저항기에서 전압강하 값을 알면 그 저항기에 흐르는 전룻값을 알 수 있다. 직렬로 연결된 두 저항기에 건전지를 연결하였다면 건전지의 음극의 전위를 0V, 양극의 전위를 1.5V라 할 수 있다.[64] 그렇다면 두 저항기 연결점의 전위는 얼마일까? 〈그림 5〉 가)에 나타낸 대로 두 저항기 연결점의 전위는 0.9V가 된다. 이곳의 전위가 0.9V라는 것을 어떻게 알 수 있나?

똑같은 전류가 흐른다면 저항값이 큰 저항기에서 더 큰 전압강하가 일어날 것이다. 그런데 어떤 저항기에서 일어나는 전압강하는 그 저항기에 흐르는 전룻값에 저항값을 곱하여 구한다. 그림 9처럼 두 개의 저항기가 직렬로 연결되어 있으면, 각 저항기에서 일어나는 전압강하는 저항값에 비례하여 일어난다. 곧, 저항값의 비가 2:3이므로, 회로 전체의 전압강하 1.5V가 각 저항기에 2:3의 비로 나뉘어 일어난다. 따라서

2Ω짜리 저항기에서는 0.6V의 전압강하가 일어나므로,
 0.6V/2Ω=0.3A의 전류가 흐르고,
3Ω짜리 저항기에서는 0.9V의 전압강하가 일어나므로,
 0.9V/3Ω=0.3A의 전류가 흐른다.

그래서 두 저항기에는 같은 전류가 흐르는 것이다. 이것을 가리켜 건전지의 전압 1.5V를 2Ω짜리 저항기와 3Ω짜리 저항기가 각각 0.6V와 0.9V씩 나누어 가졌다고 말하기도 한다. 그렇다면 등가저항기에는 얼마의 전류가 흐를까? 당연히 각 저항기에 흐르는 전류와 같은 값의 전류가 흘러야 하므로 0.3A의 전류가 흐른다. 그런데 이 등가저항기 양끝에 걸린 전압이 1.5V이므로, 1.5V/Ω=0.3A에서 Ω=1.5V/0.3A=5Ω이 된다. 그런데 이 등가저항 값 5Ω은 2Ω+3Ω, 곧 두 저항값을 더한 값이다. 그렇다면, 저항기의 직렬연결 시 등가저항은 각 저항기들의 저항값을 모두 더해주면 된다는 말인가? 그렇다. 이것은 저항기가 두 개 이상 여러 개 직렬로 연결되어도 성립한다. 저항기의 직렬연결의 결과에 대해 다시 써보면,
여러 개의 저항기가 직렬로 연결되었을 때, 각각의 저항값을 모두 더한 등가저항으로 치환하여도 된다.
수학적으로는,

전자기학 쓰임말을 알면 물리가 보인다

$$R_{eq} = R_1 + R_2 + R_3 + \cdots$$

으로 나타낸다.

한편, 건전지도 내부저항이 있으니, 회로에 건전지가 연결되어 있다면, 하나의 저항기로 보아야 한다. 바꾸어 말하면, 건전지에 하나의 저항기를 연결한 것도 두 개의 저항기를 직렬 연결한 것으로 보아야 한다는 뜻이다. 이 회로의 등가저항은 건전지의 내부저항값에 저항기의 저항값을 더해준 것이다. 따라서, 건전지의 기전력이 이 등가저항에 모두 걸렸으니, 건전지와 저항기가 기전력을 나누어 갖는 셈이다. 그래서 저항기에 전지의 기전력이 모두 걸리지 않고, 건전지에 걸리는 전위차만큼 줄어든 전위차가 저항기에 걸린다. 그런데 건전지에 걸리는 전위차는 외부저항값이 얼마냐에 따라 다른 전위차가 걸린다. 예를 들어, 건전지의 내부저항이 1Ω인데

저항기의 저항값이 14Ω이라면 1.5V의 기전력 중 0.1V는 건전지에 걸리고, 나머지 1.4V의 기전력이 저항기에 걸리므로, 저항기에 걸린 전압은 1.4V이다.
저항기의 저항값이 2Ω이라면 1.5V의 기전력 중 0.5V는 건전지에 걸리고, 나머지 1.0V의 기전력이 저항기에 걸리므로, 저항기에 걸린 전압은 1.0V이다.

건전지가 내는 기전력 전체는 정해져 있지만, 저항기에 걸리는 전압은 자신의 저항값에 따라 달라진다.

8-2. 저항기의 병렬연결
저항기의 병렬연결은 두 개 이상의 저항기를 나란히 놓고, 저항기들의 한

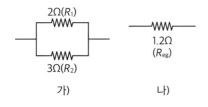

〈그림 6〉 가) 저항기의 병렬연결과
나) 등가저항

쪽 끝을 한데 묶어 전선과 연결하고, 다른 한쪽 끝 역시 똑같이 하면 된다. 〈그림 6〉 가)는 저항기 두 개를 병렬 연결한 모양이고 〈그림 6〉 나)는 등가저항을 나타낸다. 병렬 연결의 등가저항을 구하기 위해서는 직렬연결과 다르게 접근해야 한다. 직렬 연결의 경우 각 저항기에 흐르는 전류가 모두 같아야 한다고 하였는데, 병렬 연결의 경우에는 그럴 필요가 없다. 그런데, 병렬로 연결된 저항기의 한쪽 끝은 모두 하나의 전선으로 연결되어 있으므로 전위가 다 같다. 다른 한쪽 끝도 마찬가지이다. 따라서 각각의 저항기에 걸리는 전위차는 모두 같다. 전위차가 같은데 저항값은 다르므로 자연히 흐르는 전룟값도 다르다. 한편, 전체로 흘러든 전류를 개개의 저항기가 나누어 갖는다. 그림에서 2Ω짜리 저항기에는 $1.5V/2\Omega = 0.75A$의 전류가 흐르고, 3Ω짜리 저항기에는 $1.5V/3\Omega = 0.5A$의 전류가 흐른다. 그러므로 두 저항기에 흘러드는 총 전류의 크기는 $0.75A + 0.5A = 1.25A$가 된다. 이 전류가 등가저항기에 흐르는 셈이다. 따라서 등가저항은 $1.5V/1.25A = 1.2\Omega$이 된다. 그런데 공교롭게도 등가저항의 역수 $1/1.2\Omega$과 두 저항의 역수의 합 $1/2\Omega + 1/3\Omega$이 같다. 우연의 일치일까? 아니다. 필연의 결과이다. 왜 그런가? 등가저항기에 흐르는 전류(I_{eq})는 두 저항기에 흐르는 전류의 합(I_1+I_2)과 같다 하였다. 그런데 $I_{eq} = V/R_{eq}$이고 $I_1 + I_2 = \dfrac{V}{R_1} + \dfrac{V}{R_2} = V\left(\dfrac{1}{R_1} + \dfrac{1}{R_2}\right)$이므로 이 관계는 일반적으로 성립한다. 저항기의 병렬연결의 결과에 대해 다시 써 보면,

여러 개의 저항기가 병렬로 연결되었을 때, 각각의 저항값의 역수를 모두 더하면 등가저항의 역수와 같아진다.

수학적으로는

$$\frac{1}{R_{eq}} = \frac{1}{R_1} + \frac{1}{R_2} + \frac{1}{R_3} + \cdots$$

으로 나타낸다.

9. 축전기의 용량, 전기들이

앞에서 말한 축전기에는 전하를 '모아 놓을' 수 있다고 말한다. 그렇다면 이렇게 모은 전하량이 무한정 많을 수 있나? 너무나 당연하게도 그럴 수 없다. 축전기가 전하를 모아 놓을 수 있는 능력은 유한한데, 이 능력을 나타내는 물리량이 '전기들이'이다. 아마도 흔히 전기용량이라는 쓰임말에 더 익숙한 분들이 계시겠지만 한국물리학회에서는 '전기용량'과 함께 '전기들이'도 쓰고 있다. 영어로는 (electric) capacitance인데, 그냥 발음을 그대로 적어 커패시턴스라고도 한다. 전하, 더 정확하게 말하면 알짜전하가 없는 축전기에 알짜전하가 쌓이게 하려면 전압을 걸어주어야 한다. 바꾸어 말하면 전지와 같은 전원에 연결해야 한다. 축전기에 모인 전하량은 축전기에 걸린 전압에 비례한다. 이를 수학적으로 나타내면 $Q = CV$가 된다. 여기서 전하량을 Q, 전기들이를 C, 전압을 V라 하였다. 이때 전하량 Q는 반드시 양의 전하를 가리키는데, 실제로 평행판축전기를 충전시키면 한쪽 판에 양의 전하가 쌓인다면, 반대편 판에는 같은 크기의 음의 전하가 쌓인다. 전기들이의 단위는 영국의 물리학자 패러데이(M. Faraday)를 기려 패럿(Farad)이라 하고, F라 표시한다. 1F짜리 축전기에 1V의 전압을 걸면 이 축전기에는 1C의 전하가 쌓인다. 따라서 패럿 $= \left(\dfrac{쿨롱}{볼트} \right)$, 곧 $F = \dfrac{C}{V}$의 관계가 성립한다. 그런데 실제로 축전기를 만들어 보면 1F의 전기들이를 갖는 축전기를 만드는 것은 매우 힘들 뿐만 아니라 너무 커서 실제 현장에서 자주 쓰는 단위는 F의 천분의 1인 mF(밀리패럿), 백만분의 1인 μF(마이크로패럿), 십억분의 1인 nF(나노

패럿), 1조분의 1인 pF(피코패럿) 등이다.

일반적으로 어떤 물체이든 알짜전하를 품고 있을 수 있다면 축전기가 될 수 있다. 그러나 실제로 전기·전자기구에 들어가는 축전기는 반드시 두 개의 물체로 만든다. 가장 대표적으로 쓰이는 축전기가 평행판축전기이다. 평행판축전기란 두 개의 똑같은 금속판을 마주보게 배열하되, 두 판이 서로 평행하게 놓아 만든다. 이렇게 만든 평행판축전기의 전기들이는 판의 넓이에 비례하고 두 판 사이의 거리에 반비례한다. 판의 넓이를 A, 두 판 사이의 거리를 d라 하면, $C \propto \dfrac{A}{d}$ 또는 $C = a\dfrac{A}{d}$의 관계가 된다. 이때 비례상수 a를 구해보면, $a = \varepsilon_0$임을 알 수 있는데, ε_0는 진공의 유전율로 $\varepsilon_0 = 8.8542 \times 10^{-12}$F/m의 값을 가진다. 진공의 유전율과 쿨롱상수 사이에는 $k = \dfrac{1}{4\pi\varepsilon_0}$의 관계가 성립한다. 유전율은 나중에 설명한다.

여기서 평행판축전기의 전기들이 값에 대해 길게 설명하는 이유는 두 가지가 있다. 하나는 전하량 1C의 크기인데, 앞에서 쿨롱의 법칙을 설명하면서 이 크기를 어느 정도 짐작할 수 있게 하였으나, 여기서 다시 한번 더 강조하려고 한다. 둘째로, 1F의 전기들이 값이 얼마나 큰지 강조하기 위해서이다. 1F짜리 평행판축전기를 구리판으로 만들려고 한다. 전기들이는 두 판 사이의 거리에 반비례한다고 하였으니, 되도록 큰 전기들이를 갖는 축전기를 만들려면 두 판 사이의 거리가 가까울수록 좋다. 그래서 현실적으로 꽤 가까운 거리인 1μm만큼 떼어 놓았다. 이제 $C = \varepsilon_0 \dfrac{A}{d}$로부터 판의 넓이는 $A = \dfrac{dC}{\varepsilon_0}$가 되므로 $A = \dfrac{dC}{\varepsilon_0} = \dfrac{10^{-6}\text{m} \times 1\text{F}}{8.8542 \times 10^{-12}\frac{\text{F}}{\text{m}}} \cong 1.13 \times 10^{5}\text{m}^2$가 된다. 이만한 넓이의 구리판을 만들려면, 한 변의 길이가 약 340m인 정사각형 구리판을 만들어야 한다. 판의 넓이도 만만치 않지만 설사 이렇게 넓은 구리판을 '잘' 만들었다 해도 두 판을 1μm 간격으로 평행하게 배열하는 데는 현재 인류가 가지고 있는 기술로도 쉽지 않은 일이다. 그렇다면 간격을 1mm로 늘이면 어떻게 될까? 그러면 한 변의 길이가 대략 10km가 되어야 하는

데, 축구장 넓이가 최대 10,800m²니 대략 축구장 1만 개 넓이에 해당한다. 이렇게 큰 부품을 어떻게 전기·전자제품에 써먹을 수 있을까? 이 예는 1패럿의 전기들이 값이 얼마나 큰 것인지 보여주는 예이지만, 이만한 축전기에 1볼트의 전압을 걸어야 1쿨롱의 전하가 쌓인다는 것이니, 1쿨롱의 전하량이 얼마나 큰 것인지를 보여주는 예이기도 하다.

평행판축전기에 전하를 쌓으려면 두 판 사이에 전위차(전압)를 걸어주어야 한다고도 말한다. 그런데, '도대체' 전위차를 걸어준다는 것이 무슨 말인가? 평행판축전기를 스위치를 통해 전지에 연결한 모양을 〈그림 7〉 가)에 간단하게 나타내었고, 〈그림 7〉 다)는 이를 나타낸 회로도이다. 회로도에서 축전기를 나타내는 기호는 ─┤├─ 인데, 전지 또는 직류 전원의 기호인 ─┤┠─ 와 혼동하지 않아야 한다. 전지는 전선을 가로질러 마주보는 두 직선의 길이가 서로 다른데, 축전기는 이 길이가 서로 같다. 평행한 두 판 사이를 들여다보자. 〈그림 7〉 가)처럼 스위치가 열려 있고 두 판에 아무런 알짜전하가 없다면, 그 사이에 전기마당이 없는 것이다.

이제 스위치를 닫아보자. 그런데 전지의 두 전극 사이에는 전위차(전압)가 있는데, 회로도에서 전선은 전압강하를 일으키지 않는다고 하였으니, 이 전위차(전압)는 고스란히 두 금속판에 걸린다. 이 축전기에 전압을 걸어준다는 것은 바로 〈그림 7〉 나)처럼 스위치를 연결하여, 두 판에 전지의 두 전극을 연결한다는 뜻이다. 이렇게 전압을 걸어주면 이제 판 하나에는 양의 전하 Q, 그리고 다른 판에는 음의 전하 $-Q$가 쌓인다. 이렇게 쌓인 전하는 두 판 사이에 전기마당을 만든다. 이 전기마당은 위치와 관계없이 크기가 균일하다. 그래서 스위치를 닫으면 '전압을 걸어주었다'고도 하고 '전기마당을 걸어주었다'고도 말한다.

전지의 두 전극을 연결하여 두 금속판 사이에 전위차가 생기도록 하였으니 전위차(전압)를 걸어준 것이고, 이 전위차는 두 금속판 사이에 전기마

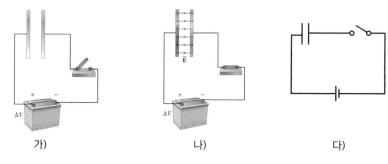

<그림 7> 축전기와 전원의 연결

당을 만드니 두 금속판에 *전기마당*을 걸어준 셈이다. 이 전기마당의 방향은 건전지의 양극과 연결된 판에서 음극이 연결된 판으로 향한다. 〈그림 7〉가)에서는 왼쪽 판에서 오른쪽 판으로 향한다. 그런데 앞에서 전기마당이 생기려면 두 판에 알짜전하가 쌓여야 한다고 했다. 스위치를 넣는 순간에는 아직 판에 전하가 쌓이지 않았으므로 두 판 사이에는 전기마당이 생길 수 없다. 이 말은 스위치를 연결하면 건전지의 전위차가 두 금속판에 고스란히 '순간적'으로 전달되어 건전지가 공급하는 전위차가 두 판 사이에 '순간적'으로 걸린다는 것이 아니라는 것이다. 전위차는 스위치를 넣는 순간에는 0V지만, 시간이 흐르면서 건전지가 내는 전위차와 같아질 때까지 점점 늘어난다. 그런데 이때 양극에 연결된 금속판과 건전지의 양극 사이에는 전위차가 생기므로 전하가 움직인다. 곧 전류가 흐른다. 이렇게 흘러가는 양의 전하는 양극에 연결된 금속판에 도착하면 더는 움직이지 못하고 금속판에 쌓인다. 이렇게 쌓인 양전하는 반대편 금속판에 있는 자유전자를 끌어당기므로, 반대편 금속판에는 음의 전하가 쌓인다.

그러나 실제로는 전선에서 움직이는 전하수송체는 자유전자이므로 양의 전하가 움직이는 전류가 아니라 음의 전하가 움직이는 전류이다. 바꾸어 말하면, 평행판축전기의 두 금속판을 건전지에 연결하면, 건전지의 양극

전자기학 쓰임말을 알면 물리가 보인다

에 연결된 금속판에서 자유전자를 빼내어 건전지의 음극에 연결된 금속판에 쌓아 놓는 셈이다. 그리 되면 건전지의 음극에 연결된 금속판은 *음의 전하가 남아돌아 음의 알짜전하*를 가지고 있고, 양극에 연결된 금속판은 *음의 전하가 모자라 양의 알짜전하*를 가지고 있다. 이제 시간이 흘러 건전지의 양극에 연결된 금속판에 양의 전하가 충분히 쌓이면, 건전지의 양극에 연결된 금속판과 건전지의 양극 사이의 전위차가 사라져 더는 전류가 흐를 수 없다. 이때 쌓인 양의 전하량이 $Q = CV$라는 관계식을 만족한다. 그런데 건전지의 음극에 연결된 금속판에는 무슨 일이 벌어질까? 건전지의 음극에 연결된 금속판에는 $-Q$의 전하가 쌓여 있어, 회로 전체로 보아서는 알짜전하가 0인 상태가 유지된다.

여기서 두 개의 물음이 생긴다. 첫째, 두 판 사이의 전위차가 0에서 점점 커져 전원이 공급하는 전위차에 도달하려면, 얼마나 긴 시간이 걸릴까? 실제 평행판축전기를 만들어 전선으로 건전지에 연결한다면, 건전지의 내부저항도 있고, 구리로 만든 전선 역시 저항을 가지고 있다. 따라서 축전기만 전지에 연결한 회로도는 이상적으로 나타낸 것이고, 실제로는 적절한 저항값을 가지는 저항기와 축전기가 직렬로 연결되어 있고, 이 직렬로 연결된 소자가 전지에 연결된 것으로 보아야 한다. 이 저항값과 전기들이 값을 곱한 값에 반비례하여 시간이 길어진다. 수학적으로 왜 그리되는지 따져 보기 전에 물리적으로 쉽게 생각하면, 전기들이 값이 크면 더 많은 전하가 쌓일 수 있으므로, 필요한 전하를 모두 쌓는데 당연히 긴 시간이 필요하고, 저항이 크면 전류가 잘 흐르지 않으니 쌓이는 데 시간이 오래 걸린다는 정도만 이해해도 된다. 둘째, 전하량이 전압에 비례한다고 하였으니, 무작정 전압을 올리면 더 많은 전하를 쌓을 수 있나? 그렇지 않다. 이것을 이해하려면 극갈림이라는 쓰임말과 유전체에 대해 알아야 하는데, 이들을 설명하기 전에 먼저 축전기의 연결에 대해 알아보자.

10. 축전기의 연결

저항기와 마찬가지로 축전기 역시 직렬연결과 병렬연결에 대해 알아보자.

10-1. 축전기의 직렬연결

전기회로상에서 축전기 두 개가 연이어 연결되어 있다면 이를 가리켜 축전기가 직렬로 연결되어 있다고 한다. 2F짜리 축전기와 3F짜리 축전기를 직렬로 연결한 상태를 나타낸 회로도가 〈그림 8〉 가)이다. 회로를 분석하는 사람은 이렇게 직렬로 연결된 두 개의 축전기를 한 개의 축전기로 바꾸고 싶어 한다. 왜 그럴까? 직렬로 연결된 두 축전기에 건전지를 연결하였을 때 얼마의 전하가 쌓이는지 알아낼 수 있다면 그 이유를 알게 된다. 두 축전기에 건전지가 연결되어 있으니, 축전기의 금속판에 알짜전하가 쌓일 것이다. 이때 두 축전기가 연결된 부분, 곧 점선으로 둘러싸인 부분을 보자. 두 축전기의 한쪽 판이 전선으로 연결되어 있지만, 이 부분은 외부와 단절되어 있다. 따라서 이 부분의 알짜전하는 어떤 상황에서도 0이다. 그런데 건전지의 양극과 연결된 판에는 양의 전하가 쌓이면 같은 크기의 음의 전하가 반대편 판, 곧 점선 안의 왼쪽 판에 쌓인다. 우리는 이 전하를 각각 Q와 $-Q$라 하자. 그러면 0의 알짜전하를 유지하기 위해서는 점선 안의 오른쪽 판에 Q의 전하가 쌓이는 셈이다. 그리고 건전지의 음극에 연결된 판에는 다시 $-Q$의 전하가 쌓인다. 따라서 두 축전기에 쌓이는 전하량은 같은 값이어야 한다. 이 값을 알기 위해서는 〈그림 8〉 나)에 나타낸 것처럼 두 축전

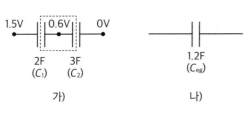

〈그림 8〉 가) 축전기의 직렬연결과 나) 등가전기들이

전자기학 쓰임말을 알면 물리가 보인다

기를 뭉뚱그려 하나의 축전기로 탈바꿈하여야 한다. 이 탈바꿈한 축전기를 가리켜 우리는 등가축전기라 하고, 그 전기들이값을 등가전기들이(equivalent capacitance)라고 부른다. 그런데, 저항기 직렬연결의 경우와 마찬가지로 각각의 축전기에서 전압강하가 일어난다. 그렇다면 두 축전기 연결점의 전위는 얼마일까? 〈그림 8〉 가)에 나타낸 대로 두 축전기 연결점의 전위는 0.6V가 된다. 어떻게 아는가? 그래야만 2F짜리 축전기에서는 0.9V의 전압강하가 일어나므로 2F×0.9V=1.8C의 전하가 쌓이고, 3F짜리 축전기에서는 0.6V의 전압강하가 일어나므로 3F×0.6V=1.8C의 전하가 쌓인다. 그래야 두 축전기에 같은 전하량이 쌓이는 것이다. 그렇다면 등가전기들이 값은 얼마인가? 전압이 1.5V인 축전기에 1.8C의 전하가 쌓였으니, 1.8C/1.5V=1.2F이된다. 그런데 공교롭게도 등가전기들이의 역수 값 5/6는 두 전기들이 값의 역수의 합 1/2+1/3이 같다. 우연의 일치일까? 아니다. 필연의 결과이다. 왜 그런가? 등가축전기에 쌓인 전하량은 $Q_{eq}=Q=\dfrac{V}{C_{eq}}$인데, 각 축전기에 걸리는 전압을 V_1과 V_2라 하면, $V=V_1+V_2$ 이므로 $\dfrac{Q}{C_{eq}}=\dfrac{Q}{C_1}+\dfrac{Q}{C_2}$가 되어 이 관계는 일반적으로 성립한다. 축전기의 직렬연결의 결과에 대해 다시 써보면, 여러 개의 축전기가 직렬로 연결되었을 때, 각각의 전기들이값의 역수를 모두 더하면 등가전기들이의 역수와 같아진다.

수학적으로는 다음으로 나타낸다.

$$\frac{1}{C_{eq}}=\frac{1}{C_1}+\frac{1}{C_2}+\frac{1}{C_3}+\cdots$$

수학적으로는 저항기의 병렬연결과 동등하다.

10-2. 축전기의 병렬연결

수학적으로 축전기의 직렬연결이 저항기의 병렬연결과 동등하다면, 수학적으로 축전기의 병렬연결이 저항기의 직렬연결과 동등하다는 말인가? 그렇다. 축전기의 병렬연결의 결과에 대해 다시 써보면

여러 개의 축전기가 직렬로 연결되었을 때, 각각의 전기들이값을 모두 더한 등가전기들이로 치환하여도 된다.

수학적으로는 다음처럼 나타낸다.

$$C_{eq} = C_1 + C_2 + C_3 + \cdots$$

여기서는 이러한 수학적 동등성이 나타나는 이유를 살펴보자. 저항기의 직렬연결에서는 전선에 흐르는 전류가 같아야 하고, 이에 따른 전압강하가 일어나야 한다. 따라서 저항기의 직렬연결의 경우 똑같은 전류가 흐르려면 큰 저항값을 가지는 저항기에서 더 큰 전압강하가 일어나야 한다. 여러 개의 저항기가 전체전압을 나누어 가지게 되므로 각각에 걸리는 전압은 낮아져서 전류값이 작아지며, 각각의 전압강하를 모두 합하면 전체전압이 되어야 한다. 이 전체전압이 등가저항값에 전류를 곱한 값이니 등가저항은 각각의 저항값을 더해서 구할 수 있다. 축전기의 병렬연결의 경우 각각의 축전기에는 똑같은 전체전압이 걸린다. 그런데 등가축전기에 쌓이는 전하량은 이 모든 전하량을 더한 값이니, 등가전기들이는 각각의 전기들이 값을 더해서 구할 수 있다.

저항기의 병렬연결과 축전기의 직렬연결의 경우에도 비슷한 논의를 거쳐 수학적으로 동등하다는 것을 알 수 있다. 이러한 동등성을 이해하려면, 전기소자의 연결에서 *각각의 소자가 가지는 물리량 중에 무엇이 모든 전기소자에서 똑같은 값을 가지는지* 따져 보면 된다. 병렬 연결에서는 모든 소자에 걸리는 전압이 모두 같다. 그러나 저항기의 직렬연결의 경우는 흐르는 전류가, 그리고 축전기의 직렬연결의 경우는 쌓이는 전하량이 모두 같

전자기학 쓰임말을 알면 물리가 보인다

다. 직렬 연결에서는 각각의 소자에 걸리는 전압을 모두 더하면 전체전압이 된다.

저항기의 병렬연결의 경우는 각 저항에 흐르는 전류를 모두 더하면 등가저항기에 흐르는 전류와 같다.

이 문장을 축전기에 적용하자.

축전기의 병렬연결의 경우는 각 축전기에 쌓이는 전하량을 모두 더하면 등가축전기에 쌓이는 전하량과 같다.

그리고 축전기에 쌓이는 전하량이나 저항기에 흐르는 전류는 모두 전압에 비례하지만, 저항기에 흐르는 전류는 저항에 반비례하고 축전기에 쌓이는 전하량은 전기들이에 비례한다는 것도 알아야 한다.

11. 극갈림

⚡ 편극(偏極)

『물리』 전하(電荷) 또는 자하(磁荷) 분포가 변화하여 전기 쌍극자 모멘트 또는 자기 쌍극자 모멘트가 생기는 일. 또는 그 단위 부피당의 쌍극자 모멘트의 크기. 전기장 속에 놓인 유전체에 전기 쌍극자 모멘트가 생기는 현상을 이른다. ≒유전 편극, 전기 편극.

⚡ 분극(分極)

1. 『물리』 유전체(誘電體)를 전기장 속에 놓을 때, 그 물체 양끝에 양전기와 음전기가 나타나는 현상.
2. 『물리』 전기 분해나 전지를 사용할 경우에 전극과 전해질 사이에 전류가 흐른 결과, 원래의 전류와 반대 방향의 기전력이 생기는 현상. ≒전기 분극, 전해 분극, 전해 편극.
3. 『물리』 원자·분자를 전기장 속에 놓을 때, 음전하와 양전하의 평균적 위치가 변화·분리되어 쌍극자 모멘트를 갖는 현상.

⚡ **polarization**

1. the action of polarizing or state of being or becoming polarized: such as

    a(1): the action or process of affecting radiation and especially light so that the vibrations of the wave assume a definite form

     (2): the state of radiation affected by this process

    b: an increase in the resistance of an electrolytic cell often caused by the deposition of gas on one or both electrodes

    c: MAGNETIZATION

2. division into two sharply distinct opposites

    especially: a state in which the opinions, beliefs, or interests of a group or society no longer range along a continuum but become concentrated at opposing extremes

독자 여러분은 아마도 분극 또는 편극이라는 쓰임말을 들어 보셨을 것이다. 한국 물리학회에서는 순우리말인 '극갈림'을 쓰도록 권장하고 있다. 물리학에서 분극과 편극은 같은 말인데, 영어의 polarization을 번역할 때 쓰이는 분야에 따라 달리 번역하였기 때문이다. 한글사전의 편극에 대한 설명은 분극에 대한 설명 항목 「1」과 같다. 그런데 분극에 대한 설명 항목 「2」는 분야를 『물리』라 하였지만, 필자도 잘 알지 못하는 설명이다. 아마 전기화학이나 전자공학 분야에서 특별히 쓰는 것이 아닌가 짐작한다. 분극에 대한 설명 항목 「3」에 대해서는 나중에 자세히 설명한다. 영어사전의 polarization에 대한 설명은 항목 1이 그나마 물리학에서 쓰는 말에 가깝고, 설명 항목 「2」는 일상생활에서 쓰는 것으로 우리말로는 양극화 정도에 해당한다. 영어사전에는 이 절에서 다루는 극갈림에 해당하는 적절한 설명이 없다.

영어의 polarization이 물리학에서 쓰일 때는 크게 두 가지로 나누어 생각해야 하는데, 바로 전자기학에서 쓰이는 **극갈림**(편극 또는 분극)과 광학에서 쓰이는 **편광**이다. 극갈림과 편광 모두 영어 polarization을 번역한 것이다. 전자기학의 극갈림은 다시 전기적 극갈림(electric polarization 또는 구체적으로 dielectric polarization)과 자기적 극갈림(magnetic polarization 또는 magnetization)이 있다. 자기적 극갈림은 나중에 다시 다룬다.

극갈림을 제대로 알려면 극갈림 현상이 일어나는 미시적 근원과 극갈림이 어떻게 거시적으로 드러나는지 알아야 한다. 먼저 극갈림의 미시적 근원에 대해 알아보자. 한글사전의 분극에 대한 설명 항목 「3」에 해당하는 내용이다. 설명에 따르면 '원자·분자를 전기장 속에 놓을 때'라 하였는데, 우선 전기장 속에 놓았다는 표현에 대해 생각해 보자. 원자나 분자가 아니더라도, 물체를 전기마당 속에 놓았다는 것이 무슨 뜻일까? 어떻게 물체를 전기마당 안에 놓는가? 앞에서 전기마당에 대한 설명에서 '전기마당이란 전하가 만들어내는 공간의 속성 변화'라고 하였다. '물체를 전기장 속에 놓았다'는 것은 바로 그 '물체가 놓인 공간의 속성을 바꾸었다'는 뜻이다. 그렇다면, 공간의 속성을 바꾸려면 어찌해야 하나? 사실은 간단하다. 아무것도 없던 공간에 전하를 갖다 놓으면 전기마당이 만들어진다. 이때 전기마당을 만든 전하 근처에 물체를 가져다 놓으면 전기마당 속에 놓은 것인데, 물체에 전기마당을 걸어주었다고도 말한다. 그런데 이러한 설명은 매우 추상적이다. 극갈림을 설명하기 적합한 전기마당이 아니다. 앞에서 전선에 전류가 흐르게 하려면, 전선의 양끝에 전기마당을 걸어주어야 하는데,[65] 전기마당을 걸어주는 것은 전지의 두 극을 이 전선의 양끝과 연결하면 된다고 하였다. 그런데 이 전기마당은, 완전히 별개의 것은 아니지만, 지금 극갈림을 설명하는데 필요한 것은 아니다. 특별히 극갈림을 설명하기에 편리한 전기마당은 위치에 따라 전기마당의 세기나 방향이 바뀌지 않고 균일한 전기마당이다. 이런 전기마당은 평행판축전기로 간단히 만들 수 있다. 정사각형 모양의 평행판축전기가 있다. 만일 이 평행판축전기의 두 금속판이 한 변의 길이보다 매우 가깝게 배열되어 있고 판의 가장자리 근처가 아니라면 전기

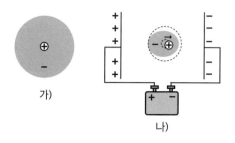

가)

나)

〈그림 9〉 원자의 극갈림

마당이 균일하다. 이 두 판 사이에 원자를 갖다 놓으면 이 원자에 전기마당을 걸어 준 것이다.

원자의 모양이 공처럼 생겼다면, 원자핵이 차지하는 부피가 매우 작아서 점으로 다루어도 괜찮다. 하지만 원자를 확대해서 그려보면 〈그림 9〉 가)와 같이 원자를 ⊕로 나타낸 원자핵과 나머지 공간을 채운 전자구름으로 나타낼 수 있다. 이런 원자를 거시적으로 보면 원자핵이 전자구름에 완벽하게 대칭적으로 둘러싸여 있어서 원자핵이나 전자구름의 존재를 전기적으로 구분할 방법이 없다. 이런 현상은 전자구름에 둘러싸인 원자핵의 존재가 전자구름이 가려서 보이지 않기 때문에 일어난다. 이런 현상을 가리켜 '가리기'라고 하는데 한자어로는 차폐(遮蔽), 영어로는 screening이라 한다. 극장에서 영화를 볼 때 쓰이는 스크린을 가림막이라 한다. 농구 경기 중 수비 선수들이 공격수의 슈팅을 방해하기 위해 두 팔을 들고 눈앞에서 좌우로 흔드는 행동을 가리켜 '스크린한다'고 한다. 두 팔을 흔들어 골대가 잘 보이지 않게 방해하기 위함이다. 전자구름이 마치 수비수의 팔과 같이 원자핵의 존재를 전기적으로 알아채지 못하게 막고 있는 셈이다. 그런데 여기서 중요한 점 하나는 원자핵 역시 전자구름의 존재를 알아채지 못하게 방해하고 있다는 것이다. 곧, 원자를 공간에 독립시켜 놓으면 전기적으로 완벽하게 중성이다.

이제 원자핵을 적당한 방법으로 붙잡고 있어서 제 자리를 벗어나지 못한다고 하자. 이런 원자를 〈그림 9〉 나)와 같이 전지에 연결된 평행판축전기의 두 판 사이에 갖다 놓으면 벌어지는 일을 생각해 보자. 원자핵은 평행판축전기의 왼쪽 판에 쌓인 양의 알짜전하에 의해 밀힘, 그리고 오

전자기학 쓰임말을 알면 물리가 보인다

른쪽 판에 쌓인 음의 알짜전하에 의해 끌힘을 받으므로, 제자리에서 약
간 오른쪽으로 벗어날 것이다.

그런데, 전자구름은

평행판축전기의 왼쪽 판에 쌓인 양의 알짜전하에 의해 끌힘, 그리고 오
른쪽 판에 쌓인 음의 알짜전하에 의해 밀힘을 받으므로, 제자리에서 약
간 왼쪽으로 벗어날 것이다.

이제 이 상태에서는 원자핵이나 전자구름의 존재를 전기적으로 구분할
수 있다. 그런데 그 모양을 보면 마치 양의 알짜전하가 오른쪽에, 음의 알짜
전하는 왼쪽에 자리 잡은 것처럼 보인다. 원래 양전하와 음전하가 고르게
분포하여 마치 전하가 없는 것 같았는데, 전기마당의 영향으로 양전하와
음전하가 분리된 것처럼 보인다. 이를 가리켜 '극이 분리되어 나타났다'고
하여 분극이라 하거나, '극이 갈려 나타났다'고 하여 '극갈림'이라 한다. 그
런데 원래는 하나의 원자 안에 '섞여 있던' 전하가 이처럼 갈려서, 반대부호
를 갖는 두 개의 전하로 나뉘었지만, 여전히 하나의 물체로 다루어야 하는
것을 가리켜 쌍극자, 더 정확하게는 전기쌍극자(electric dipole)라고 한다.

⚡ 쌍극자(雙極子)

『화학』 작은 자석 따위와 같이 양과 음의 전기 또는 자극(磁極)이 서로 마주 대하고 있는
물체. 양전기와 음전기, 자석의 남극과 북극 따위가 있다.

⚡ dipole

1. a: a pair of equal and opposite electric charges or magnetic poles of opposite
   sign separated especially by a small distance

   b: a body or system (such as a molecule) having such charges or poles

2. a radio antenna consisting of two horizontal rods in line with each other with
   their ends slightly separated

한글사전과 영어사전 모두 쌍극자에는, 전기쌍극자와 자기쌍극자(magnetic dipole, 나중에 설명), 두 종류가 있다는 것이 분명하게 나타나 있는데, 한글사전의 분야로는『화학』이라고 한 이유를 알 길이 없다. 더욱이 부연설명으로 '양전기와 음전기, 자석의 남극과 북극 따위'라는 표현을 오히려 잘못된 개념을 심어주기에 딱 좋다. 이 설명은 극의 종류를 말한 것이지 쌍극자에 관한 설명이 아니다. 쌍극자란 서로 다른 '극' 두 개가 쌍을 지어 한데 어우러져 있다는 뜻이다. 따라서 '양전기와 음전기 쌍, 자석의 남극과 북극 쌍 따위'라고 바꿔야 한다. 영어의 낱말 dipole 역시 둘을 뜻하는 접두사 'di-'와 극을 뜻하는 pole이 붙어서 만들어진 낱말이다. 그렇다면 '극'이란 무엇인가?

⚡ 극(極)

1. 어떤 정도가 더할 수 없을 만큼 막다른 지경.
2. 『물리』 전지에서 전류가 드나드는 양쪽 끝. 양극과 음극이 있다.
3. 『물리』 자석에서 자력이 가장 센 양쪽의 끝. 남극과 북극이 있다.
4. 『수학』 구(球)에 그린 대원(大圓)이나 소원(小圓)의 중심을 지나고, 이 원이 만드는 평면에 수직인 구의 지름의 양끝.
5. 『지구』 지축(地軸)의 양쪽 끝. 곧, 북극과 남극을 이른다.
6. 『천문』 지구의 자전축이 천구(天球)와 만나는 점. 북극과 남극이 있다.

⚡ pole

1. either extremity of an axis of a sphere and especially of the earth's axis
2. a: either of two related opposites
   b: a point of guidance or attraction
3. a: either of the two terminals of an electric cell, battery, generator, or motor
   b: one of two or more regions in a magnetized body at which the magnetic flux density is concentrated
4. either of two morphologically or physiologically differentiated areas at opposite ends of an axis in an organism or cell

---

전자기학 쓰임말을 알면 물리가 보인다

5. a: the fixed point in a system of polar coordinates that serves as the origin

   b: the point of origin of two tangents to a conic section that determine a polar

---

물리학에서 쓰는 '극'에 대한 한글사전의 설명 항목은 모두 네 개인데, 우선 전지의 연결점인 전극이 있고, 자석, 지구, 그리고 천구에 쓰이는 남극과 북극이 있다. 자석의 양극을 나타내는 '남극'과 '북극'이라는 쓰임말은 같은 낱말이지만 다른 뜻으로 쓰이는 두 개가 더 있는데, 지구 자전축이 지나는 지구 표면의 두 점, 곧 남극(antarctic)과 북극(arctic), 그리고 지구의 자전축이 천구[66]와 만나는 두 점이 있다. 이 책에서는 이들을 구분하기 위해 자석의 남극과 북극을 S극과 N극으로 부른다. 불행히도 이 절에서 다루려는 전하의 두 극, 곧 양극과 음극에 대한 설명이 없다.

전기에서 다루는 '극'은 간단하게 말해 전하를 띤 알갱이 하나를 가리키는 말이다. 전기를 띤 알갱이 중 독립되어 있으면서 가장 작은 개체가 전자와 양성자이니, 전자는 음극, 그리고 양성자는 양극이 된다. 그런데 이렇게 전자와 양성자가 여럿 모여 있더라도 알짜전하를 가지고 있고, 거시적으로 보아 한 개의 알갱이로 취급해 줄 수 있으면 극으로 취급한다. 이렇게 알짜전하를 가진 하나의 알갱이를 가리켜, 극 하나가 홀로 있다 하여 홀극(monopole)[67]이라 한다. 전기힘선이라는 것이 양전하에서 시작하여 음전하에서 끝나므로, 전기힘선의 시작점과 끝점이라는 뜻에서 '극'이라는 낱말을 쓰게 된 것이다.

(전기)쌍극자란 같은 크기의 음전하와 양전하, 곧 음극과 양극이 한 쌍으로 아주 가깝게 붙어있어 붙여진 이름이다. 그런데, 실제로는 두 개 이상의 알갱이로 이루어진 쌍극자를 하나의 알갱이로 취급한다는 것은 무슨 뜻일까? 이 말은 쌍극자를 미시적으로 들여다보면 두 전하가 떨어져 있지만, 거

⊙ 보충 설명

앞에서 우리가 관심이 있는 공간의 크기에 비해 쌍극자를 이루는 두 전하 사이의 거리가 매우 짧아야 한다고 하였다. 과연 얼마나 짧으면 '매우' 짧은 것일까? 정말로 0.1mm는 10cm에 비해 매우 짧은가? 실제로 물리학이나 수학에서는 자주 $a \gg b$라 써놓고 a가 b보다 '매우 크다' 또는 '충분히 크다'고 말한다. 얼마나 커야 충분히 큰 것인가? 두 배? 열 배? 아니면 1,000 배? 백만 배?

우리가 일상생활에서 쓰는 낱말 중 체언(명사, 대명사, 수사) 앞에 붙어 체언의 내용을 꾸며주는 꾸밈말이 있다. 우리말 문법에서는 관형사라 하고 영문법에서는 형용사라 한다. 이런 꾸밈말은 엄밀하게는 모두 비교 대상이 있어야 한다. 예를 들어 흔히 '꽃이 아름답다'라는 표현을 쓰지만, 엄밀하게는 '이 꽃이 저 꽃보다 더 아름답다'라는 식으로 말해야 객관적이고, 논리적으로 맞다. 물론 굳이 아름다움을 말하면서 객관적이고 논리적이어야 할 이유는 없지만, 과학에서는 매우 중요한 것이다. 객관성과 논리가 무척 중요한 과학이나 수학에서 그냥 'a가 b보다 크다'고 말하면 우리는 그것이 무슨 뜻인지 바로 알아채지만, 'a가 b보다 매우 또는 충분히 크다'고 말하면, 얼마나 커야 매우 또는 충분히 큰 것인지 알 수 없으므로, 매우 부적절하다. 그런데도 이런 표현이 자주 등장하는 것은 무슨 이유일까?

다시 질문해 보자. a가 b보다 몇 배나 커야 충분히 큰 것인가? 결론부터 말하면 a가 b보다 10배 이상 크면 충분히 큰 것이다. 왜 굳이 10인가? 그 이유를 따져 알려면 수학의 테일러(Taylor) 전개와 물리학에서 다루는 오차에 대해 알아야 한다. 우선, 오차에 대해 알아보자. 물리량을 다루려면 그 물리량을 잴 수 있어야 하는데, 이 재는 과정에 필연적으로 오차가 생길 수밖에 없다. 물리학에서는 이 오차가 적어도 0.1 또는 10% 미만이어야 의미가 있다고 한다. 이 한계를 테일러 전개와 연결해 보자.

만일 어떤 함수 $f(x)$에 대해 $x = a$(a는 상수)일 때의 값 $f(a)$를 정확히 알고 있다면, x가 a에 매우 가까울 때, 곧 $x \simeq a$일 때의 함수값을 구해보면, 테일러 전개를 이용하여

$$f(x-a) = f(a) + f'(a)(x-a) + \frac{f''(a)}{2!}(x-a)^2 + \frac{f'''(a)}{3!}(x-a)^3 \ldots$$

이 된다. 이것을 $f(x-a) = f(a) + f'(a)(x-a)$라고 썼다면, 참값인 $f(x-a)$와는 $\frac{f''(a)}{2!}(x-a)^2 + \frac{f'''(a)}{3!}(x-a)^3 \ldots$만큼 차이가 난다. 이것이 오차이다. 이 오차를 0.1 미만이 되게 하려면 x와 a의 차이, 곧 $|x-a|$가 0.1 이하여야 한다. $|x-a| < 0.1$이면 $f''(a)(x-a)^2/2! + f'''(a)(x-a)^3/3! + \ldots$는, $f''(a)/2!$와 $f'''(a)/3!$이 10보다 크지 않다면, $f''(a)$

시적으로 보면 두 전하 사이의 거리를 무시할 수 있다는 것이다. 표현은 그럴듯하지만, 독자 여러분은 아직도 이 말이 잘 이해되지 않을 것이다. 이 말은 우리가 관심이 있는 공간의 크기에 비해 쌍극자를 이루는 두 전하 사이의 거리가 매우 짧다는 뜻이다. 예를 들어, 어떤 쌍극자로부터 10cm 떨어져 있는 점전하가 받는 힘을 구하려 하는데, 쌍극자를 이루는 두 전하 사이의 거리가 0.1mm라면 매우 짧다고 할 수 있으므로, 비록 전하는 둘이지만 하나의 점으로 다루어도 괜찮다.

　　어떤 점전하가 만드는 전기마당은 그 점전하까지 거리의 제곱에 반비례하지만, 쌍극자로부터 멀리 떨어져 있으면 쌍극자에 의한 전기마당은 거

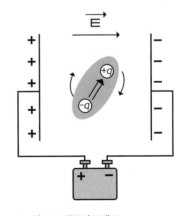

〈그림 10〉 쌍극자모멘트

리의 세제곱에 반비례한다. 쌍극자의 알짜전하가 0이므로, 얼핏 보아 쌍극자는 전기마당을 만들 수 없어 보이지만, 그렇지 않다. 비록 짧은 간격이지만 쌍극자를 이루는 두 전하 사이 벌어져 있다면 이렇게 전기마당을 만들어낸다. 실제 전하 분포에서는 거리의 네 제곱, 다섯 제곱 등에 반비례하는 성분이 세제곱에 반비례하는 성분에 더하여 나타난다.

쌍극자가 내는 효과의 다른 하나는 쌍극자가 돌림힘과 관련이 있다는 것이다. 〈그림 10〉과 같이 쌍극자 하나를 전지에 연결된 평행판축전기의 두 판 사이에 갖다 놓았다고 생각하자. 이 상황을 물리학자는 '쌍극자를 외부 전기마당에 놓았다'고 말한다. 평행판축전기의 두 판 사이에 만들어진 전기마당이 외부 전기마당에 해당한다. 만일 쌍극자를 만드는 두 전하를 잇는 직선 방향, 더 정확하게는 음전하에서 양전하로 향하는 방향(⇒로 표시)이 전기마당의 방향(→로 표시)과 평행하지 않다면, 이 쌍극자는 돌림힘을 받는다. 평행판축전기의 왼쪽 판에 쌓여 있는 양전하는 쌍극자의 양전하를 오른쪽으로 밀고, 오른쪽 판에 쌓여 있는 자유전자는 쌍극자의 음전하를 왼쪽으로 밀고 있다. 이 두 힘의 크기가 같으니 서로 상쇄되어 알짜힘은 0이 된다. 그러나 이 두 힘의 작용점이 서로 달라 돌림힘을 낸다. 이런 두 힘을 일컬어 짝힘이라고 한다. 이렇게 짝힘이 작용하는 쌍극자는 돌림힘을 받는다. 이 돌림힘의 크기는 외부 전기마당의 세기에 비례하리라는 것은 쉽게 알 수 있다. 돌림힘의 세기를 결정하는 또 다른 하나는 쌍극자 자체가 결정할 것인데, 이것을 나타내는 물리량을 쌍극자모멘트[68]라고 한다. 이 쌍극자모멘트는 돌림힘의 크기를 결정하는 것이니, 쌍극자의 어떤 특성이 돌림힘에 어떻게 영향을 끼치는지 알면, 쌍극자모멘트의 크기를 알아낼 수 있다. 돌림힘은 돌림힘을 일으키는 힘과 그 힘의 작용점에서 회전축까지의 거리에 비례한다. 돌림힘의 크기는 쌍극자를 이루는 전하량에 비례할 것이니, 쌍극자모멘트 역시 전하량에 비례한다. 힘의 작용점은 전하가 있는 곳이고 회

전자기학 쓰임말을 알면 물리가 보인다

전축은 쌍극자의 질량 중심을 통과하므로, 힘의 작용점과 회전축까지의 거리는 두 전하 사이 거리의 반에 해당한다. 그래서 쌍극자모멘트의 크기는 전하량에 두 전하 사이 거리의 곱으로 정한다. 독자 여러분은 여기에 더해

💡 보충 설명

쌍극자란 같은 크기의 반대부호를 갖는 두 전하가 아주 가까이 붙어있는 상태를 가리킨다. 그리고 비록 두 전하로 이루어져 있지만 하나의 알갱이로 취급해야 한다. 그런데 어떻게 두 전하를 하나의 알갱이로 취급할 수 있나?

수소 원자 하나를 들여다보자. 전기적으로 중성인 원자는 그 중심에 양성자로 이루어진 원자핵이 있고, 그 주위를 전자가 마치 구름처럼 널려 있다고 생각한다. 양자역학적으로는 원자 안에 있는 전자를 점으로 보면 안 되고 이처럼 부피를 가지고 있다고 보아야 한다. 이런 상태를 전자구름이라 부른다. 그러나 원자에서 떨어져 나온 전자를 거시적으로 보면 점이다. 원자핵이 차지하는 부피는 원자의 부피에 비해 매우 작아서 원자핵을 점으로 취급해도 무방하다. 그런데 전자가 비록 원자의 부피 대부분을 차지하지만, 원자에서 충분히 멀리 떨어진 지점에서 보면, 전자의 모든 전하가 마치 어느 한점에 모여 있는 점으로 보아도 아무런 문제가 없다. 이 지점이 바로 전자구름의 질량 중심이다.

그런데 전자구름이 구 모양이라면 질량 중심은 구의 중심인데 바로 이 구의 중심에 원자핵이 있다. 따라서 수학적으로 보아 음전하와 양전하 사이의 거리가 0이다. 이러면 원자가 전기쌍극자 모멘트를 갖지 못한다. 그런데 극갈림이 일어나서 전자구름의 질량 중심이 원자핵의 위치에서 벗어나 있다면 이 원자는 전기쌍극자 모멘트를 가진다. 이때 전기쌍극자 모멘트의 크기는 원자핵의 전하량, 곧 양성자의 전하량에 전자구름의 질량 중심과 원자핵 사이 거리를 곱해서 구한다.

전기쌍극자 모멘트를 반드시 전기쌍극자만 가지는 것이 아니라, 작지만 거시적으로 무시할 수 없는 공간에 전하가 분포하여 있어도 전기쌍극자 모멘트가 생긴다. 이러한 전하 분포가 갖는 전기쌍극자 모멘트를 구할 때는 다음과 같은 수학적 과정을 거쳐 구한다. 쌍극자모멘트 $\mathbf{P}$는

$$\mathbf{P} = \int \mathbf{r}\rho(\mathbf{r})\mathrm{d}^3 r$$

인데, 여기서 $\mathbf{r}$은 전하의 위치벡터이고 $\rho(\mathbf{r})$은 전하밀도이다.

쌍극자모멘트가 크기만 갖는 것이 아니라 방향까지 알아야 돌림힘의 방향을 구할 수 있다는 것을 쉽게 알아챌 수 있다. 쌍극자모멘트의 방향은 앞에서 말한 쌍극자를 이루는 음전하에서 양전하로 향하는 방향(〈그림 10〉에 ⇒로 표시)이다.

알갱이 상태의 쌍극자에는 두 종류가 있다. 원래는 전기적으로 중성이면서 전하가 고르게 분포하여 쌍극자가 아니지만, 전기마당이 작용하면 쌍극자로 변하는 알갱이가 있고, 전기적으로는 중성이면서 내부의 전하 분포가 쌍극자모멘트를 가지도록 분포해 있는 알갱이가 있다. 전자를 가리켜 유도쌍극자[69], 그리고 후자를 가리켜 영구쌍극자[70]라고 한다.

영구쌍극자의 예를 몇 개 알아보자. 대표적인 영구쌍극자는 화학에서 나오는 극성분자를 떠올리면 된다. 분자란 원자가 여럿 모여서 화학 결합을 이루어 하나의 알갱이를 이룬 것을 일컫는다. '화학 결합'은 영어 chemical bonding을 번역한 것인데, 가까이 있는 두 원자가 자신들이 가지고 있던 전자를 서로 나누어 가지면 화학 결합이 이루어진다. 양자역학적으로는 '두 원자의 전자구름이 겹쳐졌다'라고 한다. 이렇게 전자구름이 겹치면, 겹친 부분의 전자는 어느 특정 원자에 갇혀 있는 것이 아니라 두 원자를 자유로이 오갈 수 있다. 그런데 가끔 전자구름이 겹쳐진 부분에 있는 전자 중 일부가 특정한 원자에 더 오래 머물러 있을 수 있다. 예를 들어, 소금 분자를 생각해 보자. 나트륨 원자와 염소 원자가 결합하여 소금 분자를 이룬다. 분자가 되기 위해서는 두 원자가 화학적으로 결합해야 하는데, 나트륨은 최외각 전자가 하나인 금속 원소이므로, 쉽사리 최외각 전자를 원자 밖으로 내어 주고 자신은 양이온이 된다. 주기율표의 왼쪽에 있는 원소들의 이온화에너지가 작아 쉽사리 양이온이 된다. 나트륨 금속 덩어리가 전기적으로 도체인 이유가 바로 원자의 속박에서 벗어난 최외각 전자가 덩어리 안을 자유롭게 움직여 다닐 수 있기 때문이다. 그런데, 염소 원자는 최외각 전자

전자기학 쓰임말을 알면 물리가 보인다

의 개수가 7로 안정된 궤도를 이루는 8에서 하나가 부족하다. 따라서 염소 원자는 주변에 돌아다니는 전자가 있으면 붙잡아 음이온이 되면서 궤도를 안정시킨다. 이렇게 원자가 전자를 잡아들여 음이온이 되는데 이때 필요한 에너지를 전기음성도(electronegativity)라고 부른다. 주기율표의 오른쪽에 있는 7족 원소의 전기음성도가 높다. 그러면 양이온이 된 나트륨과 음이온이 된 염소 사이에는 전기적인 끌힘이 작용하여 화학결합을 이루어 소금 분자가 된다. 이러한 결합을 가리켜 **이온결합**(ioninc bonding)이라 한다. 이제 독립된 소금 분자를 보면 나트륨 쪽에는 양전하가 있고 염소 쪽에는 음전하가 있는 쌍극자를 이룬다. 이 소금 분자 하나가 독립된 분자 상태를 유지하는 동안 쌍극자모멘트를 가지게 되므로 영구쌍극자가 된다.

또 다른 극성분자의 예는 생명현상을 유지하는 데 없어서는 안 되는 물이다. 물은 산소 원자 하나와 수소 원자 둘이 합해 물 분자 하나가 이루어진다. 산소원자는 최외각 전자가 6개인데 안정된 8개에서 두 개가 모자라기 때문에 전기음성도가 높다. 그리고 수소 원소의 이온화에너지도 상대적으로 낮다. 산소 원자와 수소 원자가 화학적으로 결합하여 물 분자를 이룰 때 만들어지는 화학 결합은 그 결합에 참여하는 전자를 두 원자가 서로 나누어 갖는 형태를 띤다. 이온결합은 어느 한 원자가 일방적으로 전자를 전부 가지지만 다른 원자는 전자를 완전히 잃어버린 상태라면, 물 분자에서 산소와 수소가 이루는 결합은 결합에 참여하는 전자를 두 원자가 서로 사이좋게 나누어 갖는 형태이다. 이렇게 전자를 함께(共) 가지고(有) 있다고 하여 **공유결합**(covalent bonding)이라 한다. 물 분자는 이러한 공유결합이 두 개 필요하다. 이 수소-산소-수소 결합은 일직선을 이루지 못하고 직각을 이루어야 한다. 그런데 실제 물 분자의 두 결합 간 각도를 재면 $104.5°$이다. 그 이유는 다음과 같다. 수소 원자의 이온화에너지가 낮고, 산소 원자의 전기음성도가 높다 보니, 결합에 참여한 전자가 두 원자에 고르게 있지 못하고 산소 쪽에 약간 치우쳐 있게 된다. 곧, 공유결합에 참여한 전자가 산소 원자 쪽에서 보내는 시간이 수소 원자 쪽에서 보내는 시간보다 평균적으로 조금 길어진다. 마치 산소 원자 쪽에는 음의 알짜전하가 있고, 수소 원자 쪽에는 양의 알짜전하가 있는 쌍극자 형태가 된다. 이렇게 물 분자는 극성분자가 된다. 한편, 두 수소 원자는 각각 양의 전하를 띄고 있으므로 서로 밀힘이 작용하여, 두 결합이 이루는 각도가 직각보다 커진다.

12. 유전체

앞에서 원자 또는 쌍극자 하나를 전지에 연결된 평행판축전기의 두 판 사이에 놓아 외부 전기마당을 '걸어준다'라고 하였다. 그런데 이 원자나 쌍극자를 평행판축전기의 두 판 사이 공간의 한 점에 고정해야 하는데, 어떻게 고정할 수 있을까? 사실은 원자 또는 쌍극자 하나를 전지에 연결된 평행판축전기의 두 판 사이에 오랫동안 고정할 방법은 전혀 없다고 해도 지나친 말이 아니다. 그렇다면 원자 또는 쌍극자를 전지에 연결된 평행판축전기의 두 판 사이에 오랫동안 고정할 방법이 전혀 없다는 말인가? 답은 '있다'이다. 다만, 하나를 고정하는 방법은 어려워도 여럿이면 가능하다. 원자나 쌍극자 여럿을 한데 묶어 고체나 액체 형태로 만들어 고정하는 방법이다. 영구쌍극자 또는 쌍극자로 유도될 수 있는 원자나 분자 여럿을 한데 묶어 고체나 액체 형태로 만든 물체를 유전체라 한다.

⚡ 유전체(誘電體)
『물리』 전기적 유도 작용을 일으키는 물질. 보통 부도체이다. ≒전매질.

⚡ dielectric
a nonconductor of direct electric current

한글사전에서 유전체를 가리켜 '전기적 유도 작용을 일으키는 물질'이라 하였는데, 독자 여러분은 이 말이 무슨 뜻인지 쉽게 알 수 있나요? 필자 역시 잘 모른다. 더욱이 비슷한 말로 '전매질'이라 하였는데 이 책을 쓰면서 '유전체'를 한글사전에서 찾아보다 처음 알게 된 낱말이다. 전혀 알지 못했다는 말이다. 영어사전에는 직류를 흐르지 못하게 하는 물질을 가리켜 유전체라 하였다. 부도체에 가깝다. 그렇다면 교류는 흐르게 한다는 말인가? 그렇다. 이 문제는 나중에 자세히 다룬다.

유전체가 무엇인지 알려면, 유전체를 전기마당 안에 놓으면 어떤 일이 벌어지는지 먼저 알아야 한다. 유전체를 이루는 원자나 분자들이 영구쌍극자가 아니라면, 이 유전체에 전기마당이 걸리지 않았을 때, 원자나 분자들은 당연히 쌍극자모멘트를 갖지 못할 것이다. 그런데 이 유전체를 전기마당 안

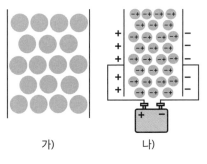

<가)>   <나)>

〈그림 12〉 전기마당 안에 놓인 유전체에서 일어나는 극갈림

에 놓으면, 유전체를 이루는 원자나 분자들에 극갈림이 일어나 쌍극자모멘트를 가질 것이고, 이 쌍극자들은 외부 전기마당의 방향에 따라 정렬할 것이다. 〈그림 12〉에 이 과정을 도식적으로 그려놓았다.

유전체 안에 있는 극갈림이 일어난 (유도)쌍극자를 보면 항상 한 쌍극자 옆에 다른 쌍극자가 잇달아 붙어 있다. 그런데 두 쌍극자의 맞닿은 부분의 전하가 서로 다른 부호를 가지고 있어 서로 상대방을 상쇄한다. 따라서 유전체 안에는 알짜전하가 없는 셈이다. 그런데 이러한 상쇄가 축전기의 금속판에 바로 맞닿은 면에서는 일어나지 않는다. 마치 유전체의 양면에만 알짜전하가 유도된 것처럼 보인다. 한글사전에서 유전체를 가리켜 '전기적 유도 작용을 일으키는 물질'이라 한 이유가 바로 이것이다. 이 유도전하는 새로운 전기마당을 만든다. 이 새로운 전기마당은 외부 전기마당과는 그 방향이 반대이다. 따라서 유전체가 없을 때의 전기마당에 비해 유전체가 있으면 총 전기마당은 줄어든다.

유전체 안에 있는 두 개의 점전하 사이에 작용하는 정전기력은 두 전하가 진공 안에서 같은 거리만큼 떨어져 있을 때의 전기력에 비해 약해진다. 이 약해지는 정도를 결정해 주는 물리량이 유전상수(dielectric constant)이다. 진공에서의 전기력을 F_{vac} 그리고 유전체 안에서의 전기력을 $F_{dielectric}$이라 하면 유전상수 κ[71]는

$$\kappa \equiv \frac{F_{vac}}{F_{dielectric}}$$

전자기학 쓰임말을 알면 물리가 보인다

으로 정의된다. 유전상수는 물질이 가지고 있는 고유 성질에 의해 결정되며, 진공은 당연히 1이고, 건조한 공기는 1.00058986, 순수한 물은 78.4이다. 이 유전상수에 진공의 유전율을 곱한 값을 유전율이라 한다. 곧, 유전율 ε은 $\varepsilon = \kappa \varepsilon_0$의 관계를 이룬다.

유전상수의 쓸모 중 하나는 평행판축전기의 전기들이를 늘여주는 데 있다. 앞에서 평행판축전기의 전기들이 값은 금속판의 넓이와 두 판 사이의 거리에 의해 결정된다고 했다. 전기들이 값을 크게 하려면, 넓은 금속판을 써야 하고, 두 판 사이의 거리를 줄여야 한다. 그런데 판의 넓이를 늘리면 전기·전자제품의 크기 역시 늘어나는 문제가 있고, 두 판 사이의 거리는, 나중에 설명하는 '유전성 깨짐' 현상으로 인해, 무한정 줄일 수는 없다. 이 문제를 해결하는 좋은 방법이 평행판축전기의 두 금속판 사이를 유전체로 채우는 것이다. 평행판축전기의 두 금속판 사이를 유전상수가 κ인 유전체로 채우면, 두 판 사이를 비워 놓았을 때의 전기들이 값과 비교해 κ배만큼 늘어난다. 곧, 유전체로 채웠을 때의 전기들이를 C_D라 하면, 비어 있을 때의 전기들이 C_V와 $C_D = \kappa C_V$의 관계를 이룬다. 따라서 유전상수가 큰 유전체를 쓰면 판의 넓이를 늘리거나, 두 판 사이의 거리를 줄이지 않고도 전기들이 값을 크게 만들 수 있다.

한글사전에 유전체가 보통 부도체라 하였는데, 이 설명의 문제점을 두 가지 측면에서 들여다보자. 우선, 부도체(또는 절연체)와 유전체는 같은 말인가? 답은 '예'이면서 '아니오'이다. 물리학자들은 둘 다 전류, 특히 직류가 잘 흐르지 않는다는 뜻에서 관습적으로 부도체와 유전체를 같은 말이라고 생각하므로 답은 '예'가 되어야 한다. 그러나, 합성수지로 전선의 피복을 입히는 것은 합성수지를 '부도체'로 쓴 것이고, 평행판축전기의 두 판 사이에 넣었다면 '유전체'로 쓴 것이다. 전자에서는 합성수지가 전류가 흐르지 못하도록 쓰였으므로 '부도체' 또는 '절연체'이고, 후자에서는 축전기의 전기

유전체의 유전율을 재는 방법에는 여러 가지가 있으나, 평행판축전기를 써서 간단히 잴수 있다. 곧, 전기들이 값을 알고 있는 평행판축전기의 두 판 사이에 유전율을 알고 싶은 유전체를 넣어 전기들이 값이 어떻게 바뀌는지 재면 된다. 이때 두 판 사이의 전기마당이 바뀌는데, 그 바뀌는 정도를 결정해 주는 물리량을 극갈림밀도(polarization density)라고 한다. 유전체 안의 작은 부피 요소를 생각해 보자. 이 부피 요소는 거시적으로 매우 작은 부피를 갖지만, 상당히 많은 개수의 쌍극자를 가지고 있다. 이 부피요소 안에 있는 쌍극자들의 쌍극자모멘트를 모두 더해서 쌍극자 개수로 나누면 극갈림밀도가 된다. 그런데 여기에 하나의 문제가 있다. 전기마당 안에 놓인 유전체에서 일어나는 극갈림을 도식적으로 나타낸 <그림 12> 나)의 쌍극자 하나를 보면 왼쪽에 음전하, 그리고 오른쪽에 양전하가 있다. 따라서 두 전하 사이의 거리와 전하량을 알면 쌍극자모멘트 값을 알 수 있다. 그런데, 마주보고 있는 두 쌍극자가 마주치는 부분을 보면, 오른쪽에 음전하, 그리고 왼쪽에 양전하가 있는 쌍극자로 보아도 물리적 상황이 바뀌는 것은 아니다. 이렇게 보면, 마주보는 두 전하 사이의 거리가 원래의 쌍극자가 가지고 있는 두 전하 사이의 거리와 다르므로, 쌍극자모멘트 값이 달라진다. 더욱이, 쌍극자모멘트의 방향도 반대이다. 과연 우리는 어떤 쌍극자를 취할 것인가?

유전체에서 벌어지는 현상을 위와 같이 설명하는 모형은 클라우지우스(R. Clausius)와 모소티(O.-F. Mossotti)가 만들어낸 것으로 그들의 이름을 따서 클라우지우스·모소티(Clausius-Mossotti) 모형이라 한다. 최근까지 이 모형이 가지고 있는 이러한 한계를 알면서도 특별한 대안이 없다 보니 그대로 쓰고 있었다. 특히 이론적인 계산으로 실험적인 측정값과 비교하는 것이 불가능하였다. 그런데, 1990년대를 들어서면서 물리학계에서는 이 문제를 다시 들여다보았다. 미국의 물리학자 밴더빌트(D. Vanderbilt) 등은, 실제 유전율을 재는 것이, 극갈림밀도를 직접 재는 것이 아니라, 전기마당을 걸었을 때와 그렇지 않을 때의 극갈림밀도 차이를 잰다는 점에 착안하여, 이론적으로 극갈림밀도 변화를 계산하여 실험과 비교할 수 있는 길을 열었다. 더 나아가 이렇게 계산된 극갈림밀도는 베리(Berry) 위상이라 불리는 양자역학적인 기하위상이라는 것을 알아내어 극갈림이 양자역학적 현상임을 밝혀냈다. 더는 클라우지우스·모소티 모형이 쓸모가 없어졌다. 이러한 변화가 일어난 것이 30여 년 전이니, 이미 정립되어 있던 자연과학의 이론도, 그것이 틀렸다고 밝혀지고 이를 대신할 새로운 이론이 성립되면, 가차 없이 버려지거나 수정된다는 것을 한 번 더 분명하게 보여주는 예이다.

들이 값을 늘리는 데 쓰였으므로 '유전체'이다. 바꾸어 말하면 같은 물질이라도 어떤 용도로 썼느냐에 따라 이름을 달리해야 한다는 것이다. 부도체와 유전체가 서로 다른 뜻으로 쓰였으니 답은 '아니오'가 되기도 한다.

두 번째 측면은 정전유도 현상을 조금 더 자세히 들여다보면 알 수 있는 문제이다. 정전유도 현상은 크게 두 가지 방식으로 일어난다. 첫째는, 물체 안에 있는 자유전자 등 자유로이 움직일 수 있는 전하수송체가 있으면 이 전하수송체는 외부 전기마당에 반응하여 물체 안에서 한곳에 모여 알짜전하를 구성한다. 둘째는, 전하수송체가 없더라도 물체가 전기마당에 놓이면 그 물체를 구성하는 원자나 분자에 극갈림이 일어나 물체의 양끝에 알짜전하가 쌓인 효과를 낸다. 전자는 도체에서 일어나는 정전유도이고 후자는 부도체에서 일어나는 정전유도라고 알고 있다. 그런데, 실제 부도체는 자유로이 움직이는 전하수송체가 전혀 없는 것이 아니므로, 부도체에서도 전하수송체가 한곳으로 모이는 정전유도 현상이 매우 희박하지만 가능하다. 또한 도체에서 벌어지는 정전유도 현상이 후자도 포함된다. 도체를 이루는 원자는 최외각 전자를 자유전자로 내주고 자신은 양이온으로 바뀐다. 이 양이온도, 비록 알짜전하를 가지고 있기는 하지만, 여전히 원자핵과 그 원자핵을 둘러싼 전자구름으로 보아야 한다. 따라서 이 양이온을 외부 전기마당에 놓으면 전기적으로 중성인 원자에서 일어나는 극갈림 현상과 똑같은 극갈림이 일어난다. 이런 극갈림 현상을 일반적인 극갈림과 구분하여 핵 극갈림(core polarization)이라고 한다. 이렇게 극갈림이 일어난 금속이온은 알짜전하를 가지면서 쌍극자모멘트도 가지고 있다. 이렇게 보면, 원자로 이루어진 모든 물체는 유전체이다. 이런 뜻에서 한글사전에 유전체를 '보통 부도체'라고 한 말은 오해를 불러일으킬 수도 있다.

보충 설명

유전성 깨짐(dielectric breakdown)

앞에서 평행판축전기의 두 판 사이 거리가 가까울수록 전기들이 값이 커진다고 하였으나, 이 거리를 무한정 줄일 수는 없다고 하였다. 또한, 두 판 사이에 걸어주는 전압을 높이면 더 많은 전하를 쌓을 수 있지만, 전압 역시 무한정 높일 수 없다고 하였다. 이 두 문제는 유전성 깨짐이라는 현상과 관련이 있다. 유전체에 외부 전기마당을 걸어주면 그 유전체를 구성하는 원자에 극갈림이 일어난다. 그런데 이 전기마당의 세기가 충분히 크면, 원자핵은 원래의 자리를 크게 벗어날 수 없지만, 전자는 원자핵의 속박에서 벗어나 자유롭게 움직일 수 있다. 이렇게 되면 이 유전체는 이제 부도체가 아니고 도체가 된다. 이렇게 부도체를 도체로 바꿀 정도로 충분히 큰 전기마당 값을 유전 세기(dielectric strength)라고 하는데, 물질 고유의 특성이 이 값을 결정한다. 예를 들어 건조한 공기는 이 값이 3MV/m인데, 평행판축전기의 두 판을 1m 떼어놓고, 3백만 볼트의 전압을 걸어주면 공기도 도체가 된다는 뜻이다. 곧, 이 축전기에 3백만 볼트 이상의 전압을 걸어주면 축전기로서 기능하지 않는다는 뜻이니, 축전기에 걸어주는 전압을 무한정 높일 수 없다. 그리고 두 판 사이의 거리를 1μm로 줄이면 3V 이상을 걸어 줄 수 없으니, 두 판 사이의 거리를 무한정 줄일 수 없다.

유전성 깨짐 현상을 우리가 일상생활에서 찾아보면, 천둥과 번개, 그리고 정전하가 방전하여 일으키는 '불꽃놀이' 등이 있다. 천둥과 번개는 하나의 현상을 다르게 감지하면서 다른 이름 붙인 것이다. 곧, 정전하가 방전하여 일으키는 '불꽃놀이'와 똑같은 현상인데, 귀로는 '천둥' 소리를 듣고, 눈으로는 '번개'를 본다. 공기 중의 수증기가 상승하여 차가워지면 응결하여 물방울이 되는데, 물방울의 크기가 우리 눈에 띌 정도로 커져서 한데 모인 것이 구름이다. 그런데 응결 과정에서 햇빛이나 그 밖의 다양한 원인으로 알짜전하를 띠게 된다. 우연히도 가까이 있는 두 덩어리의 구름이 가지고 있는 전하가 서로 다르면 두 구름 사이에 전위차가 생긴다. 만일 구름에 쌓이는 알짜전하가 점점 커져서 두 구름 사이에 전위차가 유전 세기를 넘어설 정도로 크면 이제는 두 구름을 둘러싼 공기는 부도체가 아니다. 곧, 두 구름 사이에 전류가 흐르는 것이다. 전류가 흐르면서 소리를 내는데 이것이 천둥이다. 그런데 이 전류가 흐르기 위해서는 단순히 자유전자만 흘러가는 것이 아니다. 한쪽 구름에서 자유전자가 나왔다면 튀어나온 전자는 곧바로 매우 강한 전기마당에 의해 매우 큰 운동에너지를 얻어 빠른 속도를 갖게 된다. 이 빠른 전자의 상당수는 이내 주변의 공기 분자와 충돌하여 에너지를 잃지만, 전자가 잃어버린 에너지는 충

전자기학 쓰임말을 알면 물리가 보인다

돌한 공기 분자를 이온화시키는 데 쓰이고, 남는 에너지가 빛으로 변환되어 우리 눈으로 관찰할 수 있다. 이것이 번개이다. 이렇게 만들어진 이온들 역시 전류에 이바지한다. 공기의 유전 세기는 밀도와 습도 등에 의해 결정되는데, 바로 이 밀도와 습도가 균일하지 않고 위치에 따라 다르다 보니 유전 세기 역시 위치에 따라 다르다. 유전 세기가 작을수록 유전성 깨짐이 쉽게 일어나므로, 공기의 유전성 깨짐이 유전 세기가 작은 영역을 따라 일어난다. 유전 세기가 작은 영역이 일정하지 않다 보니, 번개의 모양이 직선이 아니라 꾸불꾸불하고 시시각각 바뀌는 것이다. 그런데, 이 유전성 깨짐은 두 구름 사이의 공기에서만 일어나는 것이 아니라 구름과 지구 표면 사이의 공기에서도 일어난다. 지구는, 그 크기 때문에, 아무리 전하가 쌓여도 알짜전하는 0으로 변함이 없다고 본다. 그렇더라도 구름에 알짜전하가 쌓이면 구름과 지표면 사이에 전위차가 생긴다. 이 전위차가 충분히 크면 당연히 유전성 깨짐이 일어나는데, 이 현상은 따로 '벼락'이라고 부른다.

두 판 사이를 유전체로 채운 평행판축전기에서도 같은 일이 벌어질 수 있다. 그런데, 만일 두 판 사이가 진공이라면 어떻게 될까? 이 경우에도, 두 판 사이의 전압이 충분히 높다면, 음극판에서 자유전자가 튀어나와 양극판으로 이동할 수 있다. 이렇게 되면 진공이 더는 부도체가 아니라 효과적으로는 도체가 된다. 이런 뜻에서 진공 역시 일종의 유전체이다. 진공의 유전 세기는 수십MV/m이다. 진공에서 일어나는 유전성 깨짐은 천둥이나 번개를 일으킬 수 없다. 물질이 없으니 이온화가 일어날 수 없고, 공기가 없으니 소리가 안 난다.

13. 생각해 보기

❶ 길이가 같고 똑같은 굵기를 가진 두 개의 구리 막대가 있다. 이 두 막대의 전기저항은 서로 같다. 이제 한 막대를 두께가 균일하게 잡아 늘여 길이가 두 배가 되었다. 잡아 늘인 막대의 저항은 다른 막대의 저항의 몇 배가 되었을까?

답. 네 배가 된다.

우선 길이가 두 배로 늘었으니 저항도 두 배로 늘어난다. 그런데 부피가 변하지 않은 채 길이를 두 배로 늘렸으니 단면적은 반으로 줄었다. 저항은 단면적에 반비례하니 줄어든 단면적으로 인해 저항은 두 배로 늘어난다. 이 둘의 효과를 모두 더하면 저항은 원래 값의 네 배가 된다.

❷ 전류는 실제로 이온이나 자유전자 같은 전하수송체가 움직이지 않는데도 흐를 수 있나?

답. 그렇다.

전류가 흐르기 위해서는 회로가 만들어져야 한다. 여기서 회로라 함은 전선이 다양한 전기기구와 끊김 없이 연결되어 닫힌 곡선을 이루어야 한다는 뜻이다. 그런데 평행판축전기를 보면, 회로도를 보아도 끊겨 있고, 실제로도 두 금속판 사이가 끊겨 있다. 그런데도 스위치를 넣으면 축전기에 전하가 완전히 쌓일 때까지 전류가 흐른다. 어떻게 된 일인가? 혹자는 이렇게 말할 수 있다. 축전기의 두 판만 들여다보면, 마치 자유전자가 전지의 음극에 연결된 판에서 전지의 양극에 연결된 판으로 전선이 끊긴 공간을 건너뛰어 간다고 볼 수 있으니 전류가 흐르는 셈이다. 여러분은 이 설명을 어떻게 생각하는가? 실제로 영국의 물리학자 맥스웰(J. C. Maxwell)은 이것이 실제 전류인 것으로 취급하여 전자기학 이론을 완성하였다. 이 전류를 가리켜 변위전류(displacement current)라 하여 실제로 존재한다. 이 변위전류는 평행판축전기의 두 판 사이를 유전체로 채우고 축전기에 교류를 걸면 더욱 확실해진다. 전류의 방향에 따라 유전체의 유도쌍극자 방향도 바뀐다. 이것이 유전체에 교류가 흐르는 방식이다.

❸ 밤에 화장실에 가려면 화장실 문을 열기 전에 화장실의 전등을 켜야 한

전자기학 쓰임말을 알면 물리가 보인다

다. 그런데, 유동속도가 매우 작으므로 전등이 바로 빛을 내지 못하는 것 아닌가? 그런데 어떻게 스위치를 넣으면 바로 밝아지는가?

답. 유동속도의 크기가 매우 작은 것은 맞다.

달팽이 기어가는 속도와 맞먹는다. 그러나 다음과 같이 생각하면 스위치를 켜자마자 전등이 빛을 낼 수 없다. 전등이 백열등이라면 백열등의 필라멘트에 전류가 흘러, 가열시켜 밝은 빛을 낸다. 그러기 위해서는 스위치를 켜기 전에 스위치 연결 부위에서 준비하고 있던 자유전자가 필라멘트에 도달해야만 가능하다. 스위치의 접촉 부위를 출발한 자유전자가 필라멘트에 도착하려면, 스위치와 필라멘트를 잇는 전선의 길이를 1m라고 하면, 16,000초가 걸린다. 하루가 84,000초이니, 전선의 길이가 5m라면, 하루가 걸린다. 이렇게 스위치를 출발한 전자가 필라멘트에 도착해야 빛을 낸다면, 스위치를 올리고 하루 이상을 기다려야 한다.

어떻게 스위치의 접촉 부위를 출발한 자유전자가 필라멘트에 도착하려면 16,000초가 걸리는데, 스위치를 올리면 거의 같은 순간에 전등이 밝게 켜지는가? 답은 이러하다. 필라멘트의 자유전자가 움직여 전류를 만들기 위해서는 굳이 스위치의 접촉 부위를 출발한 자유전자가 필라멘트에 도착해야만 하는 것은 아니다. 자유전자가 움직여 전류를 만들려면 전기마당이 걸리기만 하면 된다. 스위치의 접촉 부위를 출발한 자유전자가 아직 필라멘트에 도착하지 않았더라도 필라멘트에 이미 있던 자유전자에 전기마당이 걸리면 필라멘트에 전류가 흐른다. 스위치를 올리기 전에 필라멘트에는 전기마당이 걸려 있지 않지만, 스위치를 올리면 전기마당은 빛의 속도로 전파하여 거의 같은 순간 필라멘트에도 전기마당이 걸린다. 스위치를 올리면 거의 같은 순간 필라멘트에 있는 자유전자에도 전기마당이 걸려 전류를 흐르게 하므로 전등이 바로 밝게 빛난다.

06

전기에너지

이미 5장에서 전기에너지에 관해 설명하였으나, 다시 이 낱말에 대한 설명을 반복하는 이유가 있다. 우선 일상생활에 전기가 매우 요긴하게 쓰이다 보니 전기에너지에 대한 정확한 이해가 매우 중요하다는 것이다. 전압과 전류, 그리고 저항 등의 개념이 명확하지 않으면 커다란 혼란이 일어난다. 특히 이런 낱말들이 일상생활의 말글살이에 자주 쓰이다 보니, 과학적 쓰임말이라고 생각하지 않아 다양한 뜻을 가진 것으로 착각하기 쉽다. 어떤 낱말은 이해를 돕기 위해 비유를 들어 설명하였는데, 마치 비유하려고 들이댄 개념을 실제인 양 착각하여 그대로 받아들이는 일도 있다.

전압이 대표적인 경우이다. 전기를 연구하던 초기에는 전선을 흐르는 전류가 마치 관을 따라 흐르는 유체처럼 전기마당이 주는 '압력'에 의해 흐르는 것으로 착각하여서 '전압'이라는 쓰임말을 비유적으로 썼지만,[72] 전압은 '압력'이 아니다. 우리가 '가'를 '나'에 비유했다면 '가'와 '나'는 서로 비슷한 점이 있겠지만, 절대로 '가'는 '나'가 아닌 것과 같다. 그리고, 실제로 전류가 흐르는 현상을 자세히 들여다보면, 전하를 띤 물체가 느끼는 '압력'에 의해 움직인다기보다는, 전하밀도가 높은 곳에서 낮은 곳으로 전하수송체가 퍼져나가는 퍼짐현상[73]에 가깝다. 전하수송체의 운동을 보면 유체가 흐르듯 표류하는 것이 아니라 마치 징검다리를 건너듯 움직인다. 바꾸어 말하면, 브라운운동이라고 하는 것이 더 옳다. 어차피 농도의 차이가 만들어내는 힘이나 압력이 결과적으로는 같은 것이 아니냐고 할 수도 있으나, 압력의 결과는 유체의 흐름에서 보듯이 덩어리 전체가 같은 방향으로 움직이는 것이고, 퍼짐현상은 전하수송체가 평균적으로는 전류의 방향으로 퍼져나가는 것처럼 보이지만 실제 운동은 매우 제멋대로이다. 특히 도체의 경우 자유전자는 외부전기마당의 영향에 민감하게 반응하지만, 자유전자를 내준 이온은 움직이지 못한다. 만일 전류가 압력에 의해 움직이는 것이라면, 왜 이 양이온은 움직이지 않는지 설명할 수가 없다. 전기마당이 있음에도 불구하고 이 양이온이 움직이지 못하는 이유는 제자리에 붙잡아 두는 어떤 힘이 있어서이기도 하지만, 이온들이 균일하게 분포되어 있어 농도 차를 만들지 못하기 때문이다.

1. 주울열

저항을 단순히 전류가 잘 흐르지 못하게 '저항'하는 특성이라고만 이해하면 저항을 제대로 이해한 것이 아니다. '저항'이라는 낱말의 일상적인 뜻이 무엇인가를 '거스른다'는 뜻을 가졌고, 전위차가 같다면 저항이 큰 물질에서는 전류가 작게 흐르므로, 전기저항을 전류가 잘 흐르지 못하게 '저항'하는 특성이라 하는 것이 맞기는 하지만, '저항'이라는 쓰임말이 갖는 뜻을 완전히 나타낸 것이 아니다.

전자기학 쓰임말을 알면 물리가 보인다

'저항기가 전기에너지를 흐트러트린다(dissipate)'라는 표현은 자칫 오해를 불러일으킨다. 흐트러트린다면 에너지가 사라지는 것으로 아는데, 알다시피 에너지는 사라질 수 없다. 다만 전기에너지가 주울열 현상을 통해 저항기의 내부에너지로 바뀐 것을 '흐트러트렸다'라고 하는 이유는 전기에너지라는 '쓸모있는' 에너지가 온도나 올리는 '쓸모없어진' 내부에너지로 바뀌어서 그렇게 생각하기에 십상이다. 그러나 전열기는 이 '쓸모없어진' 내부에너지 덕에 전열기로서의 임무를 다하고 있다.

우리가 한겨울에 손이 시리면 두 손을 마주 쥐고 서로 비벼준다. 그러면 따스함을 느껴 손 시림이 줄어든다. 손을 비비려면 손에 있는 근육을 이용하여 힘을 주어 일을 해야 한다. 그런데 이때 마주한 손의 피부끼리 마찰력도 작용하는데, 이 마찰력 역시 일을 한다. 이 마찰력은 손이 가지고 있는 운동에너지를 줄여서 손의 내부에너지로 바꾸어 준다. 손의 내부에너지가 늘었으니 손 온도가 올라가는 것이다. 여기서 물리학자는 마찰력이 운동에너지를 내부에너지로 '흐트러뜨렸다'라고 한다. 영어로는 dissipate이다. 마찰력을 알고 얼마나 움직였는지 알면 내부에너지로 바뀌는 에너지의 양을 알아낼 수 있다. 이와 비슷한 현상이 저항기에 전류가 흐르면 일어난다. 앞에서 전류가 흐르는 동안, 전하수송체는 외부전기마당에 의해 운동에너지를 얻지만, 불순물이나 격자결함과의 충돌로 이 에너지를 잃는다고 하였다. 이렇게 저항 때문에 전기에너지가 물체의 내부에너지로 바뀌는 과정을 가리켜 주울열(Joule heat)이라고 한다. 내부에너지가 늘어났으니 저항 온도가 올라가는 것은 자명하다. 저항이 단순히 전류가 흐르는 것을 방해한다는 뜻도 있지만, 이같이 전기에너지를 내부에너지로 바꾸는(흐트러뜨리는) 역할도 있다.

⊗ 오개념

흔히 '전류는 저항이 가장 작은 경로를 택해 흐른다'라고 생각하지만 이는 사실이 아니다. 만일 전류가 택할 수 있는 경로가 여럿이라면 그 모든 경로에 전류가 흐른다. 다만, 저항이 낮은 경로에는 더 많은 전류가 흐르고, 저항이 큰 경로에는 적은 전류가 흐른다.

　이 오개념이 생긴 가장 큰 이유 중 하나는 바로 번개의 모양 때문이다. 번개가 치는 모양을 보면 직선이 아니라 꾸불꾸불하다 보니, 마치 전류가 저항이 작은 부분을 따라 흐른다고 착각한다. 번개 모양이 꾸불꾸불한 이유는 유전세기가 약한 부분으로 유전성 깨짐 현상이 일어나서 그리되는 것이지, 전류가 저항이 작은 부분을 따라 흘러 그리되는 것이 아니다.

2. 전력

⚡ 전력(電力)

『전기·전자』 전류가 단위 시간에 하는 일. 또는 단위 시간에 사용되는 에너지의 양. 값은 전압과 전류의 곱으로 나타낸다. 단위는 와트(W)와 킬로와트(kW).

전력은 영어 electric power를 번역한 것이다. '力'이라는 한자어가 힘을 뜻하니 전력을 '전기의 힘'쯤으로 생각하고는, 전류가 흐르는 이유는 전력 때문이라고 아는 분들이 많은데, **절대로 힘이 아니다**. 물리학 쓰임말로는 영어 낱말 power를 '일률'로 번역하며, '어떤 힘이 단위 시간당 하는 일'로 정의된다. 특히 한글사전에 전력을 '전류가 하는 일'로 설명하는데, 전류가 일을 할 수는 없다. '일'하는 주체는 반드시 힘이어야 한다. 전기력이 하는 일이라면 맞는 말이다.

　전력을 말할 때는 전기에너지를 사용하는 전기기구의 전력과 전기에너지를 생산하는 발전기의 전력을 구분해야 한다. 전기기구의 전력은 그 전기기구가 단위 시간당 소비하는 에너지의 양을 가리키며, 소비전력이라고 부르기도 한다. 발전기의 경우에는 그 발전기가 단위 시간당 생산하는 전기에너지의 양을 가리키는 것이다. 전력의 단위는 일률의 단위와 같이 W(와트) 또는 kW(킬로와트, 1,000와트), MW(메가와트, 백만와트) 또는 GW(기가와트, 십억와트)이다. 어떤 전열기의 소비전력이 1킬로와트이면 1초에 1,000주울의 에너지를 쓰는 것이다. 어떤 발전소의 전력 생산 능력이 1GW라면 1초에 10억 주울의 전기에너지를 생산한다는 것이다. 여기서 전력 생산 능력이라 했지만 엄밀하게는 중력 또는 화학에너지 등을 전기에너지로 변환하는 능력이라고 말하는 것이 더 옳다.

혹시 여러분은 '전력량'이라는 쓰임말을 들어본 적이 있는가? 이 말은 물리학계에서 공식적으로 쓰는 쓰임말은 아니고 일상적으로 쓰이는 말이다. 어떤 시간 동안 전기기구가 소비했거나 발전기가 생산한 전기에너지의 양을 가리켜 전력량이라 한다. 영어로는 'electric energy'이다. 단위는 당연히 에너지의 단위인 주울이다. 우리가 가정에서 쓰는 전력량계는 전기 요금을 매기는 데 필요한 에너지소비량을 재는 기구이다. 전기 요금은 얼마나 에너지를 빨리 소비하느냐(전력)에 의해 결정되는 것이 아니라, 얼마나 많은 에너지(전력량)를 소비했느냐로 결정한다. 보통 이 전력량계는 킬로와트시(kWh)라는 단위를 쓴다. 1킬로와트시는 '1킬로와트×1시간'이고 1시간은 3,600초이니, 1킬로와트시는 '1,000와트×3,600초=3.6백만주울'이다. 이런 단위가 필요한 이유는 가정에서 쓰는 전기에너지의 양을 에너지의 기본단위인 주울로 쓰려면 값이 너무 커지기 때문이다.

저항값이 R인 저항기에 전위차 V가 걸려 전류 I가 흐른다면, 이 저항기가 소비하는 전력 P는 $P = VI$, 곧 전압×전류이다. 그런데 옴이 법칙에 따르면 $I = V/R$ 또는 $V = IR$이므로 $P = V^2/R = I^2R$이다. 만일 어떤 저항기에 걸린 전압을 두 배로 올리면 에너지를 네 배나 빨리 소비한다. 저항이 그대로 인데 전압을 두 배로 올리면 전류도 두 배로 늘어난다. 전류와 전압이 모두 두 배로 늘었으니 전력은 네 배로 는다.

2-1. 전력과 전기 안전

전기는 매우 편리한 에너지 운송 수단이다. 우리가 삶을 영위하기 위해서는 다양한 형태로 에너지를 소비하는데, 일상생활에서 쓰는 기구나 재화 생산에 쓰이는 기계를 작동시키려면 바로 이런 쓸모있는 에너지를 어딘가 로부터 공급받아야 한다. 전기는 이런 쓸모있는 에너지를 발전소에서 생산 하여 전선을 타고 소비자에게 공급할 수 있는 가장 손쉬운 방법이다. 이러한 편리성에도 불구하고 전기는 조심해서 쓰지 않으면 사람의 목숨까지도 앗아갈 수 있는 위험한 것이다. 따라서 전기를 사용할 때 안전에 많은 주의를 기울여야 하는 것은 너무도 당연한 일이다.

전기 안전과 관련하여 많은 사람이 궁금해하는 물음이 있다. 전류와 전압 중 어느 것이 안전과 관련하여 더 주의를 기울여야 하는가? 쉽게 말하면, 전류와 전압, 둘 중 어느 것이 더 위험한가? 답은 전압도, 전류도 아닌 전력 또는 전기에너지가 위험도를 결정한다. 감전사고가 위험한 이유는 두 가지이다. 그 하나는 전기에너지가 적절한 방법으로 심장에 전달되어 심장 마비를 일으키거나, 신경에 과다한 전류가 흘러 필요한 신호 전달을 방해하여 신체에 마비를 일으키는 것이다. 흔히 전기안전에 대한 정보를 찾다 보면 전압에 대한 자료보다는 전류에 대한 자료가 대부분이다. 따라서 전압보다는 전류가 안전에 더 위협적이라고 생각하기 쉬운데 그렇지 않다. 인체의 어느 두 지점을 전극으로 연결하여 전위차를 걸면(또는 전압을 걸면) 전류가 흐르는데 이 전룟값이 특정 값보다 크면 위험하다는 식으로 말한다. 그러다 보니 마치 전류만 작게 흐르면 전압에는 상관없다고 생각하기에 십상이다. 그러나 전극이 연결된 신체의 부위가 급격한 변화를 겪지 않는 한 저항값이 크게 변하지 않는다. 따라서 전류를 늘리려면 전압 역시 비례하여 늘려야 한다. 바꾸어 말하면 큰 전류가 흐른다는 말은 높은 전압을 걸어주었다는 뜻이기도 하다. 따라서 비록 위험도를 전류로 표현하였지만, 전압도 같은 정도로 위험하다는 뜻이다. 따라서 전류와 전압의 곱인 전력이 위험도를 결정한다.

감전이 위험한 또 다른 이유는 사람의 몸도 전기저항을 가진 저항기로 볼 수 있으므로 전류가 흐르면 주울열 현상이 일어나 전류가 흐르는 몸 부위의 온도를 올려 준다. 만일 전력이 낮아 온도가 천천히 오를 뿐만 아니라 몸이 외부 공기와 닿아 있어 일정한 체온이 유지되도록 몸이 충분히 빨리 식는다면 별로 위험하지 않다. 그러나 몸에 흐르는 소비전력이 높아 전류가 흐르는 몸 부위의 온도가 급히 올라간다면 화상의 위험이 있다. 실제로 초고압선에 감전되면 큰 화상을 입고, 심하면 심장마비보다는 화상으로 목숨을 잃기도 한다. 결국 전압이나 전류 중 어느 하나가 다른 것보다 더 위험하다고 말할 수 없고, 전류와 전압의 곱인 전력이 위험도를 결정한다.

의료드라마를 보면 심정지가 온 환자의 심장을 되돌리려고 심장충격기를 쓰는 장면이 나온다. 이때 의사는 심장충격기의 두 손잡이를 들고는 "200주울" 하고 외치고는 이내 두 손잡이를 심장을 가로지르는 양쪽에 대고 작동시킨다. 그러면 환자의 상체가 자동으로 침대 위로 튀어 오른다. 그런데도 심장박동이 돌아오지 않으면 다시 "300주울" 하고 외치고는 위의 과정을 반복한다. 심장이 주기적으로 박동하려면 심장의 근육에 주기적으로 적절한 전기신호를 주어야 하는데, 환자의 심장에 전기신호가 전달되지 않아 심정지가 온 것이어서 몸 밖에서 전기신호를 주어 심장을 되살리려는 것이다. 이때 의사가 외치는 "200주울"의 '주울'은 에너지 단위이다. 심장충격기에 심장에 주는 전기 '충격'의 세기를 결정하는 것은 전류나 전압이 아닌 전기에너지의 크기이다. 지하철역 등에 비치된 AED(Automated External Defibrillation)라고 표시된 자동제세동기는 병원에서 쓰는 이 장비를 작게 만들고 의료지식이 없는 일반인도 쓸 수 있도록 자동화시킨 것이다.

3. 축전지의 용량

우리가 매일 쓰고 있는 휴대용 전화기는 축전지를 이용하여 에너지를 공급한다. 만일 축전지가 갖고 있던 전기에너지를 모두 써버리면 전화기는 작동하지 않는다. 휴대용 전화기뿐만 아니라 모든 휴대용 전기·전자제품을 끊김 없이 쓰려면 축전지의 용량이 매우 커야 한다. 보통 축전지의 용량을 나타내는 단위로 mAh라는 단위를 쓰고 있다. 필자가 가지고 있는 휴대전화의 축전지는 4,300mAh이다. 'mAh'의 'mA'는 밀리암페어(1/1,000암페어)이고, 'h'는 hour이니 1시간을 뜻한다. 이 축전지를 써서 1mA의 전류를 계속해서 전기·전자제품에 흐르게 하면 4,300시간 동안 쓸 수 있다는 뜻이다. 물론, 2mA의 전류를 계속해서 전기·전자제품에 흐르게 하면 2,150시간 동안 쓸 수 있다. 우리가 축전지에 담긴 전기에너지를 꺼내 쓴다고 생각하여, 이 단위를 흔히 축전지가 가지고 있는 에너지의 양으로 잘못 알고 있다. 물론 에너지의 양이라고 해도 아주 틀린 말은 아니지만, mAh라는 단위는 에너지의 단위가 아니라 전하량의 단위이다. 전류란 단위 시간당 어떤 단면을 지나가는 전하의 양을 가리킨다. 따라서 전류의 단위는 전하량을 시간으로 나눈 것으로 '암페어 = 쿨롱/초'이니 '쿨롱=암페어·초'이기도 하다. mAh는 '밀리암페어·시'이니 1mA는 0.001A이고 1시간은 3,600초이므로 '1mAh = 3.6암페어·초 = 3.6쿨롱'이다. 내 휴대전화의 축전지는 완전히 충전되었을 때 15,480쿨롱의 쓸모있는 전하를 가지고 있는 셈이다. 하지만 이렇게 축전지의 용량을 전하량으로 직접 나타내면 물리학적으로는 타당한 것이지만 실용적으로는 얼마나 큰 것인지 알아채기 힘들다. 그래서 쿨롱이라는 전하량 단위 대신에, 얼마만큼의 전류를 몇 시간 동안 흘릴 수 있다는 뜻에서 mAh라는 실용적인 단위를 쓰고 있다.

그렇다면 축전지의 용량을 축전지가 담고 있는 전기에너지로 환산할 수 있나? 가능하기는 하다. 현재 가장 흔히 쓰는 축전지는 리튬이온 축전지인데 기전력이 3.7V라고 하지만, 실제 전기 · 전자제품에 공급하는 전압은 이보다 약간 작다. 그래도 3.7V의 전압을 지속해서 공급할 수 있다면 이 값에 앞의 축전지 용량을 곱하면 에너지를 구할 수 있다. 곧, 4,300mAh는 3.7V · 4,300mAh = 57,276J의 에너지를 가지고 있다. 하지만 축전지의 기전력은 사용하면서 계속하여 줄어든다. 또한 내부저항에 의한 에너지 손실까지 참작하면, 실제 사용 가능한 에너지는 이보다 작다.

앞에서 필자가 가지고 있는 휴대전화의 축전지는 4,300mAh라고 했다. 그런데 mA(밀리암페어)는 0.001암페어이니 4.3Ah와 같은 값이다. 그런데 왜 4.3Ah라고 하지 않고 4,300mAh라고 했을까? 그것은, 4,300이 4.3보다는 매우 큰 값이므로, 마치 축전지의 용량이 매우 크게 보이도록 한 것이다. 심하게 말하면 속임수다.

4. 전기에너지와 환경

이제 전기 없이 살아가기는 어려운 세상이 되었다. 그런데 우리가 더 편한 생활을 누리려고 하면 더 많은 전기에너지를 소비할 수밖에 없다. 그런데 전기에너지는 매우 심각한 환경 문제를 일으킨다. 전기를 생산하기 위해 쓰는 연료는 주로 화석연료라 불리는 석유, 석탄, 천연가스, 석유가스 등인데 이 연료를 태우는 과정에서 발생하는 이산화탄소가 지구 온난화의 중요한 원인이다. 어떻게든 화석연료 소비를 줄여 이산화탄소 발생을 억제하고 지구 온난화를 막아야 한다. 그러기 위해서는 전기에너지 생산 과정에서 이산화탄소의 발생을 줄이거나 없애는 발전 방법을 찾아내어 적극적으로 활용해야 한다. 태양광, 바람, 조수간만의 차, 빗물 등을 이용한 전력 생산은 태양이 지구에 보내는 에너지를 이산화탄소 발생 없이 이용하는 방법이다.

전기자동차가 친환경이라고 하지만 필자의 생각은 조금 다르다. 우선 전기자동차는 커다란 축전지를 싣고 다닌다. 그만큼 차의 무게가 늘어나 더 많은 에너지를 써야 한다. 그리고 축전지를 만드는 과정에 쓰이는 전기에너지와 화학약품 사용 등 기타 환경문제가 발생하기도 한다. 물론 자동차가 달리는 동안에는 이산화탄소 발생이 없지만, 충전에 쓰이는 전기가 친환경적으로 만들어지지 않는다면, 오히려 더 나쁠 수도 있다.

흔히 원자력발전이라 불리는 핵발전이 이산화탄소 발생 없이 전기를 생산하니 친환경적이라고 착각하는 사람들이 많은데, 절대로 그렇지 않다. 핵발전에 필요한 핵연료봉을 만드는 과정에서 생각보다 심각한 환경오염이 일어난다. 더욱이 쓸모없어진 다 쓴 핵연료봉은 폐기 비용이 만만치 않으며, 폐기하더라도 폐기물에서 계속 방사선이 방출되므로 적절한 시설을 갖춘 폐기물처리장이 필요하다. 그뿐 아니라 폐연료봉에서 핵무기를 만드는 데 필요한 방사능 동위원소 추출이 이루어진다. 필자의 생각에는 방사선이 빛과 같은 전자파의 일종이기 때문에 굳이 이 폐기물을 지하 깊숙이 묻어서 보관해야 할 이유는 없다고 본다. 다만 일반인의 접근이 불가능하다면 그냥 공기 중에 방치하여도 인체에 심각한 영향을 끼치지는 않는다. 하지만 이런 장소를 찾는 것이 점점 어려워지고 있다.

여기서 쓰임말의 문제를 한번 생각해 보자. 핵발전과 원자력발전이라는

전자기학 쓰임말을 알면 물리가 보인다

두 쓰임말이 같은 뜻이지만, 어떤 사람이 쓰느냐에 따라 다른 의도를 나타낸다. 핵발전이 안전하다고 주장하려는 사람들은 절대로 핵발전이라는 말을 쓰지 않고 반드시 원자력발전이라 한다. 그러나 물리학자 입장에서는 원자력발전은 절대로 맞지 않은 말이다. 영어로는 초기에 atomic power라는 말을 쓰기도 했지만, 지금은 아무도 이 말을 쓰지 않는다. 다만, 국제원자력기구(International Atomic Energy Agency, IAEA)가 처음 만들어질 때 썼던 이름을 지금도 그대로 쓰고 있다. 한국에서는 원자력공학과라 해놓고 영어로는 Department of Nuclear Engineering(핵공학과)이라 한다. 북한의 전기문제를 해결하기 위해 남한에서 북한이 핵발전에 필요한 냉각로를 지어준 적이 있는데, 똑같은 냉각로이지만, 남한에 있는 것은 '원자력발전 냉각로'였던 것이 북한으로 가니 '핵발전 냉각로'로 바뀌었다.

'사고'를 뜻하는 영어 낱말은 사고의 무거움에 따라 accident(사고), disaster(재난), catastrophe(재앙)로 구분한다. 핵발전소에 사고가 일어나면 'nuclear catastrophe'라고 한다. 핵발전소에 사고가 일어나면 그냥 사고가 아니라 재난 정도를 넘어 재앙이 된다는 뜻이다. 후쿠시마 핵발전소 사고나 체르노빌 핵발전소 사고를 보면 재앙임에 분명하다. 안전이 그만큼 중요하다는 뜻이다. 그런데 우리나라의 안전감수성은 아직도 선진국 수준에 비추어 갈 길이 멀다. 더욱이 그동안 우리가 겪었던 참사 수준의 사고를 보면 성수대교 붕괴, 삼풍백화점 붕괴, 세월호 침몰, 이태원 압사 사고 등이 있다. 이런 사고가 날 때마다 안전사고 재발 방지를 위한 대책 마련과 책임자 처벌 등이 요구되었지만, 권력자는 교묘한 방법으로 안전 문제를 정치문제로 전환해 책임을 회피했다.

안전 문제를 따져 보면 핵발전은 결코 경제적이지 않다. 앞으로 핵발전의 안전 비용은 더욱 늘어날 것으로 보이니, 전력 생산비 역시 계속 늘어날 것이다.

5. 교류와 전기에너지

가정에서 쓰는 전기는 교류 220V라고 한다. 교류 전류는 그 흐르는 방향이 전선을 따라 앞뒤로 계속 바뀌고 있다. 전류의 방향이 바뀌려면, 전류가 흐르는 두 전선 사이의 전위차가 바뀌어야 한다는 뜻이다. 두 전선 사이 전위 차가 0V이었다가, 한 선의 전위가 다른 선에 비해 점점 커졌다가 최댓값이 되면, 줄어들어 0이 되었다가, 이제는 방향을 바꿔 다른 선의 전위보다 낮아져서 음의 전위를 가지는데, 이 음의 전위값이 최댓값이 되면, 다시 0으로 되돌아오는 과정을 일정한 시간 간격으로 반복한다. 이 시간 간격을 주기(period)라고 한다. 가정의 교류는 1/60초가 주기이다. 곧, 1초에 60번 방향을 바꾼다는 뜻이다. 이렇게 교류를 일으키는 전압은 계속해서 바뀌므로, 엄밀하게 말하면 '교류의 전압이 220V'라고 말하는 것은 옳지 않다. 그렇다면 우리가 일반적으로 가정에 들어오는 교류의 전압이 220V라고 말하는 것은 무슨 뜻일까? 교류 전류가 흐르더라도 그 세기를 알아야 할 필요가 있는데, 교류의 전압이 일정하지 않고 계속해서 변하니, 교류의 세기를 나타내는 좋은 방법은 무엇인가? 일반적으로 이렇게 시간에 따라 변하는 물리량을 대표하는 값으로 평균값을 쓰는데, 교류전압의 평균값은 0이니, 쓸모가 없다. 한 가지 가능성은 교류가 들어오는 두 전선 사이에 걸리는 전압의 최댓값(양수)과 최솟값(음수)의 절댓값은 서로 같다. 이 값을 그 교류를 나타내는 대푯값으로 하면 되지 않을까? 좋은 방법이기는 하다.

전열기를 써서 라면을 끓이려고 하는데, 물이 얼마나 빨리 끓을지 미리 알고 싶다고 하자. 이때 전열기에 붙어있는 상품정보를 보니 소비전력이 1kW란다. 물이 0.5ℓ고 물의 비열이 어쩌구 저쩌구, 어쨌든 3분이면 물이 끓을 것 같다. 그런데 교류를 쓰고 있는데 전열기의 소비전력이 특정한 값으로 주어질 수 있나? 전열기의 소비전력을 구하려는데 저항값을 알고 있다면, 전압을 저항으로 나누어 얼마의 전류가 흐르는지 알 수 있고, 이 전 룻값에 전압을 곱하면 소비전력이 나온다. 그런데 비록 저항값을 알더라도 전압이 계속해서 바뀌는 교류이니 소비전력 역시 시시각각으로 바뀐다.

물이 몇 분만에 끓을지 알려면 그동안 소비한 전기에너지를 알아야 한 다. 직류전류가 쓰이고 있다면, 소비한 전기에너지는 소비전력에 사용시간 을 곱해서 구할 수 있지만, 교류는 그렇게 할 수가 없다. 다만, 교류의 한 주 기 동안 소비한 에너지는 그 교류전압의 **최댓값**에다 전류의 **최댓값**을 곱하 여 반으로 나누면 구할 수 있다.[74] 전압이 바뀌고 있으니 전류 역시 바뀌고 있다. 전열기의 저항을 R, 전압의 최댓값을 V_{max}라 하면 전류의 최댓값 I_{max} 는 $I_{max} = \dfrac{V_{max}}{R}$이 된다. 따라서 주기를 T라 하면 한 주기 동안 쓴 에너지는 $U_T = \dfrac{1}{2} I_{max} V_{max} T$이다. 이 에너지를 주기 T로 나누어 주면 전열기의 상품 정 보표에 나오는 소비전력이다. 이 값을 대푯값으로 고른 이유는 직류와 마 찬가지로 교류 역시 소비전력에 전기 사용 시간을 곱하면 바로 소비한 에 너지값이 나오기 때문이다. 교류는 전압과 전류가 시시각각으로 바뀌므로, 전력 역시 시시각각으로 바뀐다. 그래서 최대 전력의 절반인 평균값을 대 푯값으로 쓴다. 그런데 전압과 전류의 대푯값은 평균값이 아니라 평균제곱 근(root mean square, rms) 값이라 한다. 일반적으로 전력은 전압의 제곱에 비례 하므로 전력의 평균값은 전압의 제곱을 평균 낸 값에 비례한다. 전력의 대 푯값으로 평균값을 선택했다면 전압의 대푯값 역시 전력의 대푯값에 직접 연관되므로, 교류전압의 대푯값 V는 $P = V_{max}^2 / 2R = V^2 / R$에서 $V = V_{max} / \sqrt{2}$ 의 관계가 성립한다. 전압을 제곱하여 평균을 낸 것이다. 전류도 마찬가 지로 $I = I_{max} / \sqrt{2}$이다. 이렇게 하면 대표 소비전력은 $P = VI = (V_{max} / \sqrt{2})$ $(I_{max} / \sqrt{2}) = V_{max} I_{max} / 2 = P_{max} / 2$이 된다. 가정에서 쓰는 220볼트 교류전압 의 최댓값은 $\sqrt{2} \times 220 = 311$볼트이다.

6. 생각해 보기

❶ 가정에서 전열기를 써서 라면을 끓이려고 한다. 물을 빨리 끓이려면 전열기의 자체 저항이 큰 것이 좋을까, 작은 것이 좋을까?

답. 저항이 작은 것을 써야 물을 빨리 끓일 수 있다.

이 질문을 받으면 대부분 '저항이 큰 전열기가 더 많은 열'을 내므로 물이 빨리 끓는다고 생각한다. 우선, '더 많은 열을 낸다'는 표현이 옳은 것이 아니다. 바르게 나타내면 '주울열 현상이 더 활발히 일어난다'이다. 주울열 현상이 더 활발히 일어나게 하려면 전력이 높아야 한다. 그래야 같은 시간에 더 많은 전기에너지를 소비한다. 전기에너지를 빨리 소비해야 물을 빨리 끓일 수 있다. 전력을 높이려면 전압과 전류, 둘 다 높을수록 좋다. 그런데, 가정에서 쓰는 교류의 전압은 220볼트로 일정하므로, 전력을 높이는 방법은 전류를 높이는 수밖에 없는데, 전압이 일정하므로 전류를 높이려면 저항을 줄여야만 가능하다. 그래서 저항이 낮은 전열기를 써야 더 빨리 물을 끓일 수 있다.

전자기학 쓰임말을 알면 물리가 보인다

저항 때문에 전기에너지가
물체의 내부에너지로 바뀌는 과정을 '주울열'이라고 한다.
내부에너지가 늘어났으니
저항 온도가 올라가는 것은 자명하다.

07

자기력과 자기마당

⚡ **자기(磁氣)**

『물리』 쇠붙이를 끌어당기거나 남북을 가리키는 등 자석이 갖는 작용이나 성질. 자하(磁荷)는 존재하지 않고, 운동하는 전하가 자기장을 만들거나 반대로 자기장이 운동하는 전하에 힘을 미치게 함으로써 자기 현상이 일어난다. ≒쇠끌이.

⚡ **magnetism**

1. a: a class of physical phenomena that include the attraction for iron observed in lodestone and a magnet, are inseparably associated with moving electricity, are exhibited by both magnets and electric currents, and are characterized by fields of force

    b: a science that deals with magnetic phenomena

2. an ability to attract or charm

한글사전이나 영어사전 모두 자기(현상)에 대해 비교적 정확하게 표현했다. 다만 한글사전의 경우 '운동하는 전하가 자기장을 만든다'고만 하여 마치 영구자석은 자기마당을 만들지 못하는 것처럼 오해를 불러일으킬 수 있다.

그리고 '자하'는 존재하지 않는다고 하였는데 주의가 필요하다.

일상생활에 자석은 매우 다양하게 쓰이고 있다. 냉장고에 메모지를 붙이는 데 쓰이기도 하고, 단골 중국집 메뉴판도 자석으로 만들었다. 자동차의 운전석에 앉아서 뒷좌석의 창문을 자유자재로 올리고 내릴 수 있다. 이때 쓰이는 전동기에 자석이 들어간다. 자동차를 운행하려면 전기를 다양하게 써야 하는데, 이 전기는 자동차 엔진에 발전기를 달아서 만들어낸다. 모든 발전기에도 자석이 들어간다. 자석이 관련하여 나타나는 현상을 가리켜 자기 현상[75]이라 하는데, 전기 현상과 독립적으로 벌어지는 것이 아니라 한데 어우러져 일어나므로 전자기 현상(電磁氣現象, electromagnetic phenomena)이라 부르는 것이 맞다. 인류 역사에서 자기 현상의 기록은 매우 오래되었지만, 이 현상에 대한 이해는 비교적 최근까지도 잘 이루어지지 않았으며 아직도 완벽하게 이해했다고 할 수는 없다. 그 이유를 알려면 이제 자기 현상이 전기 현상과 어떤 면에서 비슷하거나 서로 연관되어 있고, 어떤 면에서는 다른지 살펴보아야 한다.

1. 자하

아마도 여러분은 '자하'라는 물리학적 쓰임말이 익숙하지 않을 것이다. 사실 물리학자들도 이 쓰임말을 쓰는 데 다소 주저함이 있다. '자하'의 '자'는 한자로 '磁'인데 자석, 자기 등을 가리키며, 영어로는 'magnetic'이다. '하'는 한자로 '荷'이며, 영어로는 'charge'이다. '자하'는 영어 'magnetic charge'를 글자 그대로 번역한 것인데, 이 낱말이 무슨 뜻을 나타내는지 알아보자.

앞에서 전하를 설명하면서 이미 말했지만, 한자 '荷'로 번역하는 'charge'에 대해 더 자세히 알아보자. 영어사전을 보면 'charge'는 화물, 비용, 책

전자기학 쓰임말을 알면 물리가 보인다

임, 의무, 부담 등의 여러 가지 뜻이 있다. 물리학에서 이 낱말을 쓰임말로 빌려올 때, 이 중에서 무엇인가 벌어지는 일이 잘 돌아가도록 하거나, 그 일이 벌어진 원인 등을 나타내는 것으로 생각하였다. 전기마당이 나타나는 '원인'이 전하이다, 중력마당이 나타나는 '원인'이 질량 또는 중하(重荷, gravitational charge)이다. 그렇다면 자기마당을 만드는 '원인'은 무엇일까?

전하	⇒	**전기마당**
중하(질량)	⇒	중력마당
?	⇒	자기마당

물음표 자리에는 무엇이 들어가야 할까? 다음처럼 생각하면 된다.

전기마당	⇐	**전**하
중력마당	⇐	중하(질량)
자기마당	⇐	**자**하

중력을 내는 특성이 질량 또는 중하이고, 전기력을 내는 특성이 전하라면, 자기력을 내는 특성이 바로 자하이다.

2. 자기마당

막대자석을 적당한 방법으로 공중에 매달아서 자유로이 움직이게 놔두면 한쪽 끝이 북쪽을 향하고 다른 끝은 남쪽을 향한다. 이른바 지남철[76]이라 불리는 나침반에 쓰이는 성질이다. 이 막대자석의 북쪽을 가리키는 끝을 N극 또는 북극, 남쪽을 가리키는 끝을 S극 또는 남극이라 부른다. 두 개의 막대자석을 생각해 보자. 두 막대자석을 가까이 마주보게 하되, N극끼리 또는 S극끼리 마주보게 하면 밀힘이, 한 막대자석의 N극이 다른 막대자석의 S극과 마주보게 하면 끌힘이 작용한다는 것을 우리는 잘 알고 있다. 둘 사이에 힘이 작용한다는 것을 다음과 같이 이해할 수 있다. 우선 힘이 작용한다고 했으니 하나의 막대자석이 자기마당을 만들었고, 그 자기마당이 다른 자석에 힘을 준 것이다. 바꾸어 말하면 자석은 자기마당을 만들기도 하고, 자기마당에 의해 힘을 받기도 하니, 자하라고 할 수 있다. N극과 S극이 자하이다. 양전하와 음전하를 양극과 음극이라고 부르는 것과 비슷하다.

자기마당이 어떻게 만들어지는지 복잡한 과정은 나중에 자세히 다루기로 하고, 우선은 간단히 자석이 있으면 주변에 자기마당이 만들어진다는 정도만 알아도 논의를 진행하는 데 지장이 없다. 이제 잠시 N극을 띠는 자하가 원점에 있고, 이 자하가 만든 자기마당이 전기마당이나 중력마당과 어떻게 비슷하고 얼마나 다른지 알아보자. 앞에서 자석을 자하라고 할 수 있다고 하였으니 이 자기마당에 다른 막대자석을 놓으면 힘을 받는 것은 당연하다. 어떤 점전하가 만든 전기마당에 시험전하를 갖다 놓으면 힘을 받는데, 그 힘의 방향은 그 지점의 전기마당 방향과 같거나 반대이다. 곧 전기마당을 만든 전하를 향하거나 그 반대 방향이라는 뜻이다. 그리고 전기력의 크기는 두 전하 사이 거리의 제곱에 반비례한다. 중력과 질량도 이와 똑같은 관계에 있다. 더 나아가서 자기력과 자하도 마찬가지이다. 두 자하 사이에 작용하는 자기력의 크기는 두 자하의 곱에 비례하고, 두 자하 사이 거리의 제곱에 반비례한다.

"어라? 자기마당이 이렇게 간단한 거였어?" 하고 의아해하시는 분도 있을 것이다. 자기마당을 전기마당이나 중력마당과 비슷하게 설명하는 방식이 낯설게 느껴질 수도 있다. 논리적으로는 아무런 문제가 없고, 물리학자

전자기학 쓰임말을 알면 물리가 보인다

들도 사실 이렇게 간단히 설명하고자 한다. 그래야만 물리학이 추구하는 간단하면서도 일관성이 있고 아름다운 대칭성이 나타나기 때문이다. 하지만 여전히 낯선 설명이다. 다만 이러한 설명 방식이 물리학적으로도 전혀 문제가 없다는 사실만 기억하시기 바란다. 이제부터 왜 이런 방식의 설명이 낯설게 느껴지는지 알아보려 한다. 이 과정에서 자기마당이 전기마당이나 중력마당과 어떻게 다른지 알아내기를 바란다.

2-1. 자기홀극

사실 물리학자들은 '자하'라는 쓰임말을 자주 쓰지 않는다. 이제 그 이유를 알아보자.

전하가 만든 전기마당 안에 다른 전하를 놓으면 전기력을 받는다. 마찬가지로 한 자하가 만든 자기마당 안에 다른 자하를 놓으면 자기력을 받는다. 그런데 이 자기마당 안에 막대자석을 놓으면 어떤 힘을 받을까? 막대자석의 양극이 서로 반대 방향의 힘을 받는데, 막대자석의 길이가 매우 작다면 그 크기는 서로 같다. 그런데 이 두 힘의 작용점이 서로 다르므로, 이 두 힘은 짝힘을 이루고, 그 결과는 막대자석에 돌림힘을 준다. 이 돌림힘은 막대자석과 자기마당의 방향이 같으면 사라진다. 자, 이제 이 막대자석을 반으로 잘라서 둘 중 원래 N극 쪽의 하나만 남겨놓자. 남겨진 막대자석은 어떤 힘을 받을까? 이제 막대자석을 반 잘라서 N극 쪽 하나만 남겼으니, 하나의 힘만 받을까? 아니다. 불행히도 하나의 막대자석을 반으로 자르면 둘 다 N극과 S극을 모두 갖는 막대자석 두 개가 만들어진다. 따라서 원래 N극 쪽의 하나만 남겨놓더라도, 다시 N극과 S극을 모두 갖는 막대자석이므로 여전히 돌림힘을 받는다. 그런데 N극과 S극 사이 거리가 반으로 줄었으므로 돌림힘의 크기 역시 반으로 줄었다.

반으로 잘린 막대자석을 다시 반으로 자르자. 이번에는 N극을 S극으로부터 떼어놓을 수 있을까? 아니다. 지금까지 인간이 가지고 있는 어떤 기술로도 이 막대자석의 N극을 S극으로부터 떼어놓을 수 없었다. N극이든 S극이든 홀로 있지 못하고 항상 쌍으로 붙어 다닌다. 마치 같은 크기의 양전하와 음전하가 어쩌다 매우 가깝게 붙어 다니는 전기쌍극자와 같이, 이 잘게 자른 막대자석은 자기쌍극자(magnetic dipole)가 된다. 원자를 이루는 양성자, 중성자, 전자는 자하를 띠는데, 모두 자기쌍극자의 형태로 자하를 띤다. 전기쌍극자와 마찬가지로 자기쌍극자의 크기를 알아야 하는데, 자기쌍극자의 크기를 정하는 방법이 전기쌍극자처럼 간단하지 않다. 그 이유는 나중에 필요할 때 설명하기로 하자.

그렇다면 이 자기쌍극자에서 N극이 S극으로부터 떨어져 나와 홀로설 수 없다는 말인가? 만일 가능하다면, 그 독립된 극을 가리켜 자기홀극(magnetic monopole)이라고 부르는데, 바로 이 자기홀극이 자하이다. 이제 물음을 달리해 보자. 과연, 자기홀극은 존재하지 않는가? 한글사전에서 '자하(磁荷)는 존재하지 않는다'고 했지만, 사실 '아직 발견되지 않았다'이다. 이것은 또 무슨 말인가? '아직'이라니? 그렇다면 자기홀극이 존재한다는 말인가? 아직 발견되지 않았으니 존재하지 않는다고 하면 맞는 말이기도 하지만 틀린 말이기도 하다. 디랙(Paul Dirac)이라는 영국의 물리학자가 자기홀극의 존재를 수학적으로 증명한 이후 많은 물리학자들이 실제로 존재하는 자기홀극을 찾아보려고 애썼지만, 아직 성공하지 못했다. 다만, 개념적으로 자기홀극의 흉내를 내는 것이라고 할 수 있는 것을 찾아내기는 했지만 이를 가리켜 자기홀극이라 할 수는 없다.

그렇다면 다시 물어보자.

"그래서, 자기홀극이 있기는 한 거야?"

이 질문에 답하려면 우선 수학적으로 증명된 자기홀극의 존재를 우리가 얼마나 인정해야 하는지 물어야 한다. 필자와 같이 그저 그런 물리학자가 이런 발표를 하였다면 아마도 물리학계는 그리 큰 관심을 두지 않았겠지만, 노벨 물리학상을 받은 천재 물리학자가 한 말은 그 권위가 남다르기에 쉽게 무시할 수는 없어서 계속 자기홀극의 존재를 묻는 것일까? 어느 정도 틀린 말은 아니지만, 꼭 그래서 자기홀극의 존재가 물리학자의 관심을 받는 것은 아니다. 자세한 수학적 과정은 이 책의 수준을 넘어서는 것이니 생략하고, 왜 자기홀극이 존재해야 하는지 간단히 살펴보자.

디랙이 관심을 가진 것은 앞서 전하를 다룰 때 말했던 '전하의 양자화'였다. 곧, 이 세상에 존재하는 모든 알짜전하의 양은 반드시 전자 전하량의 정수배라는 것이다. 만일 전하의 양자화가 일어나려면 이 우주에는 적어도 한 개의 자기홀극이 있어야 한다는 것을 디랙이 증명하였다. 이 증명이 수학적으로 매우 심오하고 지극히 어려운 것은 아니다. 물리학과 학부에서 가르치는 양자물리학을 아는 정도면 충분히 이해할 수 있다. 어쨌든 전하가 양자화하려면 우주에 적어도 자기홀극이 하나는 있어야 한다는 것을 수학적으로 증명하였다. 전하가 양자화되어 있으니, 자기홀극 역시 적어도 하나는 있어야 한다. 이런 이유로 지금도 여전히 물리학자들은 자기홀극을 찾으려 한다. 마치 예수가 마지막 만찬에서 썼던 성배를 찾는 것에 비유하기도 한다. 아직 자기홀극은 발견되지 않았고, 모든 자하는 반드시 N극과 S극이 한 점에 공존하는 쌍극자의 형태로만 가능하다. 자하가 전하와 매우 다른 점이 바로 이것이다. 전하와 마찬가지로 자하도 두 종류가 있다. 그러나 전하는 양전하나 음전하가 독립적으로 존재할 수 있지만, 자하는 아직 N극이나 S극이 홀로 독립하여 존재하는 것을 발견하지 못했다.

2-2. 자기력

아마도 이 절의 제목을 보고 자기마당은 자기력으로부터 구해야 하니, 자기력을 먼저 설명하고 자기마당을 설명하는 것이 자연스럽고 보다 쉬울 것

같은데, 오히려 자기력을 자기마당에 대한 설명의 한 부분으로 할애한 것이 이상하게 느껴질 것이다. 이 의아한 느낌이 해소되면 여러분은 자기마당이 전기마당이나 중력마당과 어떻게 다른지 이해하는 첫걸음을 뗀 것이다.

개념적으로 자기력은 크게 두 종류가 있다고 생각하는 것이 편리하다. 하나는 전기력과 마찬가지로 자하가 자기마당 안에서 힘을 받는 것이다. 이 설명은 전기력이나 중력처럼 직관적이고 어렵지 않게 이해할 수 있지만, 자기홀극은 아직 발견되지 않았기에 쓸모가 그리 크지 않다. 다른 하나는 자기마당 안에서 전하가 움직이면 자기력을 받는 것이다. 이 자기력이 다른 일반적인 힘과 어떻게 다른지 따져 보자. 전기마당에 의해 전하는 전기력을 받는다. 그리고 중력마당에 의해 중하(질량)는 중력을 받는다. 마찬가지로 자기마당에 의해 자하는 자기력을 받는다. 그런데, 운동하는 *전하가* 자기마당 안에서 **자기력**을 받는다? 물론 전하가 움직이지 않으면 자기력을 받지 않지만, 어쨌든 자하가 아닌 *전하가 자기력을* 받는다고? 그렇다. 이것이 일반적인 힘과 자기력의 첫 번째 다른 점이다.

이 자기력의 방향이 자기마당과 수직이면서 전하의 속도와도 수직이다. 이것은 매우 기이해서 이해하기 쉽지 않다. 왜냐하면 물질이 가지는 어떤 특성(charge)이 마당 안에서 받는 힘은 일반적으로 마당의 방향과 같거나 반대 방향이기에, 알갱이의 속도와는 무관해야 하기 때문이다.

전기마당 안의	전하는	전기마당의		방향으로	전기력을 받는다.
중력마당 안의	중하(질량)는	중력마당의		방향으로	중력을 받는다.
자기마당 안에서	움직이는 전하는	자기마당에	수직인 방향으로		자기력을 받는다.

그런데 자기마당 안에서 움직이는 전하는 자신의 속도와 수직인 자기력을 받는다. 전하를 띤 알갱이의 속도가 반드시 자기마당과 같은 방향일 리

전자기학 쓰임말을 알면 물리가 보인다

는 없다. 더욱이 자기력은 자기마당과도 수직이다. 전기력이 전기마당과 같은 방향이고, 중력이 중력마당과 같은 방향인데, 자기력은 자기마당에 수직이라니 매우 특이한 힘이다.

물체에 힘을 주어 움직이면 그 힘이 일을 했다고 한다. 그런데 힘의 방향과 물체의 움직이는 방향이 수직이면 그 힘은 아무리 힘을 주어 물체가 움직이고 있더라도 일을 하지 못한다. 자기력이 속도에 수직이라는 것은 자기력은 일을 하지 못한다는 것을 뜻한다. 일을 하지 못한다는 것은 아무리 힘을 주어 움직이고 있어도 그 물체의 운동에너지를 바꾸지 못한다는 뜻이다. 자기력만을 받으며 움직이는 전하의 속력은 변하지 않는다. 곧, 구심력이 등속 원운동하는 물체의 운동에너지를 바꾸지 못하듯이, 자기력은 운동하는 전하의 운동에너지를 바꾸지 못한다. 자기력은 전하의 움직이는 방향을 바꾸어 줄 수는 있어도 운동에너지를 바꾸지는 못한다. 일을 하지 않는 자기력은 매우 게으른 힘이다.

이렇게 자기력이 자신의 속도에 수직이고 일을 하지 않는다는 것 외에 일반적인 힘과 근원적으로 어떻게 다른지 알아보자. 여기 두 개의 점전하가 있는 공간을 생각하자. 두 전하가 적당한 거리를 두고 정지해 있다면 둘 사이에는, (중력은 매우 작으니 무시한다면)정전기력 또는 쿨롱힘만 작용한다. 이 쿨롱힘은 두 물체 사이의 전기적 서로작용에 의해 생기므로 뉴턴의 제3운동법칙, 곧 작용-반작용 법칙을 만족하고, 따라서 힘의 방향은 두 전하를 잇는 선분과 평행하다. 이제 두 전하 중 하나는 그대로 놔둔 채 다른 하나를 이동시켜보자. 이제 둘 사이의 거리가 시간에 따라 바뀌지만 둘 사이에 작용하는 힘은 여전히 쿨롱힘이며 작용-반작용 법칙을 만족한다. 그런데 정지해 있던 전하마저 움직인다면, 쿨롱힘 외에 다른 힘이 나타나는데, 이 힘이 바로 자기력이다. 이 자기력은 두 전하량의 곱에 비례하고, 속력의 곱에 비례하며, 두 전하 사이 거리의 제곱에 반비례한다. 그리고 힘의 방향은 두 전하의 속도와 동시에 수직이다.

이 자기력의 크기를 재어보면, 아인슈타인의 특수상대성 이론을 이용해야만 이론적으로 잘 맞는 값이 나온다. 그래서 자기력이 **상대론적 효과**라고 말한다. 엄밀하게 말하면 상대성 이론 없이는 자기 현상에 대해 완전하게 알 수 없다. 왜 그런지 살펴보자.

앞서 언급한 움직이는 두 전하를 다시 살펴보자. 두 전하 중 어느 하나라도 정지해 있으면 자기력은 없다. 두 전하가 모두 움직이고 있어야 한다. 그런데 '움직임'이란 무엇인가. 움직임이란 근본적으로 상대적이다. 곧, 관찰자가 정해져야 움직임이 정해진다. 지금 두 전하는 어떤 *관찰자에 대해* 움직이고 있다. 이 관찰자에 대해서 움직이는 또 다른 관찰자가 있다고 하자. 그 다른 관찰자에게도 두 전하는 움직일 테니, 두 전하 사이에는 쿨롱힘과 함께 자기력도 관찰될 것이다. 그리고 쿨롱힘과 자기력이 합해져 알짜힘이 된다. 그런데 이 다른 관찰자에게는 두 전하의 속도가 원래 관찰자가 알고 있던 속도와는 다르다. 따라서 새로운 관찰자가 잰 자기력은 원래 관찰자가 잰 자기력과는 다른 값을 가질 것이다. 극단적으로 말하면, 다른 관찰자가 움직이는 한 전하에 올라타 있다면, 그 관찰자 입장에서는 그 전하가 정지해 있으므로 자기력은 0이 된다.

그런데 관찰자의 운동에 따라 작용하는 힘이 달라진다면 어떠한 물리법칙도 일관성을 가지고 적용될 수 없다. 바꾸어 말하면 관찰자의 움직임에 따라 힘이 다르게 작용할 수는 없고, 관찰자가 바뀌어도 알짜 힘이 달라져서는 안 된다. 이것은 운동하는 두 전하 사이에 작용하는 알짜힘에도 똑같이 적용된다. 곧, 자기력의 정의에 따르면, 관찰자의 운동에 따라 자기력이 달라져야 하는데, 실제로 측정된 알짜힘은 측정하는 사람의 운동 상태와는 무관하게 나타났다. 전하의 속도에 의해 자기력이 결정되는 한, 관찰자에 따라 알짜힘이 달리 나타나야 하지만, 실제로는 그렇지 않은 이 모순은 아인슈타인의 등장 이전에 물리학계가 가지고 있던 풀리지 않는 골칫덩이였다. 아인슈타인은 바로 이 모순을 풀어보려 애썼고, 움직이는 전하에 미치는 전기력과 자기력을 계산할 때는 지금까지 알고 있던 물리학으로는 불가능하고 새로운 이론을 적용해야 한다고 생각했다. 그래서 발전시킨 이론이 바로 1905년에 발표한 특수상대성 이론이다. 특수상대성 이론에 따르면 관찰자의 운동과 무관하게 전기력과 자기력이 더해진 알짜힘은 일관되게 작용하고, 자기력은 명백하게 상대론적 효과라는 것을 알 수 있다.

자기력이 일반적인 힘과 다른 점이 하나 더 있다. 고전물리학에서 '힘'은 반드시 서로작용을 통해 일어나야 한다. 이 말은 어떤 힘이 물체에 작용하고 있다면, 그 힘은 반드시 외부의 다른 물체와 서로작용을 통해서 그 물체에 작용해야만 한다는 것이다. 예를 들어, 우리는 지구 표면 위에서 물체를 놓으면 아래로 가속되는 것을 알고 있다. 지구가 그 물체에 중력을 작용하여 끌어당기기 때문이다. 이 물체에 작용하는 힘은 반드시 *외부의 물체*인 지구가 힘을 주어야만 한다. 이 물체 자신이 자신에게 힘을 주어 가속하는 방법은 없다. 힘이 작용하려면 *외부의 물체와 서로작용*해야 한다. 그런데 자기력은 이러한 알갱이끼리의 서로작용을 통해 일어나는 것이 아니다. 아마도 위에서 예를 든 움직이는 두 전하의 경우, 두 전하 사이의 서로작용이 전기력과 함께 자기력도 있는 것은 아니냐고 할 것이다. 그러나 전기력은 서로작용이 맞지만, 자기력은 전하끼리 서로작용한 결과로 나타나는 것이 아니다. 왜? 이것을 이해하기 위해서는 서로작용이 어떻게 일어나는지 알아야 한다. 뉴턴의 제3운동법칙에 따르면, 한 물체가 다른 물체에 작용을 주면 그 작용을 받은 물체는 작용을 준 물체에 크기가 같고 방향이 반대인 반작용을 되돌려 준다. 여기서 주의를 기울여야 하는 점은 작용과 반작용이 비록 서로 반대 방향이지만 서로작용하는 두 물체를 잇는 직선 위에 있다는 것이다. 그런데 자기력은 움직이는 두 전하를 잇는 직선 방향이 아니

뉴턴의 제3운동법칙에 따르면, 어떤 물체에 가속도가 생기려면 힘이 필요한데, 그 힘은 반드시 물체 밖에서 주어져야 하고, 그 힘은 다른 물체와의 서로작용으로 일어나야 한다. 그렇지 않은 힘도 있는데, 관찰자가 가속운동을 할 때 느끼는 관성력은 서로작용 때문에 생기는 것이 아니므로 가짜힘(fictitious force)이라고 부른다. 원심력이 대표적인 관성력이다. 원운동하는 물체 밖에서 원의 중심에 대해 일정한 속도로 움직이는 관찰자가 재는 힘은 구심력밖에 없다. 그러나 관찰자가 원운동하는 물체에 올라타고 있다면 구심력과 함께 원심력도 관찰한다. 이 원심력과 구심력이 비김을 이루므로, 물체에 올라탄 관찰자에게는 알짜힘이 없는 셈이므로 물체가 정지해 있는 것으로 관찰된다. 원심력은 비관성계에 있는 관찰자가 느끼는 관성력이다.

그런데 자기력은 알갱이 사이의 서로작용이 아닌, 전하의 속도, 더 정확하게 말하면 관찰자에 대한 상대속도에 의해 결정된다. 심지어 어느 순간 관찰자에 대해 전하가 정지해 있다면 자기력은 0이 된다. 따라서 자기력은 뉴턴의 제3운동법칙에 따른 힘이 아니다. 어느 관찰자가 잰 자기력과 그 관찰자에 대해 일정한 속도로 움직이고 있는 다른 관찰자가 잰 자기력은 서로 다르다. 자기력이 내는 가속도가 서로 다르므로, 전체 가속도 역시 관찰자의 운동 상태에 따라 서로 달라야 한다. 그런데 상대성 원리[77]에 따르면 어떤 관찰자이든, 관성계에 있다면 관찰자의 속도와는 관계없이 모두 똑같은 가속도를 재야 한다. 관찰한 자기력은 서로 다른데 가속도는 모두 똑같은 이 모순을 아인슈타인은 관성계에 있는 관찰자의 운동 상태와 관계없이, 가속도가 모두 똑같이 관찰되도록 전기마당과 자기마당이 적절히 바뀐다고 하였다. 예를 들어, 전기마당과 자기마당이 모두 걸려 있는 공간을 생각해 보자. 관찰자1에 대해 $\mathbf{v}_1$의 속도를 가지는 전하에 작용하는 알짜힘은

$$\mathbf{F}_1 = q(\mathbf{E} + \mathbf{v}_1 \times \mathbf{B})$$

이 된다. 그런데 관찰자2에 대해 이 전하는 $\mathbf{v}_2$의 속도로 움직인다면, 전하에 작용하는 알짜힘은

$$\mathbf{F}_2 = q(\mathbf{E} + \mathbf{v}_2 \times \mathbf{B})$$

이 된다. 이렇게 전기력과 자기력이 합하여 나타나는 힘을 로런츠 힘(Lorentz force)이라고 부른다. 상대성 원리에 의해 로런츠 힘은 관찰자의 운동 상태와 무관하게 모든 관

성계에서 똑같이 나타난다. 그런데 위 두 식을 비교해 보면 절대로 $\mathbf{F}_1 = \mathbf{F}_2$이 될 수 없다. 아인슈타인은 $\mathbf{F}_1 = \mathbf{F}_2$이 되려면

$$\mathbf{F}_2 = q(\mathbf{E}' + v_2 \times \mathbf{B}')$$

이 되어 전기마당과 자기마당이 바뀌어야 한다고 보았다. 곧, 두 관찰자의 상대속도를 $\mathbf{v} \equiv \mathbf{v}_2 - \mathbf{v}_1$라고 하면 관찰자2가 재는 전기마당의 $\mathbf{v}$에 평행한 성분은 관찰자1이 재는 전기마당의 $\mathbf{v}$에 평행한 성분과 같지만, 수직성분은 달라진다. 곧,

$$\mathbf{E}_{\parallel}' = \mathbf{E}_{\parallel}$$
$$\mathbf{E}_{\perp}' = \gamma(\mathbf{E}_{\perp} + \mathbf{v} \times \mathbf{B})$$

이다. 여기서 $\perp$와 $\parallel$는 각각 수직과 평행성분을 가리키며, $\gamma = 1 / \sqrt{(1 - v^2 / c^2)}$는 로런츠 인자(Lorentz factor)라고 불린다.[78] 마찬가지로 자기마당에 대해서는

$$\mathbf{B}_{\parallel}' = \mathbf{B}_{\parallel}$$
$$\mathbf{B}_{\perp}' = \gamma(\mathbf{B}_{\perp} - \frac{1}{c^2} \mathbf{v} \times \mathbf{B})$$

이 된다. 극단적인 경우를 생각해 보자. 관찰자1에게는 전기마당이 없고, 자기마당만 걸려 있다고 하자. 관찰자1에게는 전기마당이 0이지만, 관찰자2에게는 $\mathbf{E}_{\parallel}' = 0$이지만 $\mathbf{E}_{\perp}' = \frac{\gamma}{c^2}(\mathbf{v} \times \mathbf{B}_1)$인 전기마당이 생긴다. 이것을 바로 1905년에 아인슈타인이 알아낸 것으로 특수상대성 이론이라 불린다.

자기력이 비록 일반적인 힘, 곧 알갱이끼리 서로작용의 결과로 나타나는 힘은 아니지만 가짜힘은 아니다. 뉴턴의 제3법칙을 제대로 적용하려면 상대성 이론에서 말하는 마당의 중재가 일어나야 한다. 곧, 알갱이-마당-알갱이의 서로작용이 일어나야 하는데, 자기력은 바로 이 마당만 보이고 알갱이, 곧 자하가 잘 보이지 않는다. 더 정확하게 말하자면 아직 우리는 이 알갱이의 존재조차 알아내지 못하고 있다. 그래서 자기마당은 일반적인 중력마당이나 전기마당과는 다르게 보일 뿐이다.

라 자신이 움직이는 방향과 수직인 방향으로 힘을 받는다. 따라서 자기력은 일반적인 힘과 다르다.

3. 자기힘선과 자기힘선다발

자기마당을 이해하는 데 많은 도움을 주는 물리량으로 '자기력선' 또는 자력선이라는 것이 있다. 한국물리학회에서는 '자기힘선'이라는 쓰임말도 함께 쓰도록 권한다. 그런데 영어로는 lines of magnetic force 또는 magnetic lines of force이라고 하지만, magnetic field lines라는 쓰임말도 함께 쓰인다. 자기힘선은 실제로 존재하는 선이 아니고 가상의 선이므로 주의해야 한다. 자기힘선은 다음 네 가지 조건을 충족해야 한다.

❶ 자기힘선은 자기쌍극자의 N극에서 출발하여 S극에서 끝나는 닫힌 곡선을 이룬다.

❷ 두 개의 서로 다른 자기힘선은 꼬이거나 한 점에서 만나지 않는다.

❸ 어느 한 점에서 자기마당의 방향은 그 점을 지나는 자기힘선의 접선 방향이다.

❹ 어느 한 점에서 자기마당의 세기는 그 점의 자기힘선밀도[79]에 비례한다.

전하에도 자기힘선과 비슷하게 전기힘선이라는 것이 있다. 양전하에서 출발하여 음전하에서 끝나는 전기힘선과는 달리 자기힘선은 반드시 닫힌 곡선을 이룬다는 것이 중요하다. 자기홀극이 아직 발견되지 않았기 때문이다. 그런데 아마도 어떤 분은 N극에서 출발하여 S극에서 끝나는데 어떻게 닫힌 곡선을 만드냐고 되물을 것이다. 그렇다. 자기힘선이 N극에서 출발하여 S극에서 끝난다면 닫힌 곡선을 만들 수 없다. 그런데 만일 N극과 S극이 한 점에 있다면 어찌 될까? 이것이 가능하기나 한 것일까? 답은 '가능하다'이다. 쌍극자를 하나의 알갱이로 다루어야 한다는 말을 떠올리면, 한 자기

전자기학 쓰임말을 알면 물리가 보인다

힘선의 시작과 끝을 이루는 N극과 S극이 한 점에 있다는 것을 알 수 있다.

　마찬가지로 자기마당을 나타내는데 쓸모있는 물리량으로 자기힘선다발이 있는데, magnetic flux 또는 flux of lines of magnetic force를 번역한 쓰임말이다. 이 물리량은 어떤 단면에 얼마나 많은 자기힘선이 있는지 나타내는 물리량인데, 단면의 넓이에 자기마당의 단면에 수직인 성분의 곱으로 정의된다. 곧, (자기마당의 수직성분)×(단면의 넓이)이다.

4. 자기마당은 어떻게 만들어지나?

아마도 여러분은 이 절의 제목에서 이상한 점을 발견하였을 것이다. 전기마당이나 중력마당은 어떻게 만들어지는지 따로 말하지 않는다. 그런데 왜 자기마당만 어떻게 만드는지 따로 설명해야 하나? 우선 전기마당이나 중력마당은 어떻게 만들어지는지 말해 보자.

　어떤 공간에 전하를 가져다 놓으면 그 공간에 전기마당이 생긴다.
　어떤 공간에 질량(중하)을 가져다 놓으면 그 공간에 중력마당이 생긴다.

　여기서 '그 공간에 ~마당이 생긴다'는 표현을 썼지만, 엄밀하게는 '~마당이 그 공간을 변화시켰다'고 해야 한다. 그러면,
　"어떤 공간에 **자하**를 가져다 놓으면 그 공간에 **자기마당**이 생기는가?"
　자기홀극이 아직 발견되지 않았으니, 이렇게 간단히 자기마당을 만드는 것이 현재로서는 불가능하다. 그래서 이렇게 묻게 된다. 그렇다면 자기마당은 어떻게 만드나? 자기쌍극자와 전류가 자기마당을 만드는 두 가지 방법이다.

4-1. 앙페르 법칙

앙페르 법칙은 이 법칙을 발견한 프랑스의 물리학자 앙페르(A.-M. Ampère)의 이름을 따서 붙인 것이다. 흔히 '암페어'라고 하면 전류의 단위인데 역시 같은 사람의 이름을 딴 것이다. 그런데 왜 둘의 발음이 다를까? '암페어'는 Ampère의 영어식 발음인데 단위로 쓰일 때는 영어식 발음을 사용하기 때문이다. 그러나 '앙페르'가 프랑스 원어 발음에 가깝다.

이 법칙은 전류가 흐르면 주변에 자기마당이 만들어지는 현상을 설명한 것인데, 전류가 흐르면 자기마당이 만들어지는 현상을 앙페르가 처음 발견한 것은 아니다. 이 현상을 처음 발견한 사람은 덴마크의 물리학자 외르스테드(H. C. Ørsted)이다. 모든 위대한 발견이 그러하듯이 이 발견 역시 우연히, 그래서 실수라고 흘려버릴 수도 있는 상황에서 이루어졌다. 대학교수였던 외르스테드는 강의 중 다양한 실험을 강의실에서 실제로 보여주었다. 어느 날 전류에 대한 실험을 학생들에게 보여주는 도중 전류가 흐르는 전선 가까이 놓인 나침판의 바늘이 남북이 아닌 다른 방향을 가리키는 것을 보고는 나침반이 고장났다고 생각하고 대수롭지 않게 넘겼다. 그런데 다른 날 비슷한 실험을 하는데 같은 현상이 벌어지는 것을 알고 나서는 이것이 나침반 고장 때문에 일어난 것이 아닐지도 모른다고 생각했다. 그래서 전원 스위치를 넣다 빼기를 반복해보니, 전류가 흐를 때만 바늘이 다른 방향을 가리킨다는 사실을 알아냈다. 이 결과로, 전류가 흐르면 주변에 자기마당이 만들어진다는 가설을 세웠는데, 후에 앙페르가 이를 수학적으로 잘 다듬어서 발표한 것이 바로 앙페르 법칙이다.

앙페르 법칙에 대해 다음의 두 가지만 기억하자. 첫째, 전류가 흐르면 전류 주변에 자기마당이 만들어진다. 이때 생기는 자기마당의 자기힘선을 그리면 전선을 중심으로 하는 동심원을 그리는데, 원의 면이 전선에 수직이다. 그렇다면 자기힘선의 방향, 곧 자기마당의 방향은 어떻게 될까? 오른나

전자기학 쓰임말을 알면 물리가 보인다

사를 오른쪽으로 돌려서 나사가 진행하는 방향을 전류의 방향으로 잡으면, 나사의 회전 방향이 자기마당의 방향이다. 이렇게 자기마당의 방향을 정하는 것을 가리켜 '오른손 법칙'[80] 또는 '오른나사 법칙'이라고 한다. 앞에서도 말했듯이, 전압이 전하에 작용하는 압력과 같다고 생각하지만 않는다면, 전류를 유체의 흐름과 비슷한 것으로 이해해도 큰 문제는 없다. 아주 특별한 경우를 빼고는 전류가 전선에만 흐르기 때문에, 마치 수도관을 흐르는 물처럼 생각해도 된다. 전선에 전류가 흐르면 자기마당이 생기는데, 이 자기마당은 전류가 흐르는 전선 바깥에만 생기는 것이 아니다. 전선 내부에도 자기마당이 생긴다. 다만, 우리는 전선 내부에서 벌어지는 일에 별로 관심이 없어서 전류가 흐르는 전선 내부에 자기마당이 생기지 않는 것으로 착각하고 있다. 그 이유는 '전선'이라는 쓰임말에서도 짐작할 수 있듯이 선은 두께가 없는 것으로 다루기 때문이다. 그러나 선의 두께를 무시할 수 없는 상황에서는 전선 안에 생기는 자기마당도 함께 고려해야 한다. 둘째, 약간의 정량적인 설명을 곁들인다면, 직선으로 된 무한히 긴 전선에 전류가 흐르면 전선 바깥에 생기는 자기마당의 세기는 전류의 크기에 비례하고 전선으로부터의 거리에 반비례한다.

 보충 설명

앙페르 법칙을 수학적으로 나타내면 다음과 같다. 도선에 전류가 흐르면 주변에 자기마당이 생기는데, 이 자기마당을 도선을 감싸는 닫힌 경로 C를 따라 선적분하면 경로 C로 둘러싸인 전류에 비례하는 값을 얻을 수 있는데, 곧

$$\oint_C \mathbf{B} \cdot d\mathbf{s} = \mu_0 I_{\text{enc}}$$

이 된다.[81] 여기서 I_{enc}는 경로 C로 둘러싸인 전류를 뜻한다.

4-2. 자기쌍극자

전기쌍극자와 마찬가지로 자기쌍극자란 N극과 S극의 자하가 매우 가까이 붙어있는 상태라고 생각하면 이해하기 쉽다. 아주 작은 막대자석을 떠올리면 된다. 다만, 하나의 알갱이로 다루어야 한다. 전기쌍극자도 비록 알짜전하가 만드는 전기마당보다는 약하지만 전기마당을 만든다. 그래서 이렇게 말한다.

점전하가 만드는 전기마당의 세기는 거리의 제곱에 반비례하지만, 전기쌍극자가 만드는 전기마당은 거리의 세제곱에 반비례한다.

자기마당도 마찬가지이다. 만일 점자하, 곧 자기홀극이 있다면 다음과 같이 말할 수 있다.

점자하가 만드는 자기마당의 세기는 거리의 제곱에 반비례하지만, 자기쌍극자가 만드는 자기마당은 거리의 세제곱에 반비례한다.

불행히도 중하 또는 질량은 한 종류만 있으므로 쌍극자라는 개념을 쓸 수 없다. 그래서 중력에 대해서는 다음과 같이 말한다.

점중하(질점[82])가 만드는 중력마당의 세기는 거리의 제곱에 반비례한다.

다시 강조하자면, 점자하, 곧 자기홀극은 아직 발견되지 않았다. 그래서 자기마당을 구하는 방법이 전기마당이나 중력마당을 구하는 방법과 다르다.

전기쌍극자의 세기를 나타내는 물리량이 전기쌍극자 모멘트이다.

마찬가지로

자기쌍극자의 세기를 나타내는 물리량이 자기쌍극자모멘트이다.

앞으로는 줄여서 자기 모멘트(magnetic moment)라 할 것이다.

그러나 전기쌍극자 모멘트와는 다르게, 자기 모멘트를 정의하는 것이 그리 간단하지 않다. 자하 값을 정의하기 어렵기 때문이다. 자기 모멘트를 구하는 방법은 자기쌍극자를 인위적으로 만드는 방법을 제시할 때 자세히 설명하겠다.

전자기학 쓰임말을 알면 물리가 보인다

앞에서 자기쌍극자를 '인위적으로 만든다'고 하였는데, 자연적으로 존재하는 자기쌍극자가 있다는 말인가? 그렇다. 스핀(spin)이라고 불리는 물리량이 이와 관련이 있다. 물체의 회전을 나타내는 영어 낱말은 'revolution'과 'rotation'이 있다. 두 낱말의 차이점을 알려면 물체의 회전운동에 대해 먼저 알아야 한다. 어떤 물체가 회전하고 있다면, 그 물체를 구성하는 알갱이 하나의 궤적을 그리면 원이 된다. 서로 다른 알갱이들의 궤적을 모두 그려보면 동심원이 되는데, 그 동심원의 중심이 직선을 이룬다. 이 직선을 회전축이라 한다. 여기서는 복잡함을 피하고자 이 회전축이 움직이지 않는 경우만 생각하자. 이 회전축이 물체의 질량 중심을 통과하면 물체의 회전운동은 매우 간단한데, 이런 회전을 가리켜 영어에서는 'rotation' 또는 'spin'이라 한다. 회전축이 물체의 질량 중심을 통과하지 않는다면 우리는 이 회전운동을 두 종류의 회전운동으로 나누어서 생각해야 한다. 하나는 마치모든 질량이 질량 중심에 모여 있는 점질량으로 보고, 이 점질량이 회전축 주위를 도는 revolution이고, 다른 하나는 앞에서 말한 rotation이다. 마치지구가 태양 주위를 공전하면서 자전하는 것과 같다. 곧, revolution은 공전, rotation은 자전에 해당한다. 어떤 경우이든 회전운동과 관련이 있는 물리량은 각운동량이다. 이 각운동량과 자기쌍극자 사이에 매우 밀접한 관련이 있다.

20세기 들어 현대물리학, 그중에서도 양자역학의 발전이 눈부시게 이루어졌다. 이 과정에서 물리학자들은 원자나 원자를 이루는 소립자라 불리는 기본알갱이(elementary particles)들이 자기 모멘트를 갖는다는 사실을 알아냈다. 이야기를 간단히 하기 위해 여기서는 소립자 중 하나인 전자에 대해서만 말하겠다.

초기에는 원자가 자기 모멘트를 갖는 이유를 전자가 원자 주위를 회전하기 때문이라고 생각하였다. 전자는 전하를 띠고 있으며, 전하의 운동은 전류로 생각할 수 있다. 그런데, 앙페르 법칙에 따르면, 전류 주위에 자기마당이 생긴다. 만일 전류가 고리를 이루면서 흐른다면, 이 전류 고리는 하나의 막대자석, 곧 자기쌍극자가 된다.[83] 따라서 전자가 원자핵 주위를 궤도 운동한다면 자기 모멘트를 가질 수 있다. 20세기 초반에는 이렇게 원자가 가지는 자기 모멘트를 설명하였지만, 전자가 원자핵 주위를 궤도 운동, 또는 회전운동을 하는 것이 아니므로, 이러한 설명은 개념적으로 원자의 자기 모멘트를 이해하는 데 도움은 되지만, 실제로 벌어지는 일을 제대로 설명한 것은 아니다. 지금은 원자를 이루는 전자의 자기 모멘트는 '궤도 각운동량'이라 불리는 물리량으로 그 성질을 설명하는데, 전자의 궤도 각운동량은 양자역학적인 효과이므로 우리의 일상적 감각으로는 이해할 수 없다. 더욱이 전자가 실제로 원자핵 주위를 공전하고 있다고 볼 수도 없다.

원자가 갖는 자기 모멘트를 전자의 궤도 각운동량으로 설명하다 보면 또 다른 미궁에 빠진다. 수소 원자는 양성자와 전자 하나로 이루어져 있다. 그런데 수소 원자 안의 전자가 가지는 궤도 각운동량은 0이다. 따라서 수소 원자는 자기 모멘트를 가질 수 없다. 그러나 실제로 수소 원자의 자기 모멘트를 재면 0이 아니다. 이 문제를 풀기 위해 물리학자들이 더 연구를 진행해보니, 전자 자신이 고유의 각운동량을 가지고 있는데, 이것이 자기 모멘트를 내고 있다는 사실을 알게 되었다. 처음에는 이 각운동량이 전자의 자전운동, 곧 스핀 때문이라고 생각하여 이 각운동량을 '스핀 각운동량'이라고 불렀다. 이렇게 생각한 이유는 전자가 아무리 작더라도 부피를 가지고 있으니, 전자가 자전하면 고리 전류가 생기고 이 고리 전류가 자기 모멘트를 낸다고 생각하였기 때문이다. 하지만 전자가 매우 작다 보니 전자가 가지고 있는 자기 모멘트를 내려면 엄청나게 빨리 회전해야 한다. 얼마나 빨라야 하냐면, 전자의 표면 근처의 속력이 광속보다 커야만 했다. 이런 일이 벌어질 수 없으니 전자의 스핀은 우리의 일상적 감각으로는 이해할 수 없

전자기학 쓰임말을 알면 물리가 보인다

는 양자역학적 효과이다. 더욱이 자기 모멘트를 내는 스핀 각운동량은 전자만이 아니라 양성자와 중성자도 가지고 있는데, 특히 중성자는 전하를 띠지 않으므로 전하를 띤 알갱이가 자전하면서 자기 모멘트를 낸다는 설명은 적합하지 않다.

5. 자기 모멘트

앞에서 전기쌍극자 모멘트는 다음과 같이 구한다고 하였다.

전기쌍극자 모멘트의 크기는 전기쌍극자를 이루는 두 전하 사이의 거리에 전하량을 곱해 구한다. 그리고 그 방향은 전기쌍극자의 양전하에서 음전하로 향하는 방향이다.

자기 모멘트에도 똑같이 적용하면 다음과 같다.

자기쌍극자 모멘트의 크기는 자기쌍극자를 이루는 두 자하 사이의 거리에 자하량을 곱해 구한다. 그리고 그 방향은 자기쌍극자의 N극에서 S극으로 향하는 방향이다.

그런데 자기홀극이 아직 발견되지 않았으니 자기 모멘트는 이렇게 구할 수가 없는 노릇이다. 그러면 자기 모멘트는 어찌 구해야 하나? 자기 모멘트를 구하기 위해 다음 물음을 생각해 보자.

자기마당이 있는 공간에 전류가 흐르는 전선을 놓으면 무슨 일이 벌어질까?

아마도 이 뜬금없어 보이는 질문이 자기 모멘트와 무슨 연관이 있느냐고 할 것이다. 이 질문에 대한 답 속에 자기 모멘트를 구하는 비결이 숨어 있다.

5-1. 로런츠 힘의 방향

자기마당이 있는 공간에 전선을 놓고 그 전선에 전류가 흐르게 하면 무슨 일이 벌어질 것인지 알려면 먼저 로런츠 힘, 특히 그 힘의 방향에 대해 알아야 한다. 이제 이 말을 조금 더 자세히 알아보자. 그러기 위해서 여러분은 지금부터 머릿속에 3차원 공간을 만들어 놓고, 다음에 말로 설명하는 상황을 동영상을 찍듯이 연출하여야 한다. 물리학을 잘하려면 이러한 동영상 제작을 머릿속으로 잘해야 한다.

앞에서 로런츠 힘은 전하의 속도에 수직이며, 자기마당에도 수직이라 하였다. 이제 전하를 관통하고 자기마당에 수직인 직선을 그어 보자. 그리고 역시 전하를 관통하고 전하의 속도에 수직인 직선도 그어 보자. 만일 두 직선이 하나로 보이면 로런츠 힘은 0이다. 그렇지 않다면, 이 두 개의 직선은 하나의 평면 위에 놓인다. 로런츠 힘은 바로 이 평면에 수직, 곧 자기마당과 전하의 속도가 만드는 평면에 수직이다.

예를 들어 보자. 여러분이 지금 읽고 있는 책의 면을 보자. 편의상 책의 면이 평면이라고 하자. 만일 전하가 이 평면의 가로 방향으로 왼쪽에서 오른쪽으로 움직인다고 하자. 그런데 자기마당이 이 평면의 세로 방향으로 위에서 아래로 향한다. 그러면 바로 자기마당과 전하의 속도가 한 평면 위에 있는 셈이다. 로런츠 힘의 방향이 이 평면에 수직이라는 뜻이다. 그런데 이 평면에 수직인 방향은 두 개가 있다. 하나는 이 평면으로 뚫고 들어가는 방향과 평면에서 뚫고 나오는 방향이다. 어느 방향이 로런츠 힘의 방향인가? 이때 필요한 것이 오른손 법칙이다. 오른손의 손바닥을 쫙 편 채로 손날이 전하의 속도 방향을 향하도록 놓되 손바닥을 자기마당이 가리키는 방향으로 바라보도록 놓는다. 손을 이렇게 놓고 엄지를 손날과 수직이게 편 채로 나머지 손가락을 감아쥐면 네 손가락은 자기마당 방향으로 휜다. 이때 엄지손가락이 가리키는 방향이 로런츠 힘의 방향이다. 따라서 여러분이 보고 있는 책의 면으로 뚫고 들어가는 방향이다.

로런츠 힘의 방향을 정할 때 한 가지 주의해야 할 점이 있다. 그것은 전

보충 설명

전기마당은 없고 자기마당만 있다면, 이 자기마당 안에서 움직이는 전하가 받는 로런츠 힘의 크기(F_L)는 전하량(q)에 비례하고, 전하의 속력(v)에 비례하며, 자기마당의 크기(B)에 비례한다. 이를 수식으로 나타내면

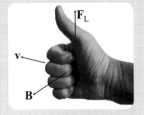

$$F_L \propto qvB$$

⟨그림 13⟩ 자기력의 방향

이다. 여기서 아래첨자 L은 로런츠 힘이라는 것을 강조하기 위해 붙인 것이다. 비례식으로 나타냈으니 비례상수를 정해야 하는데 속도와 자기마당의 사잇각의 사인값이다. 따라서, 속도와 자기마당의 사잇각을 θ라고 하면

$$F_L = qvB\sin\theta$$

가 된다. 앞에서 로런츠 힘의 방향에 관해 설명하였는데 이를 도식적으로 나타내면 ⟨그림 13⟩과 같다. 벡터를 아시는 분은 이를 종합하여 로런츠 힘이 전하의 속도 벡터와 자기마당 벡터의 벡터곱으로 나타낼 수 있다는 것을 알 터인데

$$\mathbf{F}_L = q\mathbf{v} \times \mathbf{B}$$

가 된다.

하가 부호를 가지고 있다는 것이다. 앞의 예에서 전하가 받는 힘의 방향은 전하의 부호가 양수라는 것을 가정하고 정한 것이다. 만일 음전하가 운동하였다면 로런츠 힘의 방향은 정반대로 바뀌어야 한다.

보충 설명

지금까지 자기마당 안에서 움직이는 전하가 받는 힘을 나타내거나 전류가 흐르는 전선이 받는 힘을 나타낼 때 자기마당을 나타내는 기호로 $\mathbf{B}$를 사용하였는데, 사실 정확하게 말하면 $\mathbf{B}$는 자기마당이 아니다.

이 말을 설명하기 위해 먼저 전기마당을 알아보자. 원점에 있는 점전하가 만드는 전기마당의 크기는

$$E = k\frac{q}{r^2}$$

이다. 여기서 r은 원점에서의 거리이다. 그런데 유전체를 외부 전기마당(E) 안에 놓으면 유전체 안의 전기마당은 외부 전기마당과는 다르다. 유전체 안에서 전기마당의 역할을 하는 물리량을 **전기변위**라고 하는데 영어로는 'electric displacement field' 또는 'electric induction'이라고 하며, $\mathbf{D}$로 나타내는데 전기마당과는

$$\mathbf{D} = \varepsilon\mathbf{E}$$

의 관계를 맺는다. ε을 유전체의 유전율이라 하면, 진공의 유전율 ε_0와의 비 $\varepsilon / \varepsilon_0$가 그 유전체의 유전상수 ε_r이 된다.

자기마당 역시 이것과 비슷하게 정의할 수 있다. 전기변위 $\mathbf{D}$에 해당하는 것이 $\mathbf{B}$이고, 전기마당 $\mathbf{E}$에 해당하는 것은 보통 $\mathbf{H}$로 나타낸다. 전기마당과 일관성을 이루려면, $\mathbf{H}$가 자기마당이고 $\mathbf{B}$는 자기힘선다발 밀도이다. 전기마당과 전기변위 사이의 관계와 비슷하게 자기마당 $\mathbf{H}$와 자기힘선다발 밀도 $\mathbf{B}$사이에 다음과 같은 관계가 성립한다.

$$\mathbf{B} = \mu\mathbf{H}$$

전기마당의 유전상수에 해당하는 물리량은 $\mu_r = \mu / \mu_0$로 상대투자율(relative permeability)이라고 한다. μ를 투자율(透磁率, permeability)이라고 부른다. 진공도 투자율을 갖는데 진공의 투자율은 μ_0로 나타내고

$$\mu_0 = 4\pi \times 10^{-7}\mathrm{H/m}$$

이다. 여기서 H는 인덕턴스의 단위로 미국 물리학자 헨리(Henry)의 이름을 따서 붙였다. 나중에 패러데이 법칙을 설명할 때 자세히 다룬다. 진공의 투자율과 진공의 유전율

전자기학 쓰임말을 알면 물리가 보인다

을 곱하여 역수를 취하면

$$\frac{1}{\varepsilon_0 \mu_0} = 8.98755 \times 10^{16} \text{m}^2 / s^2 = c^2$$

의 관계를 맺는다. 여기서 $c = 299,792,458 \text{m}/s$으로 광속을 나타낸다. 이 관계는 우연히 맺어진 것이 아니다. 만일 빛이 전자기파라면 필연적으로 맺어져야 하는 관계이다. 자세한 설명은 나중에 나오는 전자기파를 보면 알 수 있다.

억지스럽지만 자기홀극이 있다고 가정하자. 그러면 두 자기홀극 사이의 힘은 중력이나 쿨롱힘과 똑같은 수학적인 꼴로 나타낼 수 있다. 거리가 r만큼 떨어진 두 자하를 q_{m1}과 q_{m2}로 나타낸다면 둘 사이에 작용하는 힘의 크기는

$$F = k_m \frac{|q_{m1} q_{m2}|}{r^2}$$

이 된다. 그리고 원점에 있는 점자하 q_m이 만드는 자기마당은

$$\mathbf{H} = k_m \frac{q_m}{r^2} \hat{\mathbf{r}}$$

이 된다. 여기서 $k_m = \frac{\mu_0}{4\pi}$이다. 그런데 진공에서는 $\mathbf{B} = \mu \mathbf{H}$의 관계에 있으므로

$$\mathbf{B} = \frac{\mu}{4\pi} \frac{q_m}{r^2} \hat{\mathbf{r}}$$

이 된다.

만일 이렇게 자기력과 자기마당이 자기홀극에 의해 만들어지면 자기력도 분명히 서로작용에 의해 만들어진 것으로 진짜 힘이 된다. 그러나 불행히도 자기홀극은 아직 발견되지 않았으므로 자기력은 관찰자에 대한 전하의 상대운동으로 결정되는 힘이다. 또한, 과거에는 $\mathbf{B}$를 자기유도(magnetic induction)라 부르기도 하였으나, 전자기 유도 현상과 혼동을 피하고자 쓰지 않는다.

5-2. 자기마당 안에 놓인 전선

이제 앞에서 던진 뜬금없어 보였던 물음에 답할 차례이다. 자기마당이 있는 공간에 전류가 흐르는 전선을 놓으면 벌어질 일은 다음과 같다.

자기마당이 있는 공간에 전류가 흐르는 전선을 놓으면 전선이 힘을 받는다.

왜? 어떤 힘을? 전선에 전류가 흐른다는 말은 전하수송체, 구체적으로는 자유전자가 움직이고 있다는 뜻이다. 그런데 이렇게 전류가 흐르는 전선을 자기마당 안에 놓으면, 전선 안에서 움직이는 자유전자는 전류가 흐르는데 필요한 전기마당이 주는 힘 외에 자기마당이 주는 자기력도 받을 것이다. 전기마당이 주는 힘은 전류의 방향과 같은데다 전류를 이루는 전하의 운동은 평균적으로 다루어야 하므로 비록 전기마당이 있어도 전하를 평균적으로는 가속시키지 못한다. 따라서 전기마당이 주는 알짜힘은 평균적으로 0이라고 생각해도 된다. 그렇다면 이 전선에 흐르는 전하수송체가 받는 알짜힘은 자기력이다. 전하수송체들이 받는 힘을 모두 모아보면 전선이 받는 힘으로 나타난다.

앞에서 들었던 예를 다시 생각해 보자. 다만, 움직이는 전하 대신 전류가

 보충 설명

앙페르 법칙과 로런츠 힘을 이용하면 자기력의 근원에 대해 쉽게 이해할 수 있다. 앞에서 두 전하가 동시에 움직이고 있으면 두 전하 사이에 작용하는 힘은 쿨롱힘 외에 자기력이 있는데, 두 전하의 속도가 자기력의 크기와 방향을 결정한다고 하였다. 이제 두 전하를 따로따로 생각해 보자. 한 전하가 움직이고 있으니, 이 전하의 궤적을 따라 전선에 전류가 흐르는 것으로 생각할 수 있다. 앙페르 법칙에 따르면 이 전류 주변에 자기마당이 생긴다. 이 자기마당은 다른 움직이는 전하에 로런츠 힘을 미칠 것이다. 그래서 자기력이 생기는 것이다.

여기서 한 가지 주의해야 할 것이 있다. 이 논의는 순서가 뒤바뀌었다는 것이다. 앙페르 법칙과 로런츠 힘 때문에 자기력이 생기는 것이 아니라, 자기력 때문에 앙페르 법칙도 성립하고, 로런츠 힘도 생기는 것이다. 앞의 논의는 자기력이 생기는 이유를 우리가 이해하기 쉽게 하려고 가져다 쓴 것이지 기본 원리를 설명한 것이 아니다.

흐르는 전선을 가져다 놓자. 자기마당은 평면의 왼쪽에서 오른쪽을 향하고, 위-아래로 향한 전선에 전류는 위에서 아래로 흐른다. 자기마당에 의해 전류가 흐른 전선이 받는 자기력의 방향은 여러분이 보고 있는 책의 면으로 뚫고 들어가는 방향이다.

5-3. 자기 모멘트

앞에서 전기쌍극자 모멘트를 구하는 방법으로 전하량에 두 전하 사이 거리를 곱해서 구하는 방법이 있는데, 이 방법을 그대로 자기 모멘트를 구하는 데 적용할 수도 있다. 그러나 자기홀극이 아직 발견되지 않아서 이 방법을 써먹지 못하고 다른 방법을 써야 한다. 어떤 방법일까?

전기쌍극자를 전기마당 안에 놓으면 돌림힘을 받는다.
자기쌍극자를 자기마당 안에 놓으면 돌림힘을 받는다.

전기쌍극자 모멘트를 구할 때 바로 이 돌림힘을 재서 구할 수 있는데, 자기 모멘트 역시 이렇게 구할 수 있다. 그럼, 먼저 전기쌍극자 모멘트를 이 방법으로 구해보자. 돌림힘이 벡터양이므로 크기와 방향을 가지고 있지만, 여기서는 크기만 생각하자.

균일한 전기마당 안에 놓인 전기쌍극자가 받는 돌림힘의 크기는 전기마당의 세기에 전기쌍극자 모멘트의 크기를 곱해 얻는다.

이를 자기쌍극자에 적용하면,

균일한 자기마당 안에 놓인 자기쌍극자가 받는 돌림힘의 크기는 자기마당의 세기에 자기(쌍극자)모멘트의 크기를 곱해 얻는다.

이 말은 자기마당의 세기를 알고 돌림힘을 구할 수 있다면 자기 모멘트 역시 구할 수 있다는 뜻이다. 자, 이제 자기쌍극자가 자기마당 안에서 받는 돌림힘이 어떻게 나타나는지 알아보자. 여러분이 읽고 있는 이 책의 한 면에 정사각형의 전류 고리가 있다고 하자. 정사각형의 네 귀퉁이를 왼쪽 위의 귀퉁이부터 시계 방향으로 ㉮-㉯-㉰-㉱라고 하자. 전류는 시계 방향으로 흐른다. 곧, ㉮→㉯→㉰→㉱→㉮로 흐른다. 이제 자기마당을 걸어주는데 전류 고리의 면에 평행이며 왼쪽에서 오른쪽으로 향한다. 이 자기마당에 의해 전류가 흐르는 전선은 힘을 받는다. 전선 ㉮-㉯는 전류의 방향과 자기마당의 방향이 같으니 로런츠 힘을 받지 않는다. 마찬가지로 전선 ㉰-㉱ 역시 힘을 받지 못한다. 그러므로 돌림힘을 내지도 못한다. 전선 ㉯-㉰는 고리 면에 수직이면서 뚫고 나오는 방향으로 힘을 받는다. 그런데 전선 ㉱-㉮는 전류가 전선 ㉯-㉰와는 반대로 흐르므로 고리 면에 수직이면서 뚫고 들어가는 방향으로 힘을 받는다. 이 두 힘은 짝힘으로 돌림힘을 낸다. 우리는 전기마당 안에 놓인 전기쌍극자가 돌림힘을 받는다고 알고 있다. 따라서, 전류 고리가 자기마당 안에서 돌림힘을 받는다는 것은 전류 고리가 하나의 자기쌍극자, 곧 막대자석인 셈이다. 이 돌림힘의 크기를 구해서 자기마당의 크기로 나누면 자기 모멘트 값을 구할 수 있다. 자세한 수학적 과정을 생략하고 결과만 말하면, 자기 모멘트의 크기는 전룟값에 고리의 넓이, 곧 정사각형의 넓이를 곱해 구한다. 이 결과는 예로 든 정사각형 고리 전류에만 적용되는 것이 아니라 모든 고리 전류에는 일반적으로 성립한다. 임의의 모양을 갖는 전류 고리라도 그 고리의 넓이에 전룟값을 곱해서 자기 모멘트를 구한다. 여기서 자기 모멘트의 방향은 전류가 흐르는 고리의 면의 수직 방향이다. 면의 수직 방향은 두 개인데, 어느 것이 자기 모멘트의 방향일까? 역시 오른손 법칙을 써야 한다. 오른나사를 전류가 흐르는 방향으로 돌리면 나사의 진행 방향이 자기 모멘트의 방향이다. 막대자석의 자기 모멘트 방향은 S극에서 N극으로 향한다.

6. 생각해 보기

❶ 자기마당이 있는 공간에 자기마당에 수직인 방향으로 일정한 속도를 가진 전자가 들어왔다. 이 전자는 어떤 운동을 할까?

답. 등속 원운동이다.

원운동을 하려면 구심력이 필요하다. 그리고 구심력은 원운동하는 물체의 속도와 언제나 수직이므로 구심력은 일을 하지 못해서, 원운동하는 물체의 운동에너지를 바꾸지 못한다. 만일 어느 물체에 구심력만 작용한다면 그 물체는 속도의 방향이 계속 바뀌는 등속 원운동을 한다. 이 두 조건을 만족하는 힘이 움직이는 전자에 작용하는 자기력이다. 자기력은 전자에 구심력으로 작용하여 전자를 등속 원운동 시킨다.

❷ 자기마당이 있는 공간에 이 자기마당에 수직인 방향으로 똑같은 속도를 가진 전자와 양성자가 들어왔다. 원운동을 관찰하여 전자와 양성자를 구분할 수 있나?

답. 원운동을 관찰하여 구분할 수 있는 두 가지 방법이 있다.

가. 둘 다 똑같은 전하량을 가지고 있으니 자기력도 같은 크기이다. 자기력이 구심력 역할을 한다. 구심력은 질량에 비례하고, 반지름에 반비례한다. 그런데 양성자는 전자보다 매우 큰 질량을 가지므로 원운동의 반지름이 매우 클 것이다. 따라서 반지름을 비교하면 전자와 양성자를 구분할 수 있다.

나. 둘이 서로 다른 부호의 전하를 가지므로 처음 자기마당 안에 들어왔을 때 받는 자기력의 방향이 반대이므로 회전하는 방향 역시 반대 방향이다. 자기마당의 방향과 속도의 방향을 안다면 전자와 양성자를 구분할 수 있다.

08

물질의 분류

앞에서 전기를 본격적으로 다루기 전에 먼저 전류가 잘 흐르는 정도에 따라 물질을 도체, 반도체, 부도체로 분류하였다. 전류가 얼마나 잘 흐르는지 판단하기 위해 우리는 물질을 전기마당 안에 놓고 전류가 얼마나 흐르는지 재서 그 정도를 판단하였다. 모든 물질은 원자로 이루어져 있고, 원자는 원자핵과 전자로 이루어져 있는데, 전자와 원자핵 모두 전하를 띠고 있으므로, 전기마당 안에 물체를 놓으면 전자와 원자핵이 반응하는 것은 당연하다. 이와 비슷하게 자기마당 안에 물체를 놓았을 때 어떻게 반응하는지 가려서 물질을 분류할 수 있다. 외부 자기마당에 물질이 반응하는 것을 가리켜 자성(磁性, magnetic property)이라고 하며 자성을 띠는 물체를 가리켜 자성체(磁性體, magnetic materials)라고 한다. 곧, 자성체란 외부 자기마당에 어떻게든 반응을 하는데 그 반응하는 방법과 정도에 따라 물질을 분류할 수 있다. 다만, 전기와 달리 자기홀극은 아직 발견되지 않았으므로, 자기마당 안에 있는 물체에서 자하의 흐름을 관찰할 수는 없다. 그런 뜻에서 모든 물질은 자기적으로 부도체이다. 자성에 따라 물질을 분류하는 방법은 외부 전기마당에 물질이 어떻게 반응하는가에 따라 물질을 분류하는 방법과는 다를 수밖에 없다. 자성에 따라 물질을 분류하려면 먼저 '자기화'라는 쓰임말부터 알아야 한다.

1. 자기화

⚡ **자화(磁化)**

『물리』 자기장 안의 물체가 자기를 띠는 현상. 또는 그 결과로 생긴 단위 부피 속의 자기 모멘트. =자기화.

⚡ **magnetization**

an instance of magnetizing or the state of being magnetized

also: the degree to which a body is magnetized

자기화 또는 줄여서 자화는 한글사전에 자기장 안의 물체가 자성을 띠는 '현상'과 단위 부피당 자기 모멘트라는 '물리량'의 두 가지 뜻이 있다고 하였다. 자기화 현상은 유전체의 전기 현상 중 하나인 극갈림과 매우 비슷하다.

유전체의 전기쌍극자에는 유도쌍극자와 영구쌍극자의 두 종류가 있다. 그런데 자기쌍극자에는 유도자기쌍극자가 없다. 자기마당이 없더라도 대부분 원자나 분자는 이미 스스로 자기 모멘트를 갖는 영구쌍극자이다. 자기화란 이렇게 자기 모멘트를 가진 원자나 분자가 외부 자기마당에 반응하여 정렬하는 현상을 가리켜 일컫는 말이다. 자기화의 방법에 따라 물질을 분류하여 상자성체, 반자성체, 강자성체로 나눈다.

자화 현상은 고전물리학으로는 설명할 수 없다. 유명한 보어-판레이우언 정리(Bohr-van Leeuwen)에 따르면 고전역학과 고전통계역학을 이용하여 자기화의 열적 평균을 내면 언제나 0이다. 따라서 자기화 현상은 전적으로 양자역학적 현상이다.

물리량으로서의 자기화, 곧 단위 부피당 자기 모멘트는 보통 M으로 나타내는데 자기마당 H와 $M = xH$[34]의 관계를 맺는다. 여기서 x는 자기감수율(magnetic susceptibility)이라고 불리는데, 차원을 갖지 않는 상수이다.

상대투자율 μ_r과는 $\mu_r = 1 + x$의 관계를 맺는다.

2. 상자성체

상자성체는 한자로 常磁性體, 영어로 paramagnetic material이다. 상자성체를 이루는 원자나 분자는 이미 자기쌍극자이다. 그런데 이 자기쌍극자의 자기 모멘트의 방향이 제멋대로인 채로 배열되어 있는데, 상자성체를 자기마당 안에 놓으면 자기 모멘트의 방향이 외부 자기마당의 방향으로 정렬한다. 앞에서 말한 자기화가 일어난다.

상자성체의 감수율은 온도에 반비례하여 변한다. 곧, 물체 온도가 올라가면 감수율은 줄어드는데, 이를 발견한 사람이 여러분이 잘 알고 있는 퀴리 부인의 남편 피에르 퀴리(P. Curie)이다. 그래서 상자성체의 감수율이 온도에 반비례하는 법칙을 '퀴리의 법칙'이라고 부른다. 상자성체에는 알루미늄, 텅스텐 등이 있다.

상자성체의 자기화는 여러모로 유전체의 극갈림 현상과 닮았다. 그러면 여기서 하나의 물음을 던져보자. 앞에서 정전유도 현상을 설명하면서 유리 막대를 털옷에 비비면 정전기가 유도되고 이 대전된 유리막대를 잘게 자른 종이에 가까이 대면 종이가 유리막대에 들러붙는다고 하였다. 유리막대에 쌓인 정전하가 전기마당을 만들고 이 전기마당에 의해 종이에 극갈림이 일어나면, 종이와 유리막대 사이에 끌힘이 작용한다. 똑같이 생각하면 상자성체를 막대자석에 가까이 대는 것도 이와 마찬가지이다. 막대자석과 상자성체 사이에 끌힘이 작용한다. 그런데, 왜 우리는 막대자석을 상자성체인 알루미늄 근처 가까이 갖다 대어도 끌힘을 느끼지 못할까? 그 이유는 상자성체의 자기감수율이 너무 작기 때문이다. 예를 들어 알루미늄의 자기감수율은 0.000022이다. 우리가 막대자석을 알루미늄 가까이에 대려면, 알루미늄 덩어리를 책상 등 어디엔가 올려놓아야 한다. 곧, 알루미늄이 책상과 접촉해 있다. 그런데 이 알루미늄 덩어리에 힘을 주어 가속시키려 하면 접촉 상태가 변하는데, 이 접촉 상태의 변화에 저항하는 마찰력이 생긴다. 이 상태에서 덩어리가 움직이기 시작하려면 밖에서 주는 힘―막대자석과 알루미늄 사이의 끌힘―이 최대 정지 마찰력보다 커야 한다. 막대자석을 알루미늄 덩어리에 가까이 대어도 둘 사이에 작용하는 끌힘이 최대 정지 마찰력보다 턱없이 작다. 그래서 우리는 이 끌힘을 느끼지 못한다.

3. 반자성체

한자로 反磁性體, 영어로 diamagnetic material이다. 반자성 현상은 상자성 현상과 반대로 일어나는 현상이다. 반자성체를 자기마당 안에 놓으면 자기화가 일어나는데, 자기화의 방향이 외부 자기마당과 반대 방향이다. 대표적인 반자성체에는 금, 은, 구리 같은 귀금속과 실리콘, 납, 유리 등이 있다.

전자기학 쓰임말을 알면 물리가 보인다

반자성체의 자기감수율 크기는 상자성체와 비슷한데 음수이다. 따라서 막대자석을 반자성체에 가까이 대면 밀힘이 작용하는데, 자기감수율의 크기가 너무 작아 이 밀힘을 알아채기 힘들다.

4. 강자성체

한자로 強磁性體, 영어로 ferromagnetic material이다. 철, 코발트, 니켈, 네오디뮴 등 영구자석을 만드는 재료가 모두 강자성체이다. 강자성체와 상자성체의 자화 현상은 서로 비슷하다. 강자성체를 자기마당 안에 놓으면 자기화가 일어나는데 상자성체와 마찬가지로 자기화의 방향이 외부 자기마당과 같은 방향이다. 그런데 몇 가지 상자성체와 다른 점이 있다.

상자성체의 자기화는 외부 자기마당을 없애면 사라진다. 그러나 외부 자기마당을 충분히 크게 걸었다 없애도, 강자성체의 자기화는 사라지지 않는다. 바로 이 남아있는 자기화가 영구자석이 내는 자기화이다.

강자성체의 강자성은 '퀴리 온도'라고 불리는 온도보다 낮아야만 나타나고, 강자성체 온도가 이 온도보다 높으면 일반 상자성체와 똑같이 자기마당에 반응한다. 바꾸어 말하면, 퀴리 온도보다 높으면 강자성체는 상자성체로 바뀐다고 할 수 있다. 대표적인 강자성체 철의 퀴리 온도는 1,043K, 곧 770℃이다.

강자성체의 자기감수율은 매우 크다. 강자성체의 자기화는 외부 자기마당에 비례하지 않기 때문에 일정한 값을 갖지 못하고 자기마당의 세기에 따라 다른 값을 가진다. 그러나 강자성체에 외부 자기마당을 무한정 크게 걸어준다고 자기화가 계속해서 커지지 않고, 특정한 외부 자기마당보다 크게 걸어주어도 자기화가 더는 늘어나지 않는다. 이 자기마당을 포화자기마

보충 설명

한글로 '강자성체'라고 불리는 자성체가 '强磁性體(ferromagnetic material)'말고 또 있다. 바로 '剛磁性體'이다. 영어로는 'hard magnetic material'이다. 한자 剛은 다이아몬드를 뜻하는 한자어 金剛石(금강석)에 쓰인다. 단단하다는 뜻이다. 일반적인 强磁性體는 어느 방향으로 자기화를 시켜 놓고서 반대 방향으로 자기마당을 걸어주면 이 자기화의 방향이 바뀐다. 그런데 방향을 한꺼번에 바꾸는 것이 아니라 반대 방향의 자기마당이 커짐에 따라 조금씩 차근차근 바꾼다. 외부 자기마당을 계속 키우면 어떤 특정값에서 자성체의 자화가 사라져 0이 된다. 이때의 외부 자기마당값을 보자력(coercivity)이라고 하는데, 강자성체는 이 값이 매우 클 뿐만 아니라, 자화의 방향 역시 잘 바뀌지 않다가 외부 자기마당의 세기가 보자력 근처일 때 갑작스레 전부 바뀐다. 이 값이 매우 작은 물질을 연자성체(軟磁性體, soft ferromagnetic material)라고 한다. 대표적인 연자성체는 변압기에 쓰이는 연철(soft iron), 곧 규소강이다. 强磁性體(강자성체)는 다시 剛磁性體(강자성체)와 軟磁性體(연자성체)로 나뉜다.

당(saturation magnetic field)이라고 한다. 예를 들어, 철에 포화자기마당을 걸었을 때 감수율은 5,500이다.

코일을 원통형으로 감아 놓은 것을 솔레노이드(solenoid)라고 부르는데, 이 코일에 전류를 흘리면 막대자석이 된다. 그런데 이 솔레노이드의 원통 안에 자성체를 넣으면 그 자성체는 자석이 된다. 이런 자석을 전자석이라고 한다. 그런데 실제 전기·전자제품에서 전자석을 쓸 때는 이 자성체로 상자성체를 쓰지 않고 철이나 기타 강자성체를 쓴다. 그 이유는 강자성체의 자기감수율이 크기 때문이다. 전자석의 장점은 전류가 흐르면 자석이지만, 전류를 끊으면 자석이 아니라는 것이다. 그래서 스위치 등으로 활용하기 좋다. 그런데 강자성체는 문제가 하나 있다. 외부 자기마당을 걸었다가 없애도 자기화가 남아있을 수 있다는 것이다. 다만, 이렇게 자기 모멘트가 남아있으려면 외부 자기마당을 충분히 크게 걸어야 하는데, 전자석에 흐르는 전류를 이렇게 큰 자기마당이 되지 않도록 적절히 조절하면 된다.

 보충 설명

위에 제시한 자성체 외에도 여러 종류의 자성체가 있다. 하나만 예를 들면 반강자성체이다. 한자로는 反强磁性體, 영어로는 antiferromagnetic material이다. 이 자성체는 일반 강자성체와 마찬가지로 닐온도라 불리는 특정 온도 아래에서만 나타나는데, 반강자성체를 이루는 자기 모멘트가 두 개씩 짝을 이루어 서로 반대 방향으로 정렬하기 때문에 알짜 자기 모멘트는 0이다.

09

전자기 유도

전기 현상과 자기 현상은 매우 오래전에 발견되었고 인류가 매우 쓸모 있게 이용하였지만, 근본 원리를 알아낸 것은 그리 오래되지 않았다. 더욱이 '전기'와 '자기'가 근대 과학의 체계적 연구 대상이 된 초기에는 이 둘을 서로 독립적인 현상으로 알고 있었다. 전류가 흐르는 전선 주변에서 나침반의 바늘이 움직이는 것을 외르스테드가 발견하고, 이를 발전시켜 전류가 흐르는 전선 주변에 자기마당이 만들어지는 것이라고 앙페르가 알아낸 이후에야 비로소 이 둘이 매우 밀접하게 연관되어 있다고 짐작은 하였지만, 이 둘이 어떤 식으로 연관되어 있는지 여전히 알지 못했다. 앙페르 법칙을 속된 말로 '고급지게' 설명하면 다음과 같다.

전기마당의 어떠한 특성 또는 그 변화가 자기마당을 만들어낸다.

더 구체적으로 설명하면 전기마당의 영향으로 전하를 띤 수많은 알갱이가 한데 어울려 움직이는 것이 전류인데, 이 전류가 자기마당의 근원이 될 수 있다는 것이다. 그렇다면 거꾸로 역시 가능할까? '거꾸로'라니?

전기마당의 어떠한 특성 또는 그 변화가 자기마당을 만들어낸다면, 자기마당의 어떠한 특성 또는 그 변화가 전기마당을 만들어낼 수는 없을까?

1. 패러데이 법칙

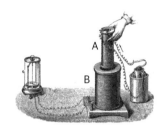

〈그림 14〉 전자기 유도 실험 장치

영국의 물리학자 패러데이(M. Faraday)가 발견한 이 법칙을 나중에 영국의 다른 물리학자 맥스웰(J. C. Maxwell)이 수학적으로 공식화하였다. 패러데이는 〈그림 14〉와 비슷한 장치를 써서 실험을 통해 자신의 이름이 붙은 법칙을 발견하였다.[85] 전류가 흐르는 1차 코일(A)을 검류계(G)에 연결된 2차 코일(B)에 떨어뜨리면 2차 코일에 전류가 흐르는 것을 알아냈다. 1차 코일에 전류가 흐르면, 이것은 하나의 막대자석과 같다. 사실 1차 코일 대신 막대자석을 떨어뜨려도 2차 코일에 전류가 흐른다. 바꾸어 말하면 막대자석이나 전류가 흐르는 1차 코일에 의해 만들어진 자기마당이 2차 코일에 *전류*를 유도하였다는 것이다. 이것을 **유도전류**라고 부른다.

패러데이가 발견한 사실이 무엇인지 조금 더 자세히 알아보자.[86]

- 1차 코일에 전류가 흐르지 않으면 유도전류는 만들어지지 않는다.
- 1차 코일을 떨어뜨릴 때뿐만 아니라, 2차 코일 안에 떨어진 1차 코일을 들어올려도 유도전류가 흐른다. 그리고 끌어올릴 때 유도전류의 방향은 떨어뜨릴 때의 그것과 반대이다.
- 1차 코일에 흐르는 전류의 방향을 바꾸어 주면 유도전류의 방향도 바뀐다.

전자기학 쓰임말을 알면 물리가 보인다

• 유도전류의 크기는 떨어지는 속력에 비례한다.

1차 코일이 정지해 있으면 유도전류는 생기지 않으며, 1차 코일과 2차 코일의 역할을 바꿔줘도 같은 일이 벌어진다. 곧, 1차 코일에 검류계를 연결하고 2차 코일에 전지를 연결하여 같은 실험을 반복하면, 이제 1차 코일에 유도전류가 생긴다.

이제 이 다섯 가지 실험 결과를 자세히 들여다보자.

❶ 1차 코일에 전류가 흐르지 않으면 자기마당이 만들어지지 않으므로, 유도전류는 반드시 자기마당이 있어야 만들어진다. 이것은 막대자석을 떨어뜨리면 유도전류가 생기지만 구리막대를 떨어뜨리면 유도전류가 생기지 않는다는 다른 실험 결과로부터 확인할 수 있다.

❷ 들어올리는 동작은 그림을 거꾸로 하면 떨어뜨리는 동작이므로, 1차 코일을 들어올려도 유도전류가 흐른다는 사실은 어찌 보면 당연하다. 다만, 유도전류의 방향이 떨어뜨릴 때의 그것과 반대라는 것은 다음 사실들을 더 알아보아야 알 수 있다.

❸ 1차 코일에 흐르는 전류의 방향을 바꾸어 주면 자기마당의 방향을 바꾸어 준 셈이니, 자기마당의 방향을 바꾸면 유도전류의 방향도 바뀐다.

❹ 특별한 보충 설명이 필요 없는 사실이지만, 실험적 사실들을 종합하여 정량화하는 데 매우 요긴하게 쓰인다.

❺ 두 코일 사이에 상대운동이 있으면 유도전류가 생긴다는 뜻이므로 4번의 속력은 상대속력이다.

일반인들에게는 어려워 보이는 일이지만, 물리학자는 앞에 언급한 실험 결과들과 그 해석 과정을 거쳐 적절히 정량화하여 어떤 물리량들이 관여하는지 찾아내고 그 물리량들 사이의 관계를 찾아낸다. 이것이 물리학자, 넓게는 자연과학자가 하는 일이다. 자세한 수학적 과정은 생략하고 결과만 말로 풀어 설명하면 다음과 같다.

어느 닫힌 회로를 통과하는 자기힘선다발이 시간에 따라 바뀌면 그 회로에 유도전류가 흐르는데, 이 전류를 흐르게 하는 기전력은 자기힘선다발의 시간 변화율과 같다.

이것이 유명한 패러데이 법칙이다. 필자의 생각에는, 전기가 19세기 이후 현대 문명의 발전에 이바지한 바를 생각하면, 인류에게 실질적으로 가장 큰 공헌을 한 법칙이다. 이 법칙을 근거로 하여 작동하는 발전기와 전동기는 현대 문명을 이끄는 가장 중요한 도구이다.

여기서 패러데이 법칙의 특별함을 하나 더 짚고 넘어가자. 패러데이 법칙을 자세히 풀어서 패러데이의 '전자기 유도 법칙'이라고 한다. 여기서 '전자기'라 함은 한자로 電磁氣, 곧 전기와 자기를 함께 일컫는 말이다. 그런데, 자기힘선다발이 시간에 따라 바뀌면 회로에 기전력이 생긴다고 설명한 패러데이 법칙은, 자기마당의 변화가 자기힘선다발의 변화를 끌어내므로, 전자기 유도가 아니라 그냥 자기(磁氣)유도라고 해야 맞는 것이 아닐까?

사실 아인슈타인이 특수상대성 이론을 연구할 때 가장 관심을 가졌던 법칙이 바로 패러데이 법칙이다. 앞에서 두 코일의 상대운동이 있으면 기전력이 생긴다고 하였으므로, 상대운동이 없다면 기전력은 생기지 않을까? 상대운동이 없더라도 기전력이 생길 수 있다. 상대운동이 없는 상태에서 1차 코일에 전지가 아닌 가정용 교류전기를 공급하면 2차 코일에 기전력이 생긴다. 교류가 1차 코일에 흐르면 당연히 전류가 시간에 따라 바뀐다. 시간에 따라 바뀌는 전류가 만드는 자기마당의 세기 역시 시간에 따라 바뀌므로, 둘 사이에 상대운동이 없더라도 2차 코일에 자기힘선다발의 시간적 변화를 준다. 따라서 기전력이 생긴다. 마치 한 전류가 또 다른 전류를 유도해내는 꼴이니, 패러데이 법칙은 전기유도를 설명하는 것도 된다. 만일 교류전기를 쓰면서 상대운동도 있다면 전기유도와 자기유도가 동시에 일어

전자기학 쓰임말을 알면 물리가 보인다

나는 것이니, 패러데이 법칙을 전자기 유도 법칙이라고 부르는 것이 옳다. 두 종류의 서로 다른 현상을 하나의 법칙으로 설명하였으니 패러데이 법칙이야 말로 놀라운 법칙이다.

2. 렌츠 법칙

앞에서 패러데이 법칙을 설명하는 데 있어서 한 가지 빼먹은 것이 있다. 그것은 바로 유도전류의 흐르는 방향이다. 편리함을 위해 2차 코일은 그대로 두고 1차 코일 대신 막대자석을 떨어뜨린다고 가정하자. 막대자석의 N극을 아래로 하여 떨어뜨리면 2차 코일에 유도된 전류는 위에서 보았을 때 시계 방향으로 흐를까, 아니면 반시계 방향으로 흐를까? 이 방향을 결정하는 법칙이 바로 렌츠의 법칙이다.

유도전류가 만드는 자기마당의 방향은 외부에서 일으키는 자기힘선다발의 변화를 거스르는 방향이다.

이 설명을 들어서 바로 알아들었다면 여러분은 상당한 물리 실력을 가진 것이다. 알기 쉽게 풀어쓰면 이렇다. 막대자석을 떨어뜨리면, 막대자석 극성의 방향과 상관없이, 떨어지지 못하게 막대자석에 위로 밀어 올리는 힘이 작용하도록 유도전류가 만들어진다는 것이다. 그래야만 2차 코일에 있는 자기힘선다발의 변화를 막을 수 있기 때문이다. 만일 독자께서 막대자석을 손으로 잡고 2차 코일 안으로 밀어넣으려 하면, 들어오지 못하도록 미는 힘을 느낄 수 있다는 것이다. 그러려면 2차 코일에 흐르는 유도전류가 만드는 자기 모멘트의 방향은 위로 향해야 한다. 곧 N극이 위로 향해야 한다. 그래야 막대자석에 밀힘을 작용하여 떨어지지 않도록 한다. 유도전류가 만드는 자기 모멘트의 N극이 위로 향하려면 유도전류는 위에서 보았을 때

반시계 방향으로 흘러야 한다. 물론, 막대자석의 S극을 아래로 하여 떨어뜨리면 유도전류는 시계 방향으로 흐른다.

막대자석이 떨어져서 2차 코일 안에 있는 것을 다시 들어올리려도 2차 코일에 유도전류가 생기는데, 이 유도전류의 방향은 어떤가? 속도의 방향이 바뀌었으니 유도전류의 방향 역시 바뀌어야 한다. 왜? 2차 코일을 들어올리려 하면, 올라가지 못하도록 '방해'하는 방향으로 유도전류가 만들어지기 때문이다. 떨어질 때 반시계 방향이었으니, 들어올리면 유도전류는 시계 방향으로 흐른다. 이런 현상들을 한데 아울러 풀어 쓰면 이렇게 말할 수 있다.

 보충 설명

물리학의 법칙이나 물리적 특성을 따져 보다 보면 마치 자연계는 변화를 싫어하는 것처럼 보이는 경우가 꽤 많다. 렌츠의 법칙도 그중 하나인데 다른 것은 무엇이 있는지 알아보자.

❶ 관성 또는 질량: 운동 상태의 변화에 저항하는 성질이 관성이다. 관성의 크기를 나타내는 물리량이 질량이다.

❷ 회전관성 또는 관성 모멘트: 회전운동 상태의 변화에 저항하는 성질이 회전관성이다. 회전관성의 크기를 나타내는 물리량이 관성 모멘트이다.

❸ 마찰력: 두 물체가 마주 붙어있을 때 접촉 상태를 변화시키려 하면 접촉 상태 변화에 저항하는 마찰력이 생긴다.

❹ 복원력: 물체를 변형시키려 하면 변형에 저항하는 복원력이 생긴다.

우리의 소중한 자연을 제대로 보전하고 후손에게 잘 전달하려면 이처럼 변화를 없애거나, 어쩔 수 없이 변화시키더라도 슬기롭게 해야 한다. 또한 복원력처럼 자연은 원래의 상태로 되돌아가려는 성질이 있다. 그런데 물체가 견딜 수 있는 정도를 넘어서는 큰 변형에는 복원력이 생기지 않는다. 자연의 복원 능력 역시 마찬가지이다. 더욱이 우리가 자연을 어리석게 변화시키면, 자연은 복원 과정에서 우리가 견디기 어려운 상황을 만들기도 한다. 현재 우리가 겪고 있는 기후 위기는 바로 인간의 자연에 대한 이해가 부족하여, 자연에 어리석은 변화를 만들어서 일어난 일이다. 하지만 그 결과는 참혹하다.

전자기학 쓰임말을 알면 물리가 보인다

보충 설명

패러데이 법칙은 맥스웰이 수식화하였다. 그 과정을 자세히 알려면 상당한 물리 실력뿐만 아니라 수학 실력도 필요하다. 여기서는 결과만 말하려 한다. Φ_B[87]를 자기힘선다발이라 하면, 유도 기전력 ε은

$$\varepsilon = -\frac{d\Phi_B}{dt}$$

이 된다. 여기서 이 식의 물리적인 뜻을 자세히 논하려면 너무 어려워지므로 생략하고 단지 등호 바로 다음에 있는 '−' 부호가 무슨 뜻인지만 알아보자. 이 부호가 바로 렌츠의 법칙과 관련이 있다. 변화$\left(\dfrac{d\Phi_B}{dt}\right)$에 반대하는(−) 방향으로 유도전류가 생겨야 한다. 만일 외부 요인에 의해 회로가 가지는 자기힘선다발이 늘어나려 한다면 $\dfrac{d\Phi_B}{dt} > 0$이다. 그러면 유도 기전력에 의해 생기는 유도전류는 이 회로에 자기힘선다발이 줄어들도록 생겨야 한다. 곧 $\varepsilon < 0$이 되어야 한다.

코일과 막대자석이 가까워지려 하면 막대자석에 밀힘이 작용하도록 유도전류가 생기고, 멀어지려 하면 끌힘이 작용하도록 유도전류가 생긴다.

3. 전자기 유도의 응용

3-1. 전자기타는 어떻게 소음을 피할 수 있나?

록밴드 공연장, 특히 헤비메탈이나 펑크록 등의 연주장에서는 소음을 넘어 거의 통증을 느낄 정도로 큰 소리가 난다. 처음 이런 공연장을 방문한 초보자가 자신을 이곳에 데려온 '고수'에게 귀가 아프다고 호소하면 대체로 이런 대답을 듣는다. '그냥 견뎌. 조금 지나 익숙해지면 나을 거야.' 통증을 느끼지 않고 즐길 때쯤이면 이미 귀는 회복 불가능한 고장이 난 상태이다. 그

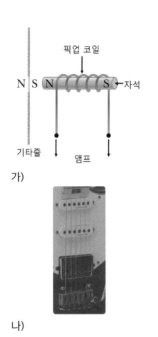

나)

〈그림 15〉 전기기타의 작동 원리

런데 공연장에 설치되어 있는 스피커에서는 전기기타 소리가 크게 울려 퍼진다. 기타 소리가 스피커에서 나려면, 전자기타가 내는 소리를 적절한 방식으로 전기신호로 바꾸고, 이를 증폭하여 스피커로 보내야 한다. 그렇다면 전자기타가 내는 소리를 전기신호로 바꾸어 주는 마이크가 전자기타에 달려있다는 말인가? 만일 그렇다면 이런 소음 속에서 마이크를 쓰면 하울링 효과 때문에 '삑' 하는 소리가 엄청나게 크게 나면서 곡을 연주할 수 없다. 그러니 마이크를 이용해 전자기타가 내는 소리를 스피커로 보낼 수는 없다. 다행히도 마이크를 쓰지 않고도 전기기타가 내는 소리를 전기신호로 바꾸고, 이를 증폭시켜 스피커의 소리로 내보내는 방법이 있다.

전기기타에는 픽업이라고 불리는 것이, 〈그림 15〉 나)에 보이는 것처럼, 기타 연주자의 기타줄을 튕기는 손이 있는 부분에 박혀 있다. 이 픽업은 작은 막대자석인데 〈그림 15〉 가)에 보이는 것처럼 코일이 감겨 있다. 이 코일을 픽업 코일(pickup coil)이라 부르는데, 소리를 감지한다. 전기기타의 줄은 어쿠스틱기타와는 다르게 강철로 만든다. 그 이유는 다음과 같다. 이 픽업에 있는 막대자석에 의해 픽업 가까이 있는 강철 줄의 일부가 자화되어 또 다른 자석이 된다. 연주자가 기타 줄을 튕기면 이 자석이 움직이는 셈인데, 코일 주변에서 자석이 움직여서 픽업 코일 안의 자기힘선다발이 변하므로, 패러데이 법칙에 의해 픽업 코일에 유도전류가 흐른다. 이 유도전류는 바로 기타 '소리'를 전기신호로 바꾼 것이다. 이 전기신호는 증폭기를 통해 스피

222   전자기학 쓰임말을 알면 물리가 보인다

커로 전달된다. 이 픽업 코일은 자석의 움직임은 감지하지만, 소리를 전달하는 음파는 감지하지 못하므로 마이크처럼 하울링 효과가 없다. 그래서 전기기타는 록밴드 공연장의 큰 소리에도 불구하고 소음을 증폭하지는 않는다. 전설적인 기타연주자 지미 헨드릭스는 이 전기기타의 원리를 정확하게 이해하고 있었기 때문에 픽업 코일에 감긴 코일의 개수를 변화시켜 기타 '소리를 잡는' 감도를 증가시킬 수 있다고 제안하였으며, 실제로 기타 제작자가 이 제안을 받아들여 전기기타의 성능을 획기적으로 개선할 수 있었다.

3-2. 누전차단기는 어떻게 누전을 알아내나?

가정에서 전기를 쓸 때는 늘 안전에 주의를 기울여야 한다. 알지 못하는 누전이 있으면 과전류가 흘러 전선이 타게 되고, 이어서 큰불로 번질 수 있다. 이것을 방지하는 것이 바로 누전차단기이다. 누전차단기를 개략적으로 그려놓은 것이 〈그림 16〉이다. 그림에서 보면 누전차단기 왼쪽이 발전소 쪽이고, 오른쪽이 가정이다. 감지코일에 전류가 흐르면 회로차단기가 작동하여 전원을 끊어 위험한 일이 벌어지지 않도록 방지하는 것이 누전차단기가 작동하는 기본 원리이다. 감지코일에 전류가 흐르려면 이 코일 안의 자기힘선다발이 바뀌어서 감지코일에 유도전류가 발생해야 한다. 누전이 없다면, 회로는 완전하게 닫힌고리를 이루므로, 이 누전차단기로 들어가는 전류 1과 나가는 전류 2는 크기가 같아야 한다. 만일 전류 1과 전류 2가 흐르는 전선이 충분히 가까이 있다면 알짜전류는 0인 셈이다. 앙페르 법칙에 따르면 전류 주변에 자기마당이 생긴다고 하였으므로, 이럴 때 자기마당은 생기지 않고, 감지코일에 유도전류가 생기지도 않는다. 누전차단기가 작동하지 않는다. 누전이 없으면 누전

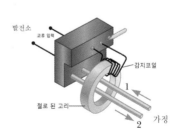

〈그림 16〉 누전차단기의 작동 원리

차단기는 작동하지 않아야 하므로, 아직 이 누전차단기가 '정상적'으로 작동하는 것인지 알 수 없다.

그런데 만일 누전이 일어나고 있다면, 회로는 완전한 닫힌 곡선을 이루지 못해 들어가는 전류가 모두 빠져나오지 못하고, 전류 1과 전류 2 사이에 차이가 생겨 알짜 전류가 0이 아니게 되어 주변에 자기마당을 만들어 감지코일 안에 자기힘선 다발이 만들어진다. 그런데 감지코일에 유도전류가 생기려면 자기힘선다발이 *변해야* 하는데, 누전이 일정하게 일어나고 있다면, 자기힘선다발의 변화가 없으므로 감지코일에는 유도전류가 생기지 않아 차단기가 작동하지 않는다. 이렇게 되면 누전이 일어나고 있음에도 불구하고, 누전차단기가 제 역할을 하지 않는다는 뜻이다.

여기서 다시 생각해 보아야 할 점이 하나 있다. 누전이 이미 일어나고 있더라도 더 위험한 일이 일어나기 전에 전원을 끊고 누전의 원인을 찾아내어 고친다면 그나마 다행이다. 그런데 이미 누전이 일정하게 벌어지고 있으면 이 누전차단기로는 알아낼 수 없으니 쓸모가 없다. 그런데 누전은 이미 벌어진 후에라도 되도록 빨리 알아내야 하지만, 무엇보다도 누전이 일어난 초기에 알아내는 것이 좋다. 그것도 빠르면 빠를수록 좋다. 이 점이 바로 누전차단기의 역할이 빛나는 부분이다. 어떤 누전이든 반드시 처음 시작은 있게 마련이다. 바로 이 시점이 이 누전차단기의 작동 시점이다. 누전이 처음 일어나면 전류 1과 전류 2 사이의 균형이 깨어져 알짜전류가 생기는데, 0에서 시작하여 점점 커진다. 알짜전류가 커진다는 것은 전류가 흐르는 전선 주변이 자기마당이 만들어지기 시작하여 점점 커진다는 뜻이다. 이 자기마당이 커지면 감지코일 안의 자기힘선다발 역시 늘어날 것이므로, 이 자기힘선다발의 변화 때문에 감지코일에는 유도전류가 생겨 회로차단기를 작동시켜 전원을 끊는다. 누전이 일어나기 시작하면 *바로* 누전차단기는 전원을 끊는다. 매우 빠르게 누전에 반응하므로 우리가 원하는 누전차

전자기학 쓰임말을 알면 물리가 보인다

단기로서 쓸모가 있다.

4. 유도 기전력

고리 모양 전선 안의 자기힘선다발이 시간에 따라 변하면 전선에 유도전류가 생긴다는 말은 전선에 기전력이 만들어졌다는 말이기도 하다. 그런데 이 기전력은 전지의 연결 없이도 작동하고 있으니, 전지가 주는 기전력과는 다른 성격의 것이다. 이렇게 전지가 주는 기전력과 구분하기 위해, 자기힘선다발의 시간적 변화에 의한 기전력을 유도 기전력(induced emf)이라 부른다. 그런데 어떤 전선에 전류가 흐른다는 말은 그 전선에 전위차 또는 전압이 걸려 있다는 뜻이고, 전위차가 있으면 전기마당이 생긴다는 뜻이다. 유도 기전력이 유도되는 방법은 패러데이 법칙을 설명하면서 이미 제시한 대로 두 가지가 있다.

4-1. 운동기전력

책상 바닥에 두 개의 구리막대가 평행하게 놓여 있다. 한쪽 끝에 적당한 저항기를 달았다. 그리고 다른 구리막대를 이 두 막대와 수직이 되도록 두 막대 위에 올려놓았다. 이 막대는 평행하게 놓인 두 막대 위를 마찰력 없이 미끄러질 수 있다고 가정하자. 그리고 균일하고 일정한[88] 자기마당이 책상 바닥에 수직이게 위에서 아래로 걸려 있다고 하자. 이 상황을 도식적으로 그리면 〈그림 17〉과 같다. 여기서 여러 개의 ×로 나타낸 것은 자기마당

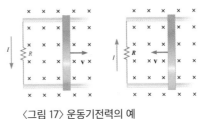

〈그림 17〉 운동기전력의 예

이 책의 면으로 수직이게 들어가는 방향을 나타낸 것이다. 만일 자기마당이 면으로부터 수직이게 나오는 방향이라면 ×대신 ●으로 나타낸다. 이러면 평행한 두 막대와 위에 놓인 막대, 그리고 저항기로 이루어진 회로가 만들어졌다. 이제 위에 놓인 막대를 오른쪽으로 움직이되 일정한 속도를 유지하도록 하자. 그러면 회로의 넓이가 넓어지므로, (자기장×회로의 넓이)인 자기힘선다발이 늘어난다. 자기힘선다발의 변화가 있으니 유도 기전력이 회로에 생겨 유도전류가 흐르게 된다. 만일 위에 놓인 막대를 왼쪽으로 움직이면 저항기에 흐르는 전류의 방향이 바뀐다. 이같이 위에 놓인 막대의 운동 때문에 기전력이 생기므로 운동기전력(motional emf)이라고 부른다.

4-2. 자기마당 변화가 만드는 기전력

앞의 예에서 위에 놓인 막대의 운동이 회로의 자기힘선다발의 변화를 이끌었다. 그런데 이렇게 막대를 움직이지 않고도 회로의 자기힘선다발을 바꿀 수 있다. 어떻게? 만일 외부에서 걸어준 자기마당이 균일하되 일정하지 않다면 어떻게 될까? 외부 자기마당이 균일하되 일정하지 않다면, 위에 놓인 막대를 움직이지 않더라도 회로의 자기힘선다발은 변한다. 따라서 유도 기전력이 생긴다. 이 기전력은 따로 정한 이름이 없지만, 굳이 이름 붙인다면 마당이끔기전력(field-induced emf)이라고 할 수 있다.

보충 설명

패러데이 법칙의 수학적 표현이 또 있다. 앞에서 패러데이 법칙의 수학적 표현이

$$\varepsilon = -\frac{d\Phi_B}{dt}$$

전자기학 쓰임말을 알면 물리가 보인다

라고 하였다. 그런데 기전력은 유도전류가 흐르는 전선을 따라 유도전기마당을 선적분한 값이니 $\varepsilon = \oint_C \mathbf{E} \cdot d\mathbf{l}$이 되므로

$$\oint_C \mathbf{E} \cdot d\mathbf{l} = -\frac{d\Phi_B}{dt}$$

으로 나타낼 수 있다. 여기서 C는 전선을 따라 그려진 닫힌 경로를 뜻한다. 그런데 자기힘선다발은 $\Phi_B = \int_S \mathbf{B} \cdot d\mathbf{A}$이므로

$$\oint_C \mathbf{E} \cdot d\mathbf{l} = -\frac{d}{dt}\int_S \mathbf{B} \cdot d\mathbf{A} = -\int_S \frac{\partial \mathbf{B}}{\partial t} \cdot d\mathbf{A}$$

이 된다. 여기서 S는 닫힌 경로 C로 둘러싸인 곡면을 뜻한다. 이 식을 패러데이 법칙의 적분표현이라고 한다. 그렇다면 미분표현도 가능하다. 스톡스정리라는 것을 이용하면 $\oint_C \mathbf{E} \cdot d\mathbf{l} = \int_S (\nabla \times \mathbf{E}) \cdot d\mathbf{A}$이 되므로

$$\nabla \times \mathbf{E} = -\frac{\partial \mathbf{B}}{\partial t}$$

가 된다. 이것이 패러데이 법칙의 미분표현이다.

 오개념

전선고리가 자기힘선을 품고 있기만 하면 유도전류가 생기는 것으로 알고 있는데, 자기힘선을 품고 있기만 하면 안 되고, 품고 있는 자기힘선의 양이 시간에 따라 바뀌어야 한다.

5. 인덕턴스

5-1. 자체 인덕턴스

건전지와 스위치 그리고 저항기 하나로 이루어진 회로를 생각해 보자. 스위치를 닫으면 회로에 전류가 흐르고, 이 전류는 전선 주변에 자기마당을 만드는데, 전류가 흐르는 회로는 자기 모멘트를 띠어서 회로 안에 자기힘

선다발이 만들어진다. 전선에 흐르는 전룻값은 건전지의 전압을 저항값으로 나누면 얻을 수 있다. 이 값을 전류의 평형값이라고 부른다. 스위치를 닫기 전에는 전류가 흐르지 않는다. 그런데 스위치를 닫는 순간 전류가 0에서 이 평형값에 급작스레 도달할 수는 없다. 평형값에 도달하려면 어느 정도 시간이 걸린다. 전류가 0에서 점점 늘어나면 회로 안의 자기힘선다발도 늘어난다. 그런데 렌츠 법칙에 따르면, 전류의 증가에 따른 자기힘선다발의 증가는 이를 억제하는 유도 기전력을 만든다. 유도 기전력이 마치 전기저항과 같은 작용을 하는 것이다. 이를 가리켜 자기유도(自己誘導, self induction)라고 부른다. 유도 기전력은 전류의 시간적 변화에 비례하는데 그 비례상수를 일반적으로 인덕턴스(inductance)라고 부르며 회로를 분석할 때 저항과 비슷한 역할을 한다. 회로의 인덕턴스값은 회로의 기하학적 변수, 곧 회로가 차지하는 넓이, 전선의 길이, 코일의 경우 감긴 횟수 등이 결정한다. 자기유도현상의 인덕턴스는 자기 인덕턴스(self inductance)라고 한다. 전류가 평형값에 도달하면 자기유도현상은 일어나지 않는다. 자기 인덕턴스에 전류의 시간 변화율을 곱하면 유도 기전력값인데, 인덕터에서 일어나는 전압강하이다.

유도 기전력이 저항과 같은 역할을 한다는 것에는 주의가 필요하다. 그것은 닫혀 있던 스위치를 다시 열면 닫을 때와는 반대로 일이 벌어지기 때문이다. 이제 건전지가 공급하던 전원이 끊어져 전류가 흐르지 않게 되는데, 이때 역시 전류가 평형값에서 0으로 급작스레 떨어지지 않는다. 전류가 줄어들기 시작하면 회로 안의 자기힘선다발이 줄어드는데, 이 줄어드는 것을 방해하는 유도 기전력이 생긴다. 이 유도 기전력은 스위치가 닫혀 있을 때 흐르던 전류와 같은 방향으로 유도전류가 흐르도록 한다. 스위치가 닫혀있을 때처럼 흐르는 전류를 방해하는 것이 아니라, 오히려 북돋아 주는 방향이다. 이렇게 보면 유도 기전력이 저항과 같은 역할을 한다고 말하는 것이 잘못된 것으로 보이지만, 나중에 설명하는 교류회로를 알고 나면 왜 인덕턴스가 저항과 비슷한 역할을 한다는 것인지 정확히 알 수 있다.

5-2. 상호 인덕턴스

자기유도현상을 제대로 알았다면 이제 상호유도현상을 알아내기는 매우 쉬운 일이다. 회로 하나에서 일어나는 유도현상이 자기유도라면, 두 개 이상의 회로가 있어 서로 상대방에게 유도를 일으킨다면 이것이 상호유도 작용이다. 패러데이 법칙을 설명할 때 썼던 두 코일을 생각해 보자. 두 코일 사이에 상대운동 없이 한 코일에 흐르는 전류를 변화시키면, 다른 코일 안의 자기힘선다발을 바꾸어 주는 것이니 유도 기전력이 생긴다. 이것이 상호유도 작용이다. 상호유도 작용의 인덕턴스값을 상호 인덕턴스라고 부르며 역시 두 회로의 기하학적 변수가 그 값을 결정한다. 다만 한 가지 주의할 점이 있다. 두 회로 모두 전류의 변화가 동시에 있다면, 어느 한 회로의 유도 기전력은 상호 인덕턴스값에 자신이 아닌 다른 회로에 흐르는 전류의 시간 변화율을 곱해 얻는다. 그리고 상호 인덕턴스값은 두 코일 중 어느 것의 유도 기전력을 계산하든 똑같다.

5-3. 인덕터

전기·전자제품을 만들 때는 저항기나 전기들이(커패시터, capacitor)와 함께 인덕턴스를 갖는 소자가 쓰인다. 이것을 유도기 또는 인덕터(inductor)라고 부른다. 엄밀하게 말하면 모든 회로는 인덕터이다. 하나의 닫힌 경로를 이루는 회로라도 자기유도현상을 일으키므로 인덕터이다. 그런데 이런 자기유도 현상은 전선을 코일 모양으로 만들면 매우 크게 나타난다. 그래서 인덕터는 코일 모양으로 만들고, 인덕터를 회로도에서는 -ᴍᴍᴍ-로 나타낸다. 인덕터의 성능을 나타내는 물리량이 인덕턴스인데, 단위는 H(헨리)이다.

6. 발전기, 전동기, 변압기

패러데이의 전자기 유도 현상을 실생활에 응용한 대표적인 기계가 발전기와 전동기, 변압기이다. 이들에 대해 자세히 알아보자.

6-1. 발전기의 원리

앞에 설명한 운동기전력을 다시 생각해 보자. 위에 놓인 구리막대의 운동 때문에 유도 기전력이 생겨 유도전류가 회로에 흐르면, 주울열 현상에 의해 저항기 온도가 올라간다. 곧, 어디선가 에너지가 공급되어 저항기에서 내부에너지로 바뀌었다는 것이다. 저항기 내부에너지의 증가분에 해당하는 에너지는 어디에서 왔을까?

만일 여러분이 이런 회로를 만들어 놓고 위에 놓인 구리막대를 움직이려 하면, 마찰력이 없음에도 불구하고 마치 마찰력이 작용하는 것처럼 느낄 것이다. 또는 위에 놓인 구리막대를 세게 밀어 움직이게 했더라도, 마치 마찰력이라도 있는 것처럼 이내 얼마 못 가 정지한다. 그 이유는 구리막대에 있는 수많은 자유전자 때문이다. 막대를 오른쪽으로 움직이면 막대 안의 자유전자도 오른쪽으로 움직인다. 자기마당 안에서 움직이는 전하를 띤 알

전자기학 쓰임말을 알면 물리가 보인다

갱이는 로런츠 힘을 받는데, 전선 안의 자유전자도 로런츠 힘을 받는다. 이 것이 자기마당 안에서 움직이는 전선이 힘을 받는 이유다. 이 힘의 방향이 왼쪽 방향, 곧 외부에서 막대를 움직여주는 방향과 반대 방향이다. 렌츠 법칙을 생각하면, 마찰력처럼 변화를 싫어하는 방향으로 힘을 받는 것을 바로 알 수 있다. 그래서 위에 놓인 구리막대를 일정한 속력으로 움직이려면, 이 로런츠 힘만큼 반대 방향으로 외부 힘을 주어야 한다. 그러면 이 외부 힘과 로런츠 힘이 비겨서 일정한 속력을 유지한다. 바로 이 외부 힘은 일을 하는데 이 일을 통해 저항기에 에너지가 공급된다. 이것이 발전기의 작동 기본 원리이다. 외부에서 역학적인 방법으로 일을 해서 발전기를 통해 운동에너지를 전기에너지로 바꾸어 주는 것이 발전기이다. 그리고 이렇게 만들어진 전류는 직류이다. 하지만 이런 방법으로 실제 발전기를 만들 수는 없다. 이 방법으로 직류를 만들려면 무한히 긴 직사각형 공간에 균일하고 일정한 자기마당을 만들어야 하는데, 그럴 수는 없기 때문이다.

❶ 교류는 어떻게 만드나?
교류를 만들려면 회로 안의 자기힘선다발을 주기적으로 늘였다 줄였다 해야 한다. 한 가지 방법은 움직이는 구리막대를 주기적으로 왕복운동시키는 것이다. 그러면 회로 안의 자기힘선다발이 주기적으로 늘었다 줄었다 하여 저항에 교류를 공급한다. 그러나 이 방법은 외부에서 막대를 왕복운동 시키기가 마땅찮아서 실제로 교류발전기에 쓰기는 적합하지 않다.

자기힘선다발은 (자기마당의 수직성분)× (단면의 넓이)이다. 자기힘선다발을 바꾸려면 1) 자기마당의 세기를 바꾸거나, 2) 단면의 넓이를 바꾸어야 한다. 그런데 발전기 부품들이

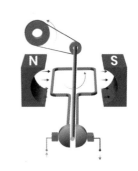

〈그림 18〉 발전기의 작동 원리

움직이지 않고 자기마당의 세기를 바꾸려면 전자석을 이용해 자기마당을 만들어서 전자석에 교류를 공급하여 자기마당의 세기를 주기적으로 바꿀 수는 있다. 그러나 이 방법은 이미 교류가 만들어져 있어야 하므로, 교류발전기를 만들기 위해 다른 교류발전기가 있어야 한다는 문제가 생겨 실용적이지 않다. 단면의 넓이를 바꾸는 방법 역시 별로 쓸모가 없다.

여기서 자기마당의 수직성분이 자기힘선다발을 결정한다는 점에 착안해 보자. 실용적이며 적절한 방법으로 자기마당의 수직성분을 주기적으로 바꿀 수 있다면 교류를 만들어낼 수 있다. 그 방법은 바로 구리막대 셋과 저항으로 이루어진 회로를 통째로 회전시키면, 이 회로가 만든 단면에 수직인 자기마당 성분이 주기적으로 바뀐다. 물론 실제 발전기에서는 저항이 달린 부분까지 돌리는 것은 아니다. 이 상황을 개략적으로 〈그림 18〉에 나타냈다. 손잡이를 일정한 빠르기로 돌려주면, 지금 그림에서 보이는 것처럼 네모난 고리가 수평 방향일 때는 고리를 통과하는 자기힘선 다발이 0이지만, 수직 방향이면 최대가 된다. 결국 회전이 계속 이루어지면 고리를 통과하는 자기힘선다발의 크기는 사인함수 모양으로 바뀐다. 따라서 고리에 만들어지는 유도 기전력은 사인함수 꼴로 나타낼 수 있다. 이것이 교류이다. 그리고 고리의 1초당 회전수를 가리켜 교류의 주파수[89]라고 한다. 가정용 교류는 이 고리를 1초에 60바퀴 돌려서 만들어내므로 가정용 교류의 주파수는 60Hz(헤르츠)이다. 교류전원을 회로도에서 나타낼 때는 ⊙를 쓴다.

손잡이로 나타낸 부분을 외부에서 적당한 방법으로 회전을 시키면 교류 전류가 만들어지는데, 회전시키는 방법에 따라 교류발전의 이름이 바뀐다. 가장 간단한 방법이 물레방아를 이용하는 방법이다. 높은 곳에서 물을 떨어뜨려 물레방아를 돌려 고리를 회전시켜 교류를 얻는 방법을 가리켜 수력발전이라 한다. 다른 방법은 적당한 방법으로 물을 매우 뜨겁고 높은 기압으로 만들어 터빈의 날개에 뿜어내어 터빈을 돌려 교류를 얻어낼 수 있다.

전자기학 쓰임말을 알면 물리가 보인다

이때 화석연료를 태워서 높은 온도와 압력의 수증기를 얻어낸다면 화력발전이고, 핵분열을 이용하여 얻어낸다면 흔히 원자력발전이라고 잘못 알고 있는 핵발전이다.

6-2. 전동기의 원리

전동기는 영어 electric motor를 번역한 쓰임말이다. 전기(電)로 무언가를 움직이게(動) 하는 기계(機)를 일컫는다. 전동기의 원리는 발전기의 원리와 정반대이다. 발전기에서 돌아가는 전선고리에 전류를 흘리면 고리는 회전한다. 이 전류가 교류이면 교류전동기이고, 직류이면 직류전동기이다.

6-3. 변압기의 원리

대체로 발전소는 우리가 사는 지역에 가까이 있지 않고 멀리 떨어져 있다. 가정에서 전기를 쓰려면 발전소에서 만든 전기에너지를 가정까지 '배달'해야 한다. 이 '배달'은 전선을 통해 이루어진다. 발전소부터 가정까지 송전선이라 불리는 전선을 길게 연결해야 한다. 그런데 송전선의 저항이 비록 작더라도 0은 아니다. 이 말은 송전선의 저항 때문에 주울열에 의한 에너지 손실이 일어난다는 뜻이다. 이 에너지 손실은 송전선에 생긴 전압강하의 결과이다. 만일 아무런 장치 없이 발전소와 가정을 송전선 두 개로 연결한다면, 이 전압강하의 결과로 발전기에서는 220V의 전압을 내는 교류를 만들어도 가정에 도착하면 전압이 크게 떨어져 제대로 쓸 수 없으므로 적절한 방법으로 이 전압을 올려 주어야 한다. 이렇게 전압을 바꾸기에 유리한 전류가 교류이다. 변압기를 쓰면, 교류는 쉽게 전압을 바꾸어 줄 수 있다. 〈그림 19〉와 같이 자성체를 고리모양으로 만

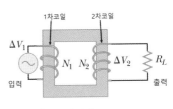

〈그림 19〉 변압기

들어 놓고, 입력인 1차 코일에, 예를 들어, 발전소에서 만든 교류를 걸어주면, 전자기 유도 현상에 의해 출력인 2차 코일에 유도 기전력이 생긴다. 1차 코일의 감긴 수와 전압을 각각 N_1과 V_1이라고 하면, N_2번 감긴 2차 코일의 전압 V_2는 $V_2 = V_1 \dfrac{N_2}{N_1}$이다. 곧, $N_1 V_2 = N_2 V_1$ 또는 $N_1 : N_2 = V_1 : V_2$의 관계가 성립한다. 1차 코일에 코일을 100번 감고 200V의 교류를 걸어주었다면, 50번 감긴 2차 코일에는 100V의 기전력이 생긴다. 직류는 이러한 방법으로 전압을 바꾸지 못하므로 전자적 방법으로 바꾸어 준다. 이렇게 교류는 전압을 바꾸어 주기 쉬워서 발전소에서 가정으로 전기에너지를 안정적으로 공급하기에 좋다.

전기를 발전소에서 만들 때 직류가 아닌 교류로 만드는 이유가 하나 더 있다. 송전선의 저항 때문에 생기는 에너지 손실은 거의 모두 주울열을 통해서 일어난다. 그런데 주울열 현상은 송전선의 저항이 일정하다면 전류가 작을수록 약하게 일어난다. 따라서 발전소에서 만든 교류의 전압을 높여서 송전하는 것이 유리하다. 전압이 높으면 전류가 작아도 똑같은 전력을 보낼 수 있기 때문이다. 곧, 전력은 (전압)×(전류)이니, 전력이 일정하다면, 전압을 두 배로 올리면 전류는 반으로 줄어든다. 발전소의 발전 능력이 전력을 결정하므로, 이 전력은 일정하다. 그런데 송전선의 소비전력은 (전류의 제곱)×저항이므로, 주울열에 의한 송전선의 전력 손실은 1/4로 줄어든다. 곧, 전압이 높으면 높을수록 전력 손실을 줄일 수 없다. 그래서 전압을 높이는 변압기[90]를 써서 발전기가 만든 교류의 전압을 높이 올려서 보낸다. 가정에 가까이 와서는 가정용 전압으로 내리는 변압기[91]가 쓰인다. 발전소에서 전기를 생산하여 소비자에게 보내려면 변압기를 사용하여 전압을 여러 차례 바꾸어 주어야 하는데, 그 크기만도 집채만 할 수도 있는데, 이런 변압기를 보관하고 운영하는 장소를 변전소라고 한다. 발전소에는 수만에서 수십만 볼트의 전압으로 올리기 위해 승압변전소가 있다. 이 높은 전압

전자기학 쓰임말을 알면 물리가 보인다

을 그대로 가정이나 공장에서 쓸 수 없으니 적절한 전압으로 낮추는 강압기가 있는 변전소가 보통 두 개 이상 있다. 발전소에 가장 가까운 변전소부터 1차, 2차변전소라고 부른다. 보통 2차변전소에서 보낸 교류 전압을 주상변압기로 가정용 220V로 낮춘다. 마을로 들어오는 첫 전봇대에 달린 원통형 변압기가 주상변압기이다. 대규모 아파트 단지에서는 이 주상변압기도 매우 큰 것이 필요하므로, 아예 처음 공사를 시작할 때, 이 변전시설을 아파트 단지 안 지하에 만들고 적절히 차폐하여 전자기파 유출 등을 막는다.

6-4. 교류회로

〈그림 20〉과 같이 인덕터와 축전기를 직렬로 연결하여 회로를 구성하였다. 스위치를 1에 연결하면 축전기는 충전된다. 충전이 완료되면 이제 스위치를 2에 연결해 보자. 충전되었던 전하가 모두 방전할 때까지 회로에는 전류가 흐를 것이다. 그런데 축전기에 아직 전하가 많이 남아있는 초기에는 전류가 많이 흐르겠지만, 전하가 점점 줄어들면 전류 역시 줄어들 것이다. 그런데 인덕터의 역할은 이렇게 전류가 줄어들려 하는 것을 방해하는 방향으로 유도전류를 만드는 것이다. 곧 전류가 천천히 줄어들게 한다. 그런데 축전기의 전하가 모두 방전되어 알짜전하가 모두 없어져도 인덕터에 흐르는 유도전류는 여전히 남아있다. 이 유도전류의 방향은 원래 충전되어있던 축전기의 알짜전하가 방전되면서 내는 전류와는 방향이 반대이다. 그래서 축전기의 알짜전하가 모두 방전되고도 인덕터에 흐르는 유도전류는 이제 축전기를 다시 대전시키는데, 원래 충전되었던 극성과 반대의 극성으로 충전된다. 반대 극성으로 충전된 축전기의 알짜전하의 크

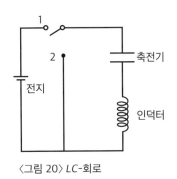

〈그림 20〉 LC-회로

기가 원래 알짜전하의 크기와 같아지면 이 유도전류는 사라진다. 그런데 이 순간의 상황은 처음에 스위치를 1에 연결해 충전을 마친 후 2에 연결한 순간의 상황과 정확히 똑같다. 다만, 축전기의 극성이 바뀌었을 뿐이다. 따라서 전류의 방향만 바꾸면, 지금까지 설명한 과정을 정확하게 똑같이 반복한다. 바꾸어 말하면, 교류전원에 연결되어 있지 않아도 교류가 무한히 계속하여 흐르게 할 수 있다는 것이다. 한 가지 알아두어야 할 점은 회로에 저항기가 없다는 것이다. 물론 실제로 저항이 0인 회로를 만들려면 축전기와 인덕터를 연결하는 전선뿐만 아니라 축전기와 인덕터를 만드는 재료 역시 전기저항이 0인 물질로 만들어야 한다. 불가능한 일은 아니지만, 우리가 일상생활에서 쉽게 구현하기는 어렵다.

이제 〈그림 21〉과 같이 저항기, 인덕터와 축전기를 직렬로 교류전원에 연결하여 회로를 구성하였다. 이 회로를 *RLC*회로라고 부른다. 이 회로에 흐르는 전룻값은 인덕터와 축전기 없이 저항기만 있는 회로에 흐르는 전룻값보다 작다. 그 이유는 인덕터와 축전기가 일종의 저항기와 같은 역할을 하기 때문이다. 그래서 저항기은 아니지만, 인덕터와 축전기가 하는 저항기와 같은 역할을 나타내는 물리량을 유도 저항 또는 반응 저항이라고 한다. 영어 낱말 'reactance'를 그냥 소리가 나는 대로 적어 리액턴스라고도 한다. 영어 낱말 reactance는 반작용을 뜻하는 reaction에서 파생되었으니, 무엇인가 외부 반응을 거역하여 반응한다는 뜻이 들어 있다. 이제 인덕터와 축전기에 교류가 흐르면[92] 어떻게 저항기와 비슷한 역할을 하는지 알아보자.

교류전압이 0에서 시작하여 점점 늘어나고 있다. 축전기에는 알짜전하가 쌓이고 있는데, 이미 쌓인 전하는 들어오는

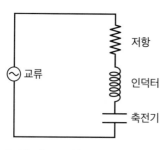

〈그림 21〉 *RLC*-회로

전자기학 쓰임말을 알면 물리가 보인다

전하와 같은 전하이므로 둘 사이에는 밀힘이 작용한다. 곧, 전하가 쌓일수록 전하가 더 들어오지 못하도록 방해한다는 뜻이다. 그렇더라도 외부 전원의 전압이 늘어나는 동안에는 축전기에 전하가 쌓인다. 외부 전원의 전압이 최댓값이 되었다 줄어들기 시작해도 여전히 축전기에는 전하가 쌓인다. 외부 전원의 전압이 0에 도달하면, 외부 전원의 전압에 의해 전하를 축전기에 밀어 넣으려는 힘과 축전기에 이미 쌓인 전하가 들어오려는 전하를 들어오지 못하도록 밀어내는 힘이 비기면 더는 축전기에 전하가 쌓이지 못한다. 이 전압이 축전기에 걸리는 최대 전압인데, 외부 전원의 전압이 최댓값이 되는 시각보다 주기의 1/4만큼 늦다. 그런데 외부 전원의 전압은 계속 낮아지므로 이제 축전기에 쌓인 전하가 방전되기 시작한다. 이 방전은 이제 회로에 외부 전원이 공급하는 전류와 같은 방향으로 흐르니 저항기와는 반대 역할을 한다. 그런데 이제 외부 전원의 전압이 0이 되었다가 반대 방향으로 전류가 흐르도록 바뀌어도 축전기의 방전은 계속되는데, 이때는 다시 저항기와 같은 역할을 한다. 이제 축전기의 방전이 끝나도, 외부 전원이 전류를 공급하므로, 축전기는 다시 충전되기 시작한다. 방향만 바뀌었을 뿐, 앞에서 설명한 과정을 반복한다. 축전기에 걸리는 전압의 크기를 결정하는 물리량을 용량 리액턴스(capacitive reactance)라고 하는데 교류 주파수와 전기들이를 곱한 값에 반비례한다. 리액턴스를 저항이라고 생각하면, 축전기는 주파수가 클수록 전류를 잘 흐르게 한다고 생각하면 된다.

　인덕터의 경우는 앞에서 저항기 역할을 어떻게 수행하는지 설명하였으므로 여기서는 인덕터에 최대 전압이 걸리는 시각과 외부 전원의 전압이 최댓값이 되는 시각의 차이를 알아보자. 인덕터에 유도되는 전류는 외부 전원의 전압이 흐르게 하는 전류의 변화를 거스르는 방향으로 생긴다. 축전기의 경우와 마찬가지로 인덕터에 걸리는 전압이 최댓값이 될 때는 외부 전원의 전압이 0이 될 때이다. 그런데 유도전류가 최대가 되려면 외부 전원의 전압이 공급하는 전류는 줄어들면서 0이 되어야 한다. 곧, 인덕터에 걸리는 전압이 최댓값이 될 때는 외부 전원의 전압이 최대가 될 때보다 주기의 1/4만큼 빠르다. 이 말은 축전기에 걸리는 전압이 최대가 되었을 때 인덕터에는 반대 방향으로 최대 전압이 걸린다는 뜻이다. 축전기와 인덕터에 걸리는 전압은 서로 정반대의 위상을 가진다. 인덕터에 걸리는 전압의 크기를 결정하는 물리량을 유도 리액턴스(inductive reactance)라고 하는데 교류 주파수와 인덕턴스를 곱한 값에 비례한다. 리액턴스를 저항이라고 생각하면, 인덕터는 주파수가 클수록 전류를 못 흐르게 하는 셈이다.

여기까지 읽고도 여러분 중에 아직도 인덕터와 축전기가 교류회로에서 저항기와 비슷한 역할을 하는지 알지 못하겠다고 하시는 분도 있을 것이다. 축전기나 인덕터 모두 외부 전원의 전압이 공급하는 전류에 거스르기도 하고 오히려 돕기도 한다. 또한 교류회로에서 외부 전원의 전압이 공급하는 전류에 거스르는 시간과 돕는 시간이 정확하게 주기의 반에 해당하니 전체적으로 보아 저항이 없다고 해야 맞는 것 아닌가? 그런데 왜 인덕터나 축전기가 교류회로에서 모두 저항기와 비슷한 역할을 한다는 것일까? 정확하게 말하면 인덕터나 축전기의 리액턴스가 저항과 비슷한 역할을 하는 것이다. RLC회로에서 보면 인덕터와 축전기에서 저항기와 같이 전압강하가 일어난다. 곧, 외부 전원의 전압이 모두 저항기에 걸리지 못하고 인덕터 그리고 축전기와 전압을 나누어야 한다. 저항기의 직렬 연결을 생각해 보자. 어떤 저항기에 건전지를 연결하면 건전지의 전압이 그 하나의 저항기에 모두 걸린다. 그런데 다른 저항기 하나를 원래의 저항기와 건전지 사이에 연결하면 원래의 저항기에 걸리는 전압은 아까와 달리 줄어들었다. 추가로 연결한 저항과 전압을 나누었기 때문이다. 그런데 어느 저항기에 전압이 얼마만큼 걸리는지를 결정하는 것은 두 저항의 비이다. 저항값이 큰 저항기에 더 큰 전압이 걸리고, 작은 저항기에 작은 전압이 걸린다. RLC회로에서 인덕터와

보충 설명

교류회로에서 저항기에 흐르는 전룻값, 정확하게 말하면 전류의 평균제곱근값을 결정하는 물리량을 임피던스(impedance)라고 한다. 영어 낱말 impede가 지체, 훼방 등의 뜻이 있으니, 임피던스는 저항과 비슷한 것이다. 이 임피던스는 저항기의 저항값, 축전기와 인덕터의 리액턴스값들로 결정한다. 보통 저항기 여럿을 직렬로 이으면 유효저항은 각 저항기의 저항값을 더해서 구한다. 그러나 저항기, 인덕터, 축전기가 직렬로 연결된 RLC회로의 임피던스는 저항기의 저항값과 인덕터와 축전기의 리액턴스값을 더해서 얻어낼 수 없다. 임피던스는 보통 Z로 나타내는데, 실제 회로분석을 할 때는 복소수로 나타내야 편리하다. 그 이유는 저항기과 축전기, 인덕터에 최대전압이 동시에 걸리지 않고 시간차, 곧 $\pm 90°$의 위상차가 있기 때문이다. 그런데 축전기와 인덕터의 리액턴스는 각각 $X_C = \dfrac{1}{2\pi f C}$ 와 $X_L = 2\pi f L$로 나타낸다. 여기서 f는 교류의 주파수이고, C는 축전기의 전기들이, L은 인덕터의 인덕턴스이다. 그러면 저항기의 저항값을 R이라 한다면

$$Z = R + i(X_L - X_C)$$

가 된다. 여기서 $i = \sqrt{-1}$ 로 허수단위이다. 따라서 임피던스의 크기는

$$|Z| = \sqrt{R^2 + (X_L - X_C)^2} = \sqrt{R^2 + f^2\left(2\pi L - \dfrac{1}{2\pi C}\right)^2}$$

이다. 그러면 전류의 평균제곱근값 I_s와 전압의 평균제곱근값 V_{rms}사이에는

$$V_S = I_S \times |Z|$$

의 관계가 성립한다.

축전기에 걸리는 전압을 결정해 주는 값이 리액턴스이다. 마치 저항 세 개가 직렬로 교류전원에 연결된 것처럼 생각하고, 리액턴스를 저항값이라고 생각하면 인덕터와 축전기에 걸리는 전압을 구할 수 있다. 이런 뜻에서 인덕터나 축전기의 리액턴스가 저항과 비슷한 역할을 하는 것이다.

7. 쓰임말의 문제

우리는 일상생활에서 전기·전자제품을 많이 쓴다. 그런데 이런 기기를 뭉뚱그려 일컫는 쓰임말에는 '전기제품', '전자제품' 등이 쓰이고 또는 제품 대신 '기기'라는 낱말을 쓰기도 한다. 영어로는 'device'이다. 도대체 어떤 낱말이 올바른 것인가? 이러한 혼란은 영어 쓰임말을 우리말로 번역하는 과정에서 벌어지는 것이다. 우리말로 전기에 해당하는 영어 낱말은 electric(형용사) 또는 electricity(명사)이고 한자로는 電氣이다. 그리고 전자는 electron(명사)와 electronic(형용사)이고 한자로는 電子인데, '명사로서의 전자'(electron)와 '형용사로서의 전자'(electronic)는 매우 다른 말이다. 그리고 드물지만 electromagnetic(형용사)을 전자로 번역하는데 한자로는 電磁이다. 이 쓰임말들을 하나하나 들여다보자.

전기제품과 전자제품은 서로 다른 것일까? 다르다면 어떻게 다를까? 먼저 이 둘을 뭉뚱그려 부르려면 한자로 電磁器機(전자기기)라고 해야 맞다. 더 정확하게 하려면 전자기기기(電磁氣器機)라고 하는 것이 낫다. 그럼 전자제품과 전기제품은 어떻게 다른가? 영어로는 각각 electronic device와 electric device이다. 이 두 쓰임말의 차이를 알려면 대학의 학과 중 '전기및전자공학과'라고 불리는 학과가 있는데, 이 학과 명칭의 뜻을 알면 이해하기 쉽다. '전기및전자공학과'는 영어로 Department of Electric and Electronic Engineering이다. 그렇다면 전기공학(electric engineering)과 전자공학(electronic engineering)이 서로 다르다는 것인가? 이 둘을 선명하게 구분하는 것은 매우 어렵다. 그러나 대략 다음과 같이 구분한다. 높은 전압과 전류가 필요한 공학적 요구를 다루는 것을 전기공학이라 하고, 그렇지 않으면 전자공학이라 한다. 전자공학은 대개 수 볼트의 낮은 전압과 밀리암페어 수준의 작은 전류를 다룬다. 그러다 보니 큰 전압과 전류를 다루는 전기공학에 비해 섬세한 제어가 더욱 필요하다. 따라서 회로에 들어가는 저항기, 축전기, 트랜지스터 등의 부품을 더 섬세하게 골라야 한다. 그러나 전기공학에서는 이 부품들이 섬세함은 조금 떨어지더라도 큰 전력을 어떻게 손실이 적되 안전하게 다루는지가 더 중요하다.

이 구분을 전기제품과 전자제품에 적용하면 전기레인지, 난방기 등 전력 소모는 많지만 그리 섬세할 필요가 없는 기기는 전기제품이고, 컴퓨터, 휴대전화 등과 같이 사용하는 전압과 전류는 작지만 섬세한 제어가 필요한 기기는 전자제품이다. 군이 정확하게 나타내려면 전기제품은 '전기공학적기기(electrically-engineered device)'가 돼야 하고, 전자제품은 '전자공학적기기(electronically- engineered device)'이다. 그러나 요즈음은 전기제품에도 제어를 섬세하게 하려면 전자공학적 기술이 쓰이므로, 이러한 구분은 절대적인 것이 아니다. 그리고 이런 기기에는 전기 현상뿐만 아니라 자기 현상도 함께 일어나므로, 이 둘을 뭉뚱그려 '電磁氣器機'라고 하는 것이 더 정확하지만, 군이 실생활에서 이런 불편함을 감수해야 할 이유가 없으니 그냥 편한 대로 불러도 된다.

8. 생각해 보기

❶ 바닥에 원형의 고리 모양인 구리 전선이 놓여 있다. 이 고리 전선에 막대자석을 세워서 떨어뜨렸다. 이 운동은 자유낙하인가?

답. 아니다.

자유낙하란 중력 이외에는 아무런 힘이 없는 운동을 일컫는다.[93] 그런데 막대자석에 작용하는 힘은 중력 외에 또 다른 힘이 있다. 그 힘은 막대자석이 떨어지면서 전선고리에 유도전류를 만드는데 이 유도

전류가 만드는 자기 모멘트의 방향이 막대자석이 내는 자기마당과는 반대 방향이므로, 막대자석과 전선고리 사이에 밀힘이 작용한다. 따라서 이 운동은 자유낙하가 아니다. 놀이공원의 자이로드롭의 원리도 이것을 응용한 것이다. 자이로드롭이 떨어지면서 처음에는 속력이 늘어나지만 얼마 지나지 않아 속도를 줄여야 한다. 속력을 줄이려면 브레이크가 있어야 하는데, 이 브레이크는 절대로 고장이 나면 안 된다. 어떻게 고장나지 않는 브레이크를 만들 수 있나? 위 상황에서 막대자석을 자석이 아닌 금속으로 만들고, 전선고리를 고리 모양 자석으로 대체하여 떨어뜨려도 같은 현상이 일어난다. 자이로드롭은 사람이 앉는 의자를 원형으로 배치하여 묶어 놓는데 의자 뒤편에 자석을 고리 모양으로 연결하였다. 그리고 이 놀이기구를 버티는 기둥은 반드시 금속으로 만들어야 한다. 그러면 이렇게 작동하는 브레이크는 영구자석의 자성이 사라지지 않는 한 절대 고장나지 않는다.

❷ 〈그림 22〉와 같이 철심을 두른 코일에 스위치가 달린 건전지가 연결되어 있다. 길게 밖으로 나온 철심에 금속 고리가 자유로이 움직일 수 있도록 꽂혀있다. 스위치를 닫으면 이 금속고리에 무슨 일이 벌어질까?

답. 금속고리는 위로 튀어 오른다.

스위치를 넣으면 코일에 전류가 0에서 시작하여 늘어난다. 이 전

〈그림 22〉 무선 전열기의 원리

류는 철심에 자기마당을 만들어 금속고리에 자기힘선다발이 생기도록 한다. 그런데 전류가 바뀌므로 자기힘선다발 역시 바뀐다. 이 자기힘선다발의 변화는 금속고리에 유도전류를 만든다. 이 유도전류 역시 자기마당을 만드

는데 그 방향이 코일에 흐르는 전류가 만든 자기마당과 반대이다. 그래서 철심과 금속고리 사이에는 밀힘이 생겨 금속고리를 위로 튀어 오르게 만든다. 스위치를 닫은 상태에서 튀어나온 금속고리를 제자리에 갖다 놓고 스위치를 열어도 금속고리는 튀어 오른다. 만일 스위치 대신에 적절한 전압의 교류전원을 연결하면 금속고리가 아래위로 진동하게 된다. 물론 철심과 금속고리 사이의 마찰력이 없다고 가정할 경우이다. 그런데 이 금속고리를 움직이지 못하게 고정하면, 금속고리에 생기는 유도전류 때문에 생기는 주울열 현상으로 금속고리 온도가 올라간다. 이것이 흔히 가정용 조리기구로 쓰이는 무선 커피포트의 작동 원리이다.

❸ 운동기전력을 설명하는 구리막대 셋과 저항으로 이루어진 회로에 흐르는 전류의 방향이 〈그림 17〉처럼 나타나는 이유를 설명하시오.

답. 렌츠의 법칙을 적용하면, 위에 놓인 막대가 오른쪽으로 움직이면 자기힘선다발이 늘어나므로 유도전류가 만드는 자기마당은 자기힘선다발의 증가를 억제하는 방향으로 흘러야 한다. 그러려면 유도전류가 만드는 자기 모멘트는 N극이 아래를 향해야 하므로, 유도전류는 반시계 방향으로 흐른다. 따라서 저항에는 전류가 아래로 흐른다. 위에 놓인 막대가 왼쪽으로 움직이면, 자기힘선다발의 감소를 억제하기 위해, 유도전류가 만드는 자기 모멘트는 N극이 위를 향하고, 유도전류는 시계 방향으로 흐른다. 이때는 저항에 전류가 위로 흐른다.

10

전자기파

19세기에 고전물리학, 그중에서도 특히 고전 전자기학에 획기적인 발전이 이루어진다. 그전까지 전혀 연관이 없는 다른 현상으로 알았던 전기 현상과 자기 현상이 19세기 들어 외르스테드, 앙페르, 패러데이 등에 의해, 어쩌면 같은 뿌리를 나누어 가지는 매우 밀접한 현상일 것이라는 증거들이 속속 발견되었지만, 이 둘을 완벽하게 아우르는 법칙이나 수학적 증거를 찾아내지는 못하였다. 그런데 바로 영국의 물리학자 맥스웰이 이미 알려져 있던 네 법칙을 한데 아울러 유명한 맥스웰 방정식을 만들어 전자기파현상을 설명하고, 나아가 빛이 전자기파의 하나라는 것을 밝혀내, 전기 현상과 자기 현상을 하나로 아우르는 데 성공하였다.

1. 맥스웰 방정식

맥스웰 방정식은 그때까지 없었던 새로운 법칙이나 사실을 기반으로 한 것은 아니다. 이미 알려진 네 개의 법칙 중 세 개는 그대로 쓰고, 나머지 하나는 약간의 수정을 거쳐 네 개의 수식을 만들었다. 이것이 유명한 맥스웰 방정식으로 다음과 같다.

$$\nabla \cdot \mathbf{E} = \frac{\rho}{\varepsilon_0}: \text{가우스 법칙}$$

$$\nabla \cdot \mathbf{B} = 0: \text{자기마당의 가우스 법칙}$$

$$\nabla \times \mathbf{E} + \frac{\partial \mathbf{B}}{\partial t} = 0: \text{패러데이 법칙}$$

$$\nabla \times \mathbf{B} - \frac{1}{\varepsilon_0 \mu_0} \frac{\partial \mathbf{B}}{\partial t} = \mu_0 \mathbf{J}: \text{맥스웰-앙페르 법칙}$$

여기서 ρ와 $\mathbf{J}$는 전하밀도와 전류밀도이다. 전류밀도는 전류가 지나는 단면의 단위 넓이당 전류를 일컫는다. 이 책을 읽는 독자 여러분은 이 방정식을 알지 못해도 큰 문제는 없다. 그저 이 방정식이 고전 전자기학을 완성한 식으로 뉴턴의 운동법칙과 함께 고전물리학의 완성을 이루었다는 정도만 알면 충분하다. 다만, 뉴턴의 운동방정식과는 다르게, 맥스웰 방정식은 상대성 이론에서도 성립하고, 양자역학에서도 성립한다,

맥스웰 방정식에 나오는 네 개의 방정식 중 마지막의 맥스웰-앙페르 법칙은 원래 앙페르 법칙을 맥스웰이 약간 수정한 것이다. 앙페르 법칙은 원래 $\nabla \times \mathbf{B} = \mu_0 \mathbf{J}$인데, 맥스웰이 $\nabla \times \mathbf{B} - \frac{1}{\varepsilon_0 \mu_0} \frac{\partial \mathbf{E}}{\partial t} = \mu_0 \mathbf{J}$라고 약간 수정하여 맥스웰-앙페르 법칙이 되었다. 맥스웰이 추가한 항은 변위전류(displacement current)라고 불리는 항인데, 실제로 전하수송체에 의한 전류가 없는 공간이라도 전기마당의 시간적 변화가 있다면 이것 역시 전류로 보아야 한다는

것을 뜻한다. 유전체에 교류를 걸어주면 마치 전류가 흐르는 것처럼 관찰되는데, 이것이 대표적인 변위전류이다. 당연히 전기마당의 변화가 없는 직류회로에서는 생기지 않는다.

그런데 이 맥스웰 방정식만 봐서는 전기 현상과 자기 현상을 한데 아울러 고전 전자기학을 완성하였다는 것을 알기 어렵다. 물론 마지막 두 개의 식에 전기마당과 자기마당이 함께 나오니 전기 현상과 자기 현상을 한데 아우른 것이라 해도 큰 문제는 없으나 아직 무언가 부족하다. 이 문제를 풀기 위해, 맥스웰은 전기 현상과 자기 현상이 한데 어울려 나타나야 한다고 생각했고, 그러려면 이 네 개의 방정식들이 서로 별개의 것이 아니라 연립방정식으로 다루어야 한다고 생각했다. 이 생각이 바로 맥스웰의 위대성을 드러낸 것이다. 이 연립방정식을 풀려면 적절한 방법으로 자기마당 또는 전기마당을 소거해야 한다. 그런데 자기마당을 소거하여 연립방정식을 풀어보면 진공인 공간에서는

$$\nabla^2 \mathbf{E} - \varepsilon_0 \mu_0 \frac{\partial^2 \mathbf{E}}{\partial t^2} = 0$$

라는 식이 나타난다. 만일 전기마당을 소거하여 연립방정식을 풀어보면 진공인 공간에서는

$$\nabla^2 \mathbf{B} - \varepsilon_0 \mu_0 \frac{\partial^2 \mathbf{B}}{\partial t^2} = 0$$

라는 식이 나타난다. 이 두 식이 어떻게 유도되었고 어떻게 풀어내는지 수학적인 과정을 굳이 알려 하지 않아도 된다. 다만, 이 두 편미분방정식이 일반적인 파동방정식인

$$\nabla^2 u - \frac{1}{v^2}\frac{\partial^2 u}{\partial t^2} = 0$$

의 꼴을 지닌다는 것이 중요하다. 마찬가지로 파동방정식이 무엇인지 몰라도 된다. 19세기 초기부터 적외선과 자외선 등이 발견되기 시작하였는데 그 근원을 아직 이해하지 못했다. 물론 발견 당시에는 이들이 전자파라는 사실을 알지 못했으나, 맥스웰은 자신의 이름이 붙은 방정식을 통해 전기마당과 자기마당이 파동의 형태로 공간을 퍼져나간다고 생각하여 적외선과 자외선 등이 전자파라고 하였다. 더 나아가서는 빛, 더 정확하게는 가시광선도 전자파라고 주장하였다. 그 근거는 바로 전기 또는 자기마당의 파동방정식에 나타나는 $\varepsilon_0 \mu_0$때문이다. 앞에서 이것이 광속 제곱의 역수라고 했다. 그런데 일반적인 파동방정식에 나타나는 v는 파동이 퍼져나가는 빠르기를 나타내는 파동속도(wave velocity)이다. 위상속도(phase velocity)라고도 불린다. 그렇다면 전자파의 파동속도가 광속인 셈이니 빛이 전자파의 한 종류라는 것이다. 지금이야 이 말을 별로 의심하지 않고 받아들이지만, 맥스웰이 이 말을 하였을 당시에는 가히 혁명적인 발언이라 해도 지나친 말이 아니었다.

2. 프랑크-헤르츠 실험

맥스웰이 빛도 전자파의 하나라고 주장하였지만, 이 주장을 뒷받침할 만한 실험적 근거는 없었다. 이 주장이 옳다고 인정을 받으려면 순수하게 전기적인 또는 전기 및 자기적인 현상으로부터 빛이 발생하는 것을 실험적으로 발견해야 하는데, 아직 그런 실험이 당시에는 아직 이루어지지 않았다. 20세기 들어와서야 비로소 그런 실험이 이루어진다. 프랑크(J. Franck)와 헤르츠(G. Hertz)가 1914년 발표한 논문이 그것이다. 기화 수은으로 채워진 3극 진공관에 적절한 방법으로 전기마당을 만들어 주면 수은 증기에서 빛이 나오는 것을 알아냈다. 순수하게 전기적인 현상으로부터 빛이 발생하는 것을 실험적으로 발견한 것이다. 이로써 맥스웰의 주장이 옳았다는 것이 입증되었으며, 빛이 전자파의 하나라는 사실도 확고해졌다. 물론 이 실험을 더 정확하게 이해하려면 양자역학이 필요하지만 여기서는 이 정도로 충분하다.

3. 포인팅 벡터

맥스웰의 제자였던 포인팅(J. H. Poynting)은 전자기파의 에너지 흐름에 관심을 가졌다. 전자기파의 진행은 에너지의 진행을 동반한다. 예를 들면, 태양에서 지구로 에너지가 흘러드는데 이 에너지의 전달은 전자기파, 곧 빛을 통해 이루어진다. 복사에너지라고 불리는 에너지의 전달 방법 중 하나이다.

　포인팅은 전자파의 진행 방향이 전기마당과 자기마당 모두에 수직이라는 점에 착안하여, 전자파가 퍼져나가면서 전자파의 진행 방향으로 전자기에너지 역시 퍼져나간다는 것을 밝혀냈다. 바로 이 전자기에너지가 공간으로 퍼져나가는 것을 수량화한 것이 '포인팅 벡터'이다.

보충 설명

포인팅 벡터를 수학적으로 나타내면 $S = \dfrac{1}{\mu_0} E \times B = E \times H$이다. 전자파의 진행 방향 역시 $E \times B$로 결정되므로, 포인팅 벡터의 방향은 전자파의 진행 방향과 같다.

3-1. 전류가 전기에너지를 흐르게 하지 않는다.

앞에서 전류는 개념적으로는 유체의 흐름으로 이해하면 편리한 점이 있으나, 유체의 흐름과는 본질에서 다른 것임을 여러 차례 밝혔었다. 특히 전압은 유체의 압력과는 전혀 다른 전위차라는 것도 말했다. 이제 전류가 유체의 흐름과 본질에서 다른 점 하나를 더 말하려 한다.

흔히 전선에 흐르는 전류가 발전소에서 '생산'한 전기에너지를 전기기구에 전달한다고 알고 있는데, 사실이 아니라는 반례를 두 개 들겠다.

전류는 모든 회로에서 끊기지 않고 흘러야 한다. 만일 발전소에서 '생산'한 전기에너지가 전기기구에 흘러드는 전류를 타고 전기기구에 도착했다면, 전류는 끊기지 않고 전기기구에서 흘러나가 발전소로 되돌아가므로, 전기기구에 도착한 모든 전기에너지는 다시 흘러나가는 전류를 타고 발전소로 되돌아가야 한다. 어느 회로든 닫힌 회로에 흐르는 전류는 회로의 모든 점에서 같으므로 에너지가 전류를 타고 흘러들었다면, 같은 크기를 갖는 흘러나가는 전류는 같은 양의 에너지를 가지고 흘러나가야 한다. 따라서, 전기에너지가 전류를 타고 흐른다면 그 에너지는 전기기구에서 활용할 수 없다. 더욱이 교류는 전류의 방향이 주기적으로 바뀌니, 전류가 에너지를 전달한다고 보아도, 평균적으로 에너지는 제자리에 있어야 한다.

앞에서 전하의 유동속도는 매우 작아서 굼벵이 기어가는 것보다 느리지만 전등의 전원 스위치를 넣으면 거의 순간적으로 빛을 내는 이유로 전기마당이 광속으로 전달되어 전등에 전류가 흐르도록 해서 바로 빛을 낸다고 하였다. 이 설명은 반만 옳다. 왜냐하면 전기마당이 마치 전선을 타고 퍼져나가야 하는 것처럼 말했기 때문이다. 만일 이 말이 맞다면, 전기기구와 전원 스위치 사이의 거리는 짧지만 실제 전선이 매우 길다면 스위치를 넣고서도 전기마당이 전선을 타고 전달되는 시간만큼 늦게 켜져야 한다. 그러나 실제로 실험을 해보면 거의 순간적으로 전등이 빛을 낸다.

전기에너지가 전선을 따라 전류를 통해 전달되지 않는다면, 도대체 발전소에서 만들어낸 전기에너지나 배터리가 내는 전기에너지는 어떻게 전기기구에 도달하는가? 포인팅 벡터가 그 답이다.

전원 스위치를 넣으면 전선뿐만 아니라 스위치와 전선 주위에 전기마당이 만들어진다. 이렇게 만들어진 전기마당은 빛의 속도로 공간에 퍼진다. 물론 전선을 따라 퍼져나가기도 한다. 만일 스위치와 전기기구 사이의 직선거리가 스위치에서 전기기구까지의 전선 길이보다 짧다면, 공간으로 퍼져나간 전기마당이 전선을 타고 전달되는 전기마당보다 먼저 전기기구에 도달한다. 먼저 도달한 바로 이 전기마당이 충분히 커지면 전기기구가 작동할 정도의 전류를 흐르게 하여 작동시킨다. 그런데 직류일 경우에도 이 전기마당은 균일하지도 않고 일정하지도 않다. 맥스웰 방정식에 따르면, 균일하지도 않고 일정하지도 않으면서 공간으로 퍼져나가는 전기마당은 역시 균일하지도 않고 일정하지도 않으면서 공간으로 퍼져나가는 자기마당을 만든다. 곧, 전자파가 만들어진다. 전자파가 퍼져나간다면 에너지의 흐르는 정도는 포인팅 벡터에 의해 결정된다. 이처럼 전기에너지는 전류를 통해 흐르는 것이 아니라 전자파의 형태로 흐른다. 따라서, 전기에너지의 흐름이 전류에 국한되어 있지 않으니, 전기에너지가 전선을 타고 흐르는 것이 아니라 전자파가 퍼져나가듯이 공간으로 흘러간다. 이것이 전류가 유체의 흐름과 근본적으로 다른 이유이다.

다만 몇 가지 보탤 것이 있다. 스위치를 넣은 후 적당한 시간이 흘러 전류가 정상적으로 흐르면 대부분의 전기에너지는 전선 둘레에 밀집하여 흐른다. 전선 안에서도 전기에너지는 흐를 수 있지만, 바깥으로 흐르는 양에 비해 매우 작다. 그리고 이때 흐르는 에너지는 정확하게는 전자기(電磁氣, electromagnetic)에너지이다.

여기서 드는 의문 하나가 있다. 전원에 연결하기 위해서는 두 개의 전선이 필요하다. 한 전선으로 전하가 흘러들었다면 다른 전선으로는 흘러나가야 하기 때문이다. 곧 두 전선에는 전류가 언제나 서로 반대 방향으로 흐른다. 그러면 전자기에너지의 흐름도 반대가 되어 흘러든 전자기에너지가 다시 흘러나가야 하는 것 아닌가? 앞에서 말한 포인팅 벡터를 계산해 보면, 전류가 반대로 흐르는 평행인 두 전선에서 같은 방향을 향한다. 곧 두 전선에 흐르는 전류의 방향이 반대이더라도 전자기에너지는 두 전선에서 같은 방향으로 전달된다.

4. 전자기파? 전자파? 전파?

다시 쓰임말의 문제이다. 전자기파를 나타내는 쓰임말에 전자파나 전파도 있는데 어느 것이 맞는 말인가? 보도전문 방송매체인 YTN이 만든 'YTN science'라는 다큐멘터리 시리즈 중 「전자기파와 전자파, 그 두 얼굴」이라는 프로그램이 있다. 제목에서 보아도 알 수 있듯이 전자기파와 전자파가 서로 다른 것처럼 보인다. 실제로 이 프로그램에서는 이 둘이 서로 다른 것으로 말하면서, '전자기파는 위험하지 않지만, 전자파는 위험하다'라는 식으로 설명하고 있다. 어안이 벙벙할 정도로 완전하게 틀린 설명이다. 어떻게 이런 설명이 YTN과 같이 공신력을 자랑하는 기관에서 만든 프로그램에서 나올까? 믿을 수 없겠지만 실제로 벌어진 일이다.

이 셋은 서로 다른 뜻을 가진 쓰임말인가? 결론부터 먼저 말하면 다 같은 쓰임말이다. 전자기파는 영어의 electromagnetic wave를 번역한 것이고 한자로는 電磁氣波이다. 전자기파에서 '기'자를 빼면 전자파가 되고, 전자파에서 '자(磁)'자를 빼면 전파이다. 실제로 영어로 쓰인 책에서는 이 셋을 전혀 구분할 수 없다. 모두 electromagnetic(EM) wave이다. 그런데 이

electromagnetic wave를 우리말로 번역하는 과정에서 분야에 따라 또는 번역자가 편의를 위해 이 셋 중 하나를 골라 썼을 뿐이다. 몇 가지 이유가 있는데 살펴보자.

흔히 전자파는 전기파와 자기파가 함께 일어난다고 설명한다. 그러다 보니 전기파와 자기파가 독립적으로 따로따로 있을 수 있다고 착각한다. 절대 그렇지 않다. 전기파와 자기파가 독립적으로 따로따로 있을 수 없다. 맥스웰 방정식 중 패러데이 법칙을 나타내는 방정식은 자기마당의 시간적 변화가 전기마당의 공간적 변화를 이끈다는 것을 뜻한다. 그리고 맥스웰-앙페르 법칙을 나타내는 방정식은 전류나 전기마당의 시간적 변화가 자기마당의 공간적 변화를 이끈다는 것을 뜻한다. 곧, 전기마당과 자기마당의 변화는 절대로 홀로 일어날 수 없고, 반드시 전기마당과 자기마당이 **함께** 생기고, 시간적으로나 공간적으로 **함께** 변한다.

흔히 전자기파 또는 전자파 또는 전파는 종류가 많다고 한다. 반은 맞고 반은 틀린 말이다. 전자기파는 전자파나 전파로도 불리니 종류가 많아 보일 수 있으나, 이렇게 종류를 나누는 이유는 *우리의 편의를 위해 임시방편으로 분류한 것이기 때문이지만*, 이러한 분류마저 선명한 것도 아니다. 전자기파의 분류는 파동의 진동수를 기준으로 구분한다. 물론 파장을 기준으로 분류해도 된다. 그런데 파장과 진동수는 서로 역수 관계에 있으니, 어떤 것을 기준으로 삼아 분류하더라도, 다른 것을 기준으로 바꾸는 것은 어렵지 않다. 예를 들어 흔히 빛이라 불리는 가시광선을 파장으로 분류하면 400-700nm[94]이지만 진동수로는 4.3×10^{14}-7.5×10^{14}Hz다. 이보다 진동수가 작은 빛, 바꾸어 말하면 파장이 긴 전자기파를 적외선(infrared: IR)이라 하고, 진동수가 큰 빛, 바꾸어 말하면 파장이 짧은 전자기파를 자외선(ultraviolet: UV)이라고 한다. 별로 들어본 적은 없겠지만, 순우리말로는 '넘빨강살'과 '넘보라살'이라고 한다. 그러나 이러한 분류 기준이 선명한 것은 아니다. 우선 가시광선은 우리 눈의 신경세포가 알아채는 전자기파의 영역으로 정하는데, 사실 사람마다 조금씩 그 영역에 차이가 있다. 특히 두 전자기파의 분류가 이루어지는 지점에서는 칼로 무 자르듯이 선명하게 구분하기가 어렵다. 예를 들어 가시광선과 적외선을 정확하게 700nm 기준으로 나누어, 700nm보다 조금만 파장이 길면 적외선이지만 700nm보다 조금만 파장이 짧아도 가시광선이라고 할 수는 없다. 그렇다면 파장이 700nm인 전자기파는 가시광선일까? 아니면 적외선일까? 그 경계가 매우 모호하다.

스마트폰이 일상화된 현대에는 통신이 매우 중요해졌다. 그런데 이런 통신에 쓰이는 전자기파는 빛, 곧 가시광선에 비해 파장이 매우 길다. 물론 진동수는 매우 작다. 현재 5G 통신에서는 수GHz에서 수십GHz 영역의 전자기파를 사용한다. 이와 함께 라디오나 텔레비전 방송에 쓰이는 라디오파가 있다. 통신에 쓰이는 전자기파들을 뭉뚱그려 전파라는 쓰임말을 쓴다. 이러다 보니 통신에 쓰이는 '전파'는 일반 전자기파와는 다르다고 알고 있고, 심지어는 이 분야에 종사하는 전문가라는 분 들 중에 '전파는 전자기파와 다르다'고 주장하는 분도 있다. 모두 틀린 말이다. 전자기파나, 전자파나, 전파나 모두 같은 electromagnetic wave를 번역한 쓰임말이다. 그리고 이 분야에 종사하는 분들은 '진동수'보다는 '주파수'라는 쓰임말을 선호한다. 그러나 영어로는 모두 frequency이다.

전자기파의 위험성에 대한 걱정이 점점 늘어나고 있다. 어떤 이는 전자기파가 백혈병 등 암이나 다른 질병을 유발한다고 하고, 어떤 이는 전자기파와 질병의 상관관계를 '과학적'으로 밝히기 어렵다고 한다. 어느 말을 믿어야 할까? 필자의 생각으로는 아직 전자기파와 질병의 상관관계가 밀접하다고 밝혀지지 않았고 앞으로도 그럴 가능성은 매우 낮다고 본다. 그 이유는 다음과 같다.

인류는 처음 지구에 나타났을 때부터 전자기파에 노출되어 있었고, 수많은 질병에 시달렸다. 그러므로 설혹 전자기파와 질병의 관계가 밀접하더라도 피할 수는 없다. 그러다 보니 아마도 현생 인류는 전자기파에 강한 유전자를 가지도록 진화가 이루어졌는지도 모르겠다. 물론 전자기파의 위험성이 전혀 없다는 것이 아니다. 예를 들어 자외선에 과다 노출되면 피부암 등이 생기는 것은 이미 알려져 있다. 하지만 '과다' 노출이라고 하였다. 어떤 수준 이상으로 노출되지 않는다면 걱정할 필요가 없다. 더욱이 비타민D는 인체에서 합성이 이루어질 수 있는데, 햇빛 그것도 자외선에 노출되어야 합성이 잘 이루어진다. X선 또는 그보다 진동수가 높은 감마선 등은 되도록 직접 쪼이지 않아야 한다. 그러나 지구상에서는 우주에서 오는 이러한 유해 광선으로부터 완전히 벗어나는 것이 불가능하다. 전자오븐에서 나오는 마이크로파는 물 분자의 진동에너지를 늘여 물체 온도를 올리므로 인체에도 직접 영향을 끼칠 수 있으니 조심해야 한다. 그러나 적절히 차폐하고 가까이 가지 않는다면 그리 위험하지 않다. 전자기파의 위험을 따질 때 고려해야 하는 것은 둘이다. 하나는 진동수이고, 다른 하나는 노출 시간이다. 앞에서 X선, 감마선, 마이크로파, 자외선 등은 언급하였는데 모두 진동수로 구분하여 분류한 이름이 붙여졌다. 따라서 모든 진동수의 전자기파가 위험한 것이 아니라 특정 진동수의 전자기파, 특히 진동수가 큰 전자기파가 위험성을 지녔다는 것이다. 그리고 이런 진동수의 전자기파에 노출되었더라도 그것이 질병으로 발전하려면 오랫동안 그 전자기파에 노출되어 있어야 한다.

우리가 쓰는 휴대전화나 컴퓨터 등의 회로 안에 나타나는 전기마당이나 자기마당의 세기는 그리 강하지 않은데다 회로에서 조금만 떨어져도 이내 충분히 약해진다. 그런데, 전자기파를 이루는 전기마당과 자기마당의 세기는 이에 비해 더욱 약하다. 따라서 이렇게 전자기파의 약한 전기마당과 자기마당이 눈에 띄는 효과를 내려면, 한 번에 그 전자기파에 노출되는 시간이 길어야 한다. 바꾸어 말하면, 과다 노출만 피하면 그리 위험한 것은 아니라는 것이다. 그래도 휴대전화나 전자오븐이 내는 전자기파가 두려운 분들은 휴대전화나 전자오븐을 알루미늄 포일로 감싸면 된다. 다만, 전화를 받을 수도 걸 수도 없는 불편함은 감수해야 한다. 특히 지하에 수맥이 있어 수맥파라는 것이 생기는데, 수맥파도 전자기파의 하나이므로 구리 장판으로 이 수맥파를 막아야 한다는 황당한 미신도 있다. 이런 것에 현혹될 필요는 없다. 필자는 수맥파가 무엇인지 도무지 알지 못하며, 흐르는 물이 전자기파, 그것도 몸에 해로울 정도로 센 전자기파를 낸다고 생각하지 않는다.

그런데도 여전히 전자기파의 위험에 대한 공포가 있는데 어떻게 대처해야 하나? 고압송전선이 지나는 마을 주민들은 늘 불안에 시달린다. 그렇다면 이 불안을 해소하면 된다. 과학적 설명에도 해소되지 않으면, 적절하게 전자기파 차단 시설을 만들어 불안을 해소해야 한다. 송전 시설을 정전차폐가 이루어진 지하에 만들거나, 금속으로 만든 그물로, 누전을 피해, 잘 감싸면 된다. 비용 문제는? 우리나라 헌법 10조에 행복권 추구가 명시되어 있다. 선진국이 되려면 고압송전선 근처에 사는 사람들의 불안함을 그냥 방치하면 안 된다. 그들의 행복추구권을 뺏는 것이므로 적절한 조처를 해야 한다. 그런데 행복을 위해 비용을 당연히 내야 한다. 다만 '누가 낼 것이냐?'인데, 송전 시설로 이득을 얻는 집단이 비용을 내는 것이 합리적이지 않을까?

전자기학 쓰임말을 알면 물리가 보인다

맺는말

우리 일상생활과 떼려야 뗄 수 없는 관계에 있는 전자기 현상에 관해 이 책에서 다루었다. 실생활과 관련이 많은 만큼 이 분야의 물리학 쓰임말이 실생활에서 많이 쓰인다. 그러나 그 뜻이 제대로 일반에게 알려지지 않아서 많은 혼란이 일어난다. 물리학 강의 시간에도 쓰임말을 엄밀하고 정확하게 쓰는 것이 어려운데, 하물며 일상생활에서 그러한 엄밀함을 요구한다는 것이 말도 안 된다는 것을 잘 알고는 있지만, 그래도 혼란을 피하려면 어느 정도는 물리학 쓰임말을 일상생활에서 쓸 때는 엄밀하고 정확하게 쓰는 것이 필요하다. 바로 그러한 엄밀함을 제대로 알고 쓰기를 바라는 마음에서 이 책을 썼다.

물리학에 대한 두려움을 벗어나는 데 도움을 드리려고 노력하였지만, 필자의 아둔함이 그것을 허락하지 않았다. 내가 써놓은 글을 다시 읽어 보고도 나 자신이 그 뜻을 잘 헤아리지 못하겠으니, 이 책을 읽는 독자들에게는 아마도 큰 고행이었으리라 짐작한다. 다만, 그것이 학문이든 기술이든, 어떤 분야에서도 엄밀함은 늘 고도의 집중력과 표현의 세련됨을 요구하기에, 자그마한 위로로 삼는다. 엄밀함을 추구하다 보면 어느덧 말을 길어지고, 알아듣기 어려워지니 세련됨과는 거리가 멀다. 엄밀함과 세련됨을 함께 갖춘 글을 잘 쓰는 사람이 참 부럽다. 글쓴이의 좌절을 적나라하게 보여주는 것이지만, 여기까지 읽고도 여전히 물리학에 대한 두려움이 사라지지 않았거나, 아직 미진한 것이 남았다고 생각하시면 망설임 없이 다시 읽기를 권한다.

주석

1 예를 들면, "저항은 전류가 잘 흐르지 못하도록 저항하기 때문에 저항이라 부른다"가 있다.

2 이주열 저, 『물리요?』, 사람의무늬(2022). 이하 『물리요?』.

3 이러한 모호함과 개방성은 어찌 보면 과학자가 방치하고 있는 유일한 모호성이라고 볼 수 있는데, 그 이유는, '무엇이든 상상하는 그것은 모두 가능하다'는 모호성이나 개방성이 오히려 과학의 발전에 매우 중요한 이바지를 하기 때문이다.

4 https://stdict.korean.go.kr/main/main.do

5 https://www.merriam-webster.com/

6 http://www.kps.or.kr/content/voca/search.php

7 평균적이라고 한 이유는 뒤에 다루는 전류에서 나온다.

8 한자로는 誘電體, 영어로는 dielectric material.

9 한자로는 琥珀, 영어로는 amber이며 소나무의 진액인 송진이 덩어리 상태에서 오랜 세월 단단하게 굳은 것으로 광물은 아니지만, 보석으로 취급된다.

10 전하를 하나의 낱말로 알고 있지만, 사실은 영어로 하면 두 낱말을 합친 것이다. 영어의 electric에 해당하는 電과 charge에 해당하는 荷를 합친 것이다.

11 영어로는 interaction. 한자 말은 상호작용(相互作用)이다.

12 전자기력(電磁氣力)이란 전기력과 뒤에 나오는 자기력을 함께 일컫는 말로 이 둘은 모두 전하와 관계가 있다.

13 자극(磁極, magnetic pole)이라고도 한다. 그런데 독립적인 자하인 자기홀극은 아직 발견되지 않았기에 주의가 필요하다.

14 보통의 원자의 양성자 개수와 전자 개수가 같으므로 알짜전하는 0이다. 이런 원자들로 이루어진 물체에서는 '전하가 균형을 이루고 있다'고 한다. 알짜전하란 이 균형을 깨고 양전하가 음전하보다 많거나 적어져서 생기는 것이므로 잉여전하라고도 한다.

15   한자로는 導線. 도체로 만든 선이라는 뜻이다. 우리가 일반 가정에서 흔히 쓰는 전선은 구리가 주성분인 합금으로 만든다.

16   영어로는 quantization. 양자화란 어떤 물리량이 연속적인 값을 가지지 않고 띄엄띄엄 떨어진 값을 가지는 것을 말한다. 예를 들어 기타의 어느 줄이 내는 소리의 진동수는 어떤 특정한 값, 예를 들어 440 Hz, 그리고 그 진동수의 정수배인 진동수의 소리만 낸다. 흔히들 양자화는 양자역학적 현상으로만 알고 있는데, 기타 줄처럼 우리 일상에서 흔히 볼 수 있다.

17   중력이 어디에나 있다고 하여, 만유인력이라고 잘못 번역하였는데, 전기력 역시 어디에나 있으니 만유인력이다. 그런데 전기력에는 만유척력도 있다.

18   물리학 쓰임말로 무게는 물체가 받는 중력을 가리킨다. 질량과는 다른 물리량이다. 『물리요?』 참조.

19   한자로는 靜電氣力, 영어로는 electrostatic force.

20   여기서 말하는 '전기적으로 다른 상태'를 나타내는 '전위'에 대한 자세한 설명은 뒤에 다룬다.

21   한자로는 電力, 영어로는 electric power.

22   만일 질량 역시 두 종류가 있고, 그래서 중력에 끌힘과 함께 밀힘도 있다면, 중력마당 안에 물체를 갖다 놓아도 비슷한 일이 벌어진다.

23   한자로는 靜電誘導, 영어로는 electrostatic induction.

24   정확하게 말하면, 전하가 흐르는 것이 아니라, 전하를 띤 알갱이가 흐르는 것이다.

25   대략 10억분의 1초 정도 이하로 짧다.

26   전기장에서 가운데 '기'자를 빼면 전장이 된다. 마찬가지로 자기장(磁氣場)에서 가운데 '기'자를 빼면 자장(磁場)이 된다.

27   흔히들 중력이 공간을 휘게 한다는 일반상대성 이론을 떠올리는데, 그런 뜻이 아니다.

28   점전하가 아닌 부피를 갖는 전하 분포라면 조금 복잡해진다.

29   보존력에 대한 설명은 필자의 책 『물리요?』를 참조.

30   흔히 중력가속도 하면 9.8m/s²을 떠올리는데, 이것은 지구표면 가까이에서 지구 중력에 의해 생긴 가속도이다. 일반적으로 지구 중력뿐만 아니라 어떤 중력이든지 가속도를 내면 그것이 중력가속도이다.

31   물체의 운동이란 반드시 상대운동을 뜻한다. 물리학에서는 모두가 같은 운동이라고 동의하는 절대 운동이란 없다고 한다. 여기서는 관찰하는 사람에 대해 움직인다는 뜻이다.

32   한자어로는 導體球, 영어로는 conducting sphere. 도체를 공 모양으로 만든 것.

33   흔히 위치에너지라고 잘못 알고 있는 퍼텐셜에너지는 물리학 쓰임말의 잘못된 번역 중 대표적인 것이다. 이에 대한 자세한 설명은 필자의 책 『물리요?』를 참조.

34   영어로는 point charge. 전하는 가지고 있으나 부피가 0인 물체를 가리킨다. 실제로는 있을 수 없으나, 수학적 편의를 위해 이러한 물체가 있다고 가정한다, 마치 물체가 질량은 가지고 있으나 부피가 없는 질점(point particle)과 비슷하다.

35   에너지의 단위 주울(Joule). 어떤 물체에 1뉴턴의 힘을 주어 1미터 움직일 때 그 힘이 해준 일과 같은 크기이다.

전자기학 쓰임말을 알면 물리가 보인다

36 퍼텐셜에너지가 상황에 따라 다른 이름으로 불린다는 사실을 강조하기 위해, 부러 중력퍼텐셜에너지 대신 중력에너지라 하였다.

37 당연해 보이지만, 책상 위에 있을 때의 퍼텐셜에너지를 구하기 위한 기준점과 방바닥에 있을 때의 퍼텐셜에너지를 구하기 위한 기준점이 같아야 한다.

38 온도가 일정한 어떤 계가 가지고 있는, 열역학적 일을 해낼 수 있는 가용에너지를 일컫는다. 계를 이루는 알갱이 수가 무한대로 많을 때만 정의할 수 있다. Helmholtz자유에너지, Gibbs자유에너지 등이 있는데, 1988년 IUPAC는 자유라는 낱말을 빼고 Helmholtz에너지, Gibbs에너지 등을 쓰도록 결정하였으나, 아직 관습적으로 자유에너지라고 말한다.

39 전자는 절대로, 절대로 원자핵 주위를 궤도 운동하지 않는다. 사실 전자가 원자 안에서 어떤 운동을 하는지 알 수도 없지만, 사실 물리학자들은 그 운동에 별로 관심이 없다.

40 도체에는 금속 이외에도 전해액, 적절한 불순물이 많이 들어 있는 반도체 등이 있지만, 자유전자는 금속이나 반도체가 아니라면 매우 적은 수만 존재한다.

41 전기마당이 걸리면 움직인다고 생각하는데 그렇지 않다. 전하를 띤 알갱이에 전기마당이 걸리면 가속도가 생긴다. 이 가속도는 정지해 있던 알갱이를 움직이기 시작하도록 하지만, 전하의 움직임 자체가 전기마당 때문에 일어나는 것은 아니다.

42 단위 부피당 전하수송체의 개수로 정의한다. 밀도(density)라고도 하고 농도(concentration)라고도 한다.

43 한자로는 電源, 영어로는 electric-power source. 전원보다는 전력원(電力源)이라고 하는 것이 더 이해하기 쉽다.

44 한자로는 電極, 영어로는 electrode.

45 Lead-acid battery를 직역한 쓰임말이다.

46 한자로는 蓄電池, 영어로는 rechargeable battery. 축전기와 구분해야 한다.

47 한자로는 直流, 영어로는 direct current (약어: DC).

48 한자로는 交流, 영어로는 alternating current (약어: AC).

49 sine function. 꼴로 나타낸다.

50 한자로는 週期, 영어로는 period.

51 한자로는 振動數, 영어로는 frequency. 흔히 주파수(cycle)라는 쓰임말과 섞어 쓰기도 하는데, 주파수는 주로 통신 분야에서 쓰는 말로 물리학에서는 잘 쓰지 않는다.

52 그림 출처: Wikipedia https://en.wikipedia.org/wiki/Resistor

53 '속력평균'이 아니라 '속도평균'이다. 속력과 속도의 차이는 『물리요?』를 참조.

54 영어로는 thermal equilibrium. 열평형이라고도 한다.

55 여기서 말하는 '효과적'이란, 어느 짧은 시간 동안에 알짜힘이 0이 아닐 수도 있지만, 긴 시간으로 보면 결국 알짜힘이 전혀 작용하지 않는 효과를 낸다는 뜻이다.

56 ρ는 17번째 그리스 알파벳 소문자로 rho라고 읽는다. 대문자는 로마자 알파벳 대문자 P와 같다. 물리학에서는 이처럼 그리스 알파벳을 변수로 자주 나타낸다.

57 σ는 18번째 그리스 알파벳 소문자로 sigma라고 읽는다. 대문자는 Σ이다. ς로 쓰기도 한다.

58 경(京)은 1억의 1억배, 또는 1조(兆)의 1만배이다.

59 한자로는 回路圖, 영어로는 (electric) circuit diagram.

60 모든 물리법칙에는 그 법칙을 써서 정량적인 분석을 하려면 반드시 적용해야 하는 조건이 있다. 이것에 대한 논의는 필자의 저서 『물리요?』를 참조.

61 ε은 5번째 그리스 알파벳으로 epsilon이라고 읽는다. 대문자는 로마자 알파벳 E와 같다.

62 엄밀하게는 실제 기전력보다 약간 작은 값이다.

63 저항계가 따로 있는 것이 아니라, 흔히 멀티미터라고 부르는 기구로 전압과 전류, 그리고 저항 등을 잴 수 있다.

64 회로도상의 전선은 저항을 갖지 않는 것으로 치니까, 전선에서의 전압강하는 없다. 따라서 전극과 연결된 저항 끝점의 전위는 전극의 전위와 같다.

65 우리는 때로, 전기마당 대신, 전압을 걸어주었다고 하는데, 같은 말이다.

66 한자로는 天球, 영어로는 celestial sphere. 우주를 지구가 중심인 구로 생각하여 만든 가상의 구를 가리키는 낱말.

67 아직도 한자어인 單極이라는 쓰임말을 쓰는 분야도 있다.

68 모멘트는 영어 낱말 moment를 소리 나는 대로 적은 것이다. 한때는 이 moment를 능률이라 번역하여, 쌍극자모멘트를 '쌍극자능률'이라 하기도 했다. 이제는 쓰지 않는다. 영어 낱말 moment를 영어사전에서 찾아보면 '임의의 한 점이나 축에 대한 운동을 일으키려는 경향 또는 경향에 대한 척도'라고 하였고, 크기는 그 점이나 축까지의 거리를 곱해서 구한다고 하였다. 이같이 영어 낱말 moment가 붙는 물리량은 모두 회전운동과 관련이 있다.

69 한자로는 誘導雙極子, 영어로는 induced dipole.

70 한자로는 永久雙極子, 영어로는 permanent dipole.

71 κ는 10번째 그리스 알파벳으로 kappa라고 읽는다. 대문자는 로마자 알파벳의 K와 같다.

72 영어권에서는 전압(electric pressure)이라는 낱말을 더는 쓰지 않는다. 대신에 potential difference(전위차) 또는 voltage라는 낱말을 쓴다.

73 한자어로는 擴散, 영어로는 diffusion. 한국물리학회에서는 한자 말인 '확산' 대신에 순우리말인 '퍼짐'을 쓰도록 권장한다.

74 수학적으로는 사인함수의 제곱을 평균 내면 1/2이 된다.

75 영어 magnetism을 번역할 때, 자기(磁氣)라고 번역하기도 하지만, 자기 현상이라고 번역하는 것이 뜻을 더 명확하게 나타낸다.

76 한자로 指南鐵. 남쪽을 지향하는(가리키는) 철(막대)이라는 뜻이다.

77 상대성 원리는 '모든 관성계의 물리법칙은 똑같다'는 것이다. 상대성 이론(relativistic theory)이 아니라 상대성 원리(relativistic principle)라 하였다. 갈릴레이의 상대성 이론이라고도 불리는 고전적인 상대성 이론과 아인슈타인의 현대 상대성 이론 모두에서 가정하는 원리이다.

전자기학 쓰임말을 알면 물리가 보인다

78 γ는 3번째 그리스 알파벳으로 gamma이라고 읽는다. 대문자는 Γ이다.

79 자기힘선밀도는 단위 단면적당 자기힘선의 개수로 정해진다. 이때 단면은 자기힘선에 수직하다.

80 오른손 또는 오른나사 법칙은 물리학의 여러 분야에서 자주 등장한다.

81 μ는 12번째 그리스 알파벳으로 mu(뮤)라고 읽는다. 대문자는 로마자 알파벳의 M과 같다.

82 한자로는 質點, 영어로는 point particle. 질량을 가지고 있지만, 부피가 없는 알갱이를 일컫는 쓰임말이다.

83 자기쌍극자가 되는 이유는 나중에 나온다.

84 x는 10번째 그리스 알파벳으로 chi라고 읽는다. 대문자는 로마자 알파벳의 X와 같다.

85 그림은 A. W. Poyser의 Magnetism and Electricity: A Manual for Students in Advanced Classes (Longmans, Green, & Co., New York, 1892), 285쪽에서 발췌.

86 이 과정은 물리학자들이 실험적 사실로부터 물리법칙을 어떻게 끌어내는지 자세히 보여준다.

87 ϕ는 21번째 그리스 알파벳으로 phi라고 읽는다. φ라고도 쓴다. 대문자는 Φ.

88 '균일(均一)'은 영어의 uniform을 번역한 것으로 공간의 모든 곳에서 같은 값을 갖는 것을 뜻하며, '일정(一定)'은 영어의 constant를 번역한 것으로 시간에 따라 변하지 않는다는 뜻이다.

89 한자로는 周波數, 영어로는 frequency이다. 진동수(振動數)라고도 한다.

90 승압변압기, 승압기(昇壓器)라고 부르기도 한다.

91 강압변압기, 강압기(降壓器)라고 부르기도 한다.

92 회로에 축전기가 있으면 직류는 흐를 수 없다. 그리고 직류가 흐르는 회로에 인덕터가 있어도, 이 인덕터는 저항 역할을 하지 않는다. 따라서 직류회로에서 축전기나 인덕터는 아무런 역할을 하지 않는다.

93 비록 올라가고 있더라도 물체에 작용하는 힘이 중력밖에 없다면 그 운동은 자유낙하이다. 조금 더 자세한 설명이 필요하신 분은 '물리요'를 참조.

94 1nm(나노미터:nanometer)=10^{-9}m. 10억분의 1미터이다.

전자기학 쓰임말을 알면
물리가 보인다

1판 1쇄 인쇄 2024년 7월 26일
1판 1쇄 발행 2024년 8월 12일

지은이   이주열
펴낸이   유지범
책임편집   구남희
편집   현상철·신철호
외주디자인 심심거리프레스
마케팅   박정수·김지현

펴낸곳   성균관대학교 출판부
등록   1975년 5월 21일 제1975-9호
주소   03063 서울특별시 종로구 성균관로 25-2
전화   02)760-1253~4
팩스   02)760-7452
홈페이지   http://press.skku.edu/

ISBN 979-11-5550-636-3 03420